Lang Kurt

Carl Friedrich von Weizsäcker

Der begriffliche Aufbau der theoretischen Physik

Carl Friedrich von Weizsäcker

Der begriffliche Aufbau der theoretischen Physik

Vorlesung
gehalten in Göttingen im Sommer 1948

Herausgegeben von Holger Lyre

S. Hirzel Verlag Stuttgart · Leipzig

Ein Markenzeichen kann warenzeichenrechtlich geschützt sein, auch wenn ein Hinweis auf etwa bestehende Schutzrechte fehlt.

1. Auflage 2004

Bibliografische Information Der Deutschen Bibliothek
Die Deutsche Bibliothek verzeichnet diese Publikation in der Deutschen Nationalbibliografie; detaillierte bibliografische Daten sind im Internet unter http://dnb.ddb.de abrufbar.

ISBN 3-7776-1256-1

Alle Rechte, auch die des auszugsweisen Nachdrucks, der photomechanischen Wiedergabe (durch Photokopie, Mikrofilm oder irgendein anderes Verfahren) und der Übersetzung vorbehalten.
© 2004 S. Hirzel Verlag, Birkenwaldstraße 44,
70191 Stuttgart
Printed in Germany
Satz: media office gmbh, Kornwestheim
Druck: Kösel GmbH+Co., Kempten
Einbandgestaltung: Neil McBeath, Stuttgart

VORWORT

von Holger Lyre

Bei der vorliegenden Schrift *Der begriffliche Aufbau der theoretischen Physik* handelt es sich um den Nachdruck des Skripts einer Vorlesung, die Carl Friedrich von Weizsäcker im Sommersemester 1948 an der Universität Göttingen gehalten hat. Weizsäcker war erst im Frühjahr 1946 aus der sechsmonatigen Internierung durch die Alliierten auf dem englischen Landsitz Farm Hall – die zehn führende deutsche Atomphysiker betraf – zurückgekehrt. Gemeinsam mit Heisenberg und Hahn ging er nach Göttingen. Dort beabsichtigte man insbesondere, die vormalige wissenschaftliche Dachorganisation, die Berliner Kaiser-Wilhelm-Gesellschaft, unter neuen Vorzeichen und an neuem Standort ins Leben zu rufen, was 1948 mit der Gründung der Max-Planck-Gesellschaft dann auch geschah.

Im Sommersemester 1946 nahm Weizsäcker – neben der Abteilungsleitung am neu zu gründenden Max-Planck-Institut für Physik – eine Honorarprofessur an der Universität Göttingen auf und hielt sogleich eine vielbeachtete große Publikumsvorlesung mit dem Titel *Die Geschichte der Natur*, die dann später mit großem Erfolg und in mehreren Auflagen und Sprachen publiziert wurde. Demgegenüber war die zwei Jahre später abgehaltene, hier nun im Druck vorliegende Vorlesung zum *begrifflichen Aufbau der theoretischen Physik* schon eher eine Spezialveranstaltung (und infolgedessen existieren nicht viele Kopien des Vorlesungsskripts, was allein schon die jetzige Publikation sinnvoll erscheinen lässt). Dennoch ist *Der begriffliche Aufbau der theoretischen Physik* alles andere als eine typische Physikvorlesung. Es handelt sich stattdessen um eine Art Aufbereitung der Physik im Rahmen einer Gesamtschau, an die sich eine philosophische Analyse unmittelbar anschließen kann und soll. Eben dies versteht Weizsäcker unter einer Darstellung des *begrifflichen* Aufbaus der Physik – und eben dies macht die Lektüre so bemerkenswert.

Wie Weizsäcker in der kurzen Vorbemerkung schreibt, drückt der Text „… vielfach nur die Grundlinien des Gedankengangs aus" und ist „… in vielen Punkten nicht mehr als eine Andeutung". Aus praktischen Gründen ließ er dennoch eine Vervielfältigung für die Hörer seiner Vorlesung zu, an eine Publikation dachte Weizsäcker aber aufgrund der Vorläufigkeit des Textes nicht. Heute, mit mehr als 50 Jahren Abstand, erweist sich der Text natürlich auch sachlich als an vielen Stellen überholt, doch gibt es dennoch einige gute Gründe, die die jetzt vorliegende, späte Publikation durch den S. Hirzel Verlag sinnvoll und dankenswert machen.

Ein erster Grund betrifft ein Weizsäckersches Charakteristikum: Die Grundlinien und zentralen Motive seines Denkens finden sich schon in seinen frühesten Schriften und ziehen sich wie ein roter Faden durch sein Lebenswerk. Hierzu zählen insbesondere Weizsäckers Erkenntnismethode, der später von ihm so bezeichnete *Kreisgang,* sowie die hervorgehobene Rolle, die die *Struktur der Zeit* – als manifester Unterschied von faktischer Vergangenheit und möglicher Zukunft – für sein Verständnis des Aufbaus empirischer Wissenschaft spielt. Beide Motive spielen auch im vorliegenden Text eine prominente Rolle, und es ist anhand der frühen Weizsäckerschen Schriften besonders interessant nachzuverfolgen, wie er seine philosophischen Denkmotive herausbildet und formt.

Im *begrifflichen Aufbau* geschieht dies in einer sehr ursprünglichen Weise, die sein späteres Werk so nicht mehr zeigt. Die Methode des Kreisgangs – wenn auch noch nicht unter diesem Schlagwort verwendet – bringt Weizsäcker dazu, seine Vorlesung in einer ungewöhnlichen äußeren Struktur zu komponieren. Im ersten Abschnitt des Methoden-Kapitels weist er nämlich darauf hin, dass es zwei Wege des Aufbaus gibt, einen phänomenologischen, vom alltäglich elementar Gegebenen herrührenden, und einen gegenständlichen, von den schließlichen elementaren Gegenständen der Physik ausgehenden. Elementare Gegebenheiten und elementare Gegenstände bilden die zwei, wie Weizsäcker es nennt, „Spitzen" oder Fundamente im Aufbau, von denen er annimmt, dass man auf keine verzichten kann. Stattdessen stehen beide in einem gegenseitigen, sich sogar korrigierenden Abhängigkeitsverhältnis, das uns im Erkenntnisprozess zum Durchlaufen eines „Zirkels" – bestehend aus den beiden Halbkreisen phänomenaler und gegenständlicher Begrifflichkeit – zwingt. Genau dies ist die Figur des späteren Weizsäckerschen Kreisgangs – sie geht zugleich auf die Gestaltkreis-Idee seines Onkels Viktor von Weizsäcker und den Komplementaritäts-Gedanken von Niels Bohr zurück.

Der im ersten der drei Teile der Vorlesung vorgeführte phänomenologische Zugang zur Physik ist in dieser ausführlichen Form in keiner der späteren Schriften Weizsäckers mehr zu finden. Schon allein diese Besonderheit und die Tatsache, dass der *begriffliche Aufbau* – im Gegensatz zu fast allen seinen sonstigen Buchpublikationen – an einem Stück geschrieben ist, macht die jetzige Publikation wohl nicht nur für Weizsäcker-Kenner zu einem kleinen Juwel. Die Bedeutung der Phänomenologie zeigt sich für Weizsäcker auch in den Deutungsfragen der Quantenmechanik im letzten Teil des Buches. Hier bettet er die Grundannahme der Kopenhagener Deutung der Quantenmechanik, dass die Ergebnisse einer Messung in klassischer Begrifflichkeit formulierbar sein müssen und dass dies zu den Bedingungen der Möglichkeit von Messungen zählt, in den nochmals größeren und allgemeineren erkenntnistheoretischen Kontext seiner Kreisgang-Methode ein.

Der Hinweis auf „Bedingungen der Möglichkeit von Erkenntnis" ist zugleich der Hinweis für den Leser, dass das kantische Gedankengut an beinahe jeder Stelle des Textes durchschimmert. Ein weiterer bemerkenswerter Punkt ist die vergleichsweise ausführliche Beschäftigung mit Grundlagenfragen der Mathematik, die sich in dieser Form erst wieder in seinem Spätwerk *Zeit und Wissen* (1992) findet. Weizsäcker diskutiert insbesondere den Begriff des Kontinuums in kritischer Abwägung der Begriffe des potentiell und aktual Unendlichen. Hier sieht er – und das berührt sein zweites originelles Denkmotiv – einen Zusammenhang zur Struktur der Zeit in Form potentieller Zukunft und aktueller Vergangenheit. Die Struktur der Zeit spielt natürlich auch in Weizsäckers Überlegungen zur Irreversibilität in der Thermodynamik die entscheidende Rolle. Hier hatte Weizsäcker bereits in einer sehr frühen Arbeit zum zweiten Hauptsatz von 1939 darauf hingewiesen, dass der Unterschied von Vergangenheit und Zukunft konstitutiv für das Verständnis des Wahrscheinlichkeitsbegriffs selbst ist und dass nicht das *H*-Theorem, sondern erst dieser Unterschied zur Auszeichnung einer Zeitrichtung hinreicht. In Kapitel II.A.3 sind Auszüge aus der Arbeit von 1939 zum Teil wörtlich eingearbeitet.

Diejenigen Passagen des jetzigen Buches, die der Darstellung konkreten physikalischen Fachwissens vor allem in der Kosmologie und der Kern- und Elementarteilchentheorie dienen, sind klarerweise für den modernen Leser veraltet. Dennoch ist Weizsäcker auch hier – mindestens historisch – lesenswert, denn er hat ja selbst durch seine physikalische Forschung nicht unwesentlich zur frühen Kernphysik der Sterne und zu kosmologischen Überlegungen beigetragen. Zu der Zeit, in der er die Vorlesung hält, beschäftigte er sich intensiv mit Fragen der Turbulenz und Entstehung des Planetensystems – die philosophischen Einzelaufsätze der 40er- und frühen 50er-Jahre publizierte er in der nach und nach anwachsenden Aufsatzsammlung *Zum Weltbild der Physik* (1.Aufl. 1943, 14.Aufl. Hirzel 2002).

Ich schließe mit einer Bemerkung zum Titel des Buches. Seine Wahl erinnert an das spätere physik-philosophische Hauptwerk Weizsäckers *Aufbau der Physik* von 1985. Wie Weizsäcker im dortigen Vorwort schreibt, wäre der Titel „Einheit der Physik" sachlich noch deutlicher gewesen, wurde aber vermieden, um Verwechslungen mit der *Einheit der Natur* (1971) auszuschließen. Dennoch geben Begriffe wie „Aufbau" oder auch „Rekonstruktion" sehr genau wieder, was Weizsäcker Zeit seines Lebens verfolgt hat: nämlich keine lehrbuchartige Darstellung des Fachwissens, sondern eine nachträgliche Begründung der Geltung und Ableitung des Gefüges der Struktur der Physik im Ganzen. *Der begriffliche Aufbau der theoretischen Physik* ist eine bemerkenswerte frühe Umsetzung dieser Intention und ein äußerst lehrreicher Spiegel des damaligen naturwissenschaftlichen Wissensstandes – gepaart mit der einmaligen Weizsäckerschen Gabe, auf dieses Wissen in einem größtmöglichen philosophischen Rahmen zu reflektieren.

INHALT

VORWORT von Holger Lyre . . . V

VORBEMERKUNG . . . 1

EINLEITUNG . . . 3

I. ELEMENTARE GEGEBENHEITEN

A. METHODE . . . 7
    a. Der Aufbau der Physik . . . 7
    b. Erkenntnis . . . 12
    c. Zweifel . . . 16
    d. Glaube . . . 23
    e. Methodische Folgerungen . . . 28

B. PHÄNOMENOLOGIE . . . 35
  1. Zeit . . . 35
    a. Zeitlichkeit und Zeit . . . 35
    b. Geschichtlichkeit . . . 39
    c. Möglichkeit . . . 41
  2. Ding . . . 48
    a. Räumlichkeit . . . 49
    b. Invarianz . . . 50
    c. Ding und Erscheinung . . . 54
    d. Gegenstand und Eigenschaft . . . 58
  3. Das Allgemeine . . . 61
    a. Eigenschaft . . . 62
    b. Gattung . . . 64
    c. Gesetz . . . 67

    d. Allgemeinheit und Möglichkeit   69
    e. Grundsätzliche Charakteristik des Allgemeinen   71
4. Erfahrung   75
    a. Methodische Vorbemerkung   75
    b. Wahrnehmung, Empfindung, Erfahrung   76
    c. Apriori   80
    d. Bewusstsein und Seele   83
5. Sprache und Logik   88
    a. Sprache   88
    b. Schrift   90
    c. Kalkül   90
    d. Sinn der Logik   91
    e. Logische Forschung   95

C. MATHEMATIK   97

1. Zahl   97
    a. Menge   97
    b. Phänomenologische Begründung der Zahl   98
    c. Logisch-mengentheoretische Begründung des Zahlbegriffs   100
2. Das Unendliche   101
3. Struktur   105
    a. Beispiele   105
    b. Definition von Struktur   107
    c. Der Erkenntnisgehalt der Mathematik   108
4. Kontinuum   112
    a. Phänomenologie des linearen Kontinuums   112
    b. Zahlenkontinuum   115
    c. Physikalische Kontinua   118
    d. Wahrscheinlichkeit   120
    e. Geometrie und Analysis   122

D. ALLGEMEINE MECHANIK — 125

1. Bewegung — 125
   - a. Kinematische Grundbegriffe — 125
   - b. Relative und absolute Bewegung — 128
2. Ursache — 132
   - a. Aristotelische causae — 132
   - b. Materielle Kausalvorstellung — 134
   - c. Formale Kausalvorstellung — 136
3. Kraft — 138
   - a. Trägheit — 138
   - b. Kraft und Masse — 139
   - c. Parallelogramm der Kräfte — 141
4. Energie — 141
   - a. Impuls und kinetische Energie — 141
   - b. Konservative Kräfte — 141
   - c. Actio = Reactio — 142

II. REGIONALE DISZIPLINEN

A. KLASSISCHE PHYSIK — 143

1. Einteilungsprinzipien — 143
   - a. Überblick — 143
   - b. Einteilung nach elementaren Gegebenheiten — 146
   - c. Einteilung nach elementaren Gegenständen — 147
2. Spezielle Mechanik — 150
   - a. Massenpunkt — 150
   - b. Punktsysteme — 152
   - c. Starrer Körper — 156
   - d. Deformierbarer Körper — 156
   - e. Flüssigkeit und Gas — 157

3. Wärme und Statistik 159
   a. Phänomenologische Thermodynamik 159
   b. Statistik 163
4. Elektromagnetisches Feld 181
   a. Strahlenoptik 181
   b. Wellenoptik 185
   c. Maxwellsche Gleichungen 187

B. NACHBARWISSENSCHAFTEN VOM ANORGANISCHEN 191

1. Chemie 191
   a. Stoff 191
   b. Elemente 192
   c. Atom 193
2. Der raumzeitliche Rahmen unserer Existenz 196

C. VERHÄLTNIS ZUR BIOLOGIE 204

1. Physische Phänomenologie des Lebendigen 204
   a. Gestalt 204
   b. Zweckmäßigkeit 207
   c. Kontinuität 209
2. Die Physik in der Biologie 210
   a. Das vitalistische Gefühl 210
   b. Die Unausweichlichkeit der Naturgesetze 210
   c. Bohrs Lösungsversuch 211
   d. Einschränkung auf Geschichte und Seele 211
3. Geschichtlichkeit des Lebens 212
   a. Gestaltwandel und Geschichtlichkeit der Zeit 212
   b. Darwins Modell 213
   c. Zweckmäßigkeit für Weiterentwicklung 214
4. Psychophysik 215

III. ELEMENTARE GEGENSTÄNDE

A. RELATIVITÄTSTHEORIE — 217
1. Spezielle Relativitätstheorie — 217
   a. Allgemeine Einleitung — 217
   b. Vorgeschichte der speziellen Relativitätstheorie — 219
   c. Einsteins Kritik der Gleichzeitigkeit — 221
   d. Transformationstheorie der Lorentz-Gruppe — 226
2. Allgemeine Relativitätstheorie — 229
   a. Allgemeine Kovarianz der Naturgesetze — 229
   b. Äquivalenzprinzip — 230
   c. Riemannsche Geometrie — 232
   d. Die Annahmen der allgemeinen Relativitätstheorie — 234
   e. Empirische Prüfungen — 238

B. ATOMPHYSIK — 240
1. Historische Entwicklung — 240
   a. Kants Antinomien und ähnliche Probleme — 240
   b. Der Weg zu Rutherfords Atommodell — 242
   c. Plancks Quantenhypothese — 244
   d. Einsteins Lichtquantenhypothese — 245
   e. Bohrs Atommodell — 246
   f. de Broglies Materiewellen — 248
2. Quantenmechanik — 249
   a. Komplementarität — 249
   b. Unbestimmtheitsrelation — 251
   c. Schrödinger-Gleichung — 256
   d. Transformationstheorie — 258
   e. Anschaulichkeit, Kausalität, Objektivierbarkeit — 262

3. Atomkerne und Elementarteilchen 268
   a. Kernphysik 268
   b. Kernreaktionen im Kosmos 272
   c. Höhenstrahlung 273
   d. Elementarteilchen 274
   e. Die ungelösten Fragen der Atomphysik 277

C. ZUR PHILOSOPHISCHEN DEUTUNG 280

   a. Frühe Stufen 280
   b. Griechische Metaphysik 282
   c. Christentum 282
   d. Descartes 282
   e. Neuzeitliche Gegensätze 283
   f. Gegenwart 284

VORBEMERKUNG*

Die vorliegende Ausarbeitung der Vorlesung, die ich im Sommersemester 1948 gehalten habe, beruht teils auf meinem Manuskript, teils auf einer Nachschrift von Herrn R. Skottke. Der Text ist in der hier vorgelegten Fassung von Herrn Skottke redigiert und von mir durchgesehen. Er drückt vielfach nur die Grundlinien des Gedankengangs aus; auch die Vorlesung selbst war in vielen Punkten nicht mehr als eine Andeutung. Eine vollständige Ausarbeitung der in der Vorlesung vorgetragenen Thesen würde eine Arbeit von mehreren Jahren erfordern. Ich habe deshalb die hier vorgelegte Ausarbeitung im Bewusstsein ihrer Vorläufigkeit vervielfältigen lassen, um den Hörern der Vorlesung nachträglich einen Text in die Hand geben zu können und um für die weitere Ausarbeitung eine Diskussionsgrundlage zu besitzen.

---

* Vorbemerkung des Autors zum Original-Skript

EINLEITUNG

Diese Vorlesung stellt ein Experiment dar, in doppelter Hinsicht. Einmal Ihnen, den Hörern gegenüber. Mir ist nicht bekannt, dass eine Vorlesung dieses Charakters schon einmal gelesen worden wäre. Ob sie einem Bedürfnis entspricht, ob sie verständlich wird, das kann sich nur dadurch zeigen, dass man den Versuch mit ihr wirklich macht.

Sie ist aber auch ein Experiment, das ich mir selbst gegenüber mache, und ich muss Sie von vornherein um Entschuldigung bitten, dass ich Ihre Absicht, etwas zu lernen, zum Anlass eines derartigen Experiments nehme. Sie wird eine Reihe von Gedanken enthalten, die ich anderswo nicht gefunden habe, und ich gestehe, dass ich in diesem Kolleg unter anderem versuchen möchte, ob diese Gedanken bereits ein tragfähiges Ganzes bilden können. In manchen Punkten werde ich Ihnen also nicht gesicherte Resultate bieten, sondern Sie nur auffordern können, mit mir in eine bestimmte Bewegung des Denkens einzutreten.

Ich schildere nun zunächst das Ziel, das die Vorlesung verfolgt und gebe dann den Inhalt in Gestalt einer Disposition an.

Die Vorlesung hat ein dreifaches Ziel: ein physikalisch-pädagogisches, ein physikalisch-systematisches und ein philosophisches.

Physikalisch-pädagogisch: Im üblichen Vorlesungsbetrieb der theoretischen Physik gibt es nur Kollegs über einzelne Gebiete, aber keine Zusammenfassung der Theorie. Manche Gespräche machten mir den Wunsch nach einer solchen fühlbar. Nun ist die Theorie unermesslich. Bestimmte Verzichtleistungen sind also notwendig. Ich verzichte auf Beweise und Anwendungen, ja sogar auf viele wichtige Sätze. Es kommt mir vor allem darauf an, diejenigen Begriffe und Sachverhalte herauszupräparieren, welche die ganze Physik beherrschen, diejenigen Fragen, welche die gesamte Forschung in Spannung halten.

Dies bedingt, dass die Vorlesung die Kenntnis der Hauptgebiete der theoretischen Physik voraussetzt. Nun werden wenige von Ihnen Vorkenntnisse über alle Gegenstände haben, die ich behandle; das liegt in der Natur einer zusammenfassenden Vorlesung. Ich will daher versuchen, in jeder Einzelheit so deutlich zu sein, dass Vorkenntnisse das Verständnis erleichtern, aber nicht schlechthin notwendig sind. Deutlich heißt aber nicht leicht. Wer weniger Vorkenntnisse mitbringt, muss mehr Denkvermögen mitbringen. Wer aber über nichts von dem, was ich behandle, Vorkenntnisse hat, der soll wegbleiben.

Das zweite Ziel ist *physikalisch-systematisch*. Es sollen einige Fragen gestellt werden, die bisher meist nur Gesprächsthemen zwischen einzelnen Physikern bildeten. Ein Beispiel ist das Verhältnis der klassischen Physik zur Quantenmechanik. Dort wurden einige tiefgreifende Revisionen notwendig. Wir wollen uns ein Verständnis verschaffen, warum sie notwendig wurden.

Gerade die moderne Physik hat uns gelehrt, über die Grundlagen sehr viel sorgfältiger nachzudenken. Dabei ist der Zusammenhang und die gegenseitige Abhängigkeit mancher Wissenschaften deutlicher geworden. Es ist in der Tat meine Meinung, dass die Grenzen der Wissenschaften etwas Künstliches an sich haben. Ebenso wie die Physik hier als Ganzes dargestellt werden soll, wird auch über ihren Zusammenhang mit den anderen Wissenschaften geredet werden müssen.

Das leitet zum *philosophischen* Ziel über. Philosophie wird im Folgenden eine doppelte Rolle spielen. Einerseits ist sie Hilfswissenschaft. Nachdenken über die letzten Grundlagen der Physik, über Begriffe wie Ding, Raum, Zeit, Gesetz, ist Philosophie. Wollen wir die Physik systematisch aufbauen, so müssen wir über ihre Grundlagen nachdenken, wir müssen also, ob wir wollen oder nicht, philosophieren. Der Fehler an den philosophierenden Physikern, die es heute so oft gibt, ist nicht, dass sie überhaupt philosophieren – wie sowohl Fachphilosophen wie Fachphysiker häufig meinen – sondern ihr Gegenstand hat sie dazu gezwungen. Ihr Fehler ist, dass sie oft dilettantisch philosophieren. Philosophie ist aber nicht leichter als Physik. Ich kann mich von dem Vorwurf des Dilettantismus nicht freisprechen, aber ich bemühe mich jedenfalls um philosophische Genauigkeit und werde auch Ihnen diese Bemühung nicht ersparen.

Andererseits hat die Vorlesung auch einen Zweck für das reine Philosophieren. Ich möchte versuchen, die Physik so darzustellen, wie ein Philosoph sie als Material gebrauchen wird. Ich will in dieser Vorlesung also zwar nicht eigentlich über Physik philosophieren, aber dafür die notwendigen Voraussetzungen schaffen. Für den Philosophen ist die Physik, so wie man sie gewöhnlich vorfindet, ungenießbar, sie ist rohes Fleisch. Ich will sie braten, aber nicht essen – nur davon kosten.

Nun zum Inhalt der Vorlesung: Ich habe ihn in drei Teile gegliedert. Der erste handelt von den „elementaren Gegebenheiten". Darunter will ich alles das verstehen, was methodisch und begrifflich als allgemeine Voraussetzung der Wissenschaft, insbesondere der Physik, zu gelten hat. Der Weg, der zu den allgemeinen Begriffen wie Ding, Raum, Zeit, Allgemeines führt, nimmt seinen Ausgang von Phänomenen. Phänomenologie ist das Unternehmen, auf das Gegebensein der Phänomene zu reflektieren. Ein großer Teil meiner Betrachtungen wird in diesem Sinne phänomenologischer Natur sein. Die Schwierigkeiten der Phänomenologie sind andere als die der Physik. Während die Physik vor allem mit der Kompliziertheit ihrer Gegenstände ringt, bedeutet gerade die Einfachheit der Phänomene die größte Schwierigkeit für das auf sie reflektierende Bewusstsein, dessen natürliche Richtung gar nicht die Reflexion auf das Gegebene ist. Als Folge eines solchen Bemühens gibt es drei mögliche Ergebnisse: Das erste lautet etwa: Alles ist einfach. Ich brauche wohl nicht besonders auseinanderzusetzen, dass dies sowohl die höchste wie die tiefste Stufe des Verständnisses sein kann. Die zweite Möglichkeit besteht darin, dass man zugäbe, nichts zu verstehen. Diese Haltung ist wenigstens ehrlich. Sie kann zum Ausgangspunkt eines wirklichen Philosophierens werden. Hinsichtlich dessen hoffen wir jedoch alle, einmal sagen zu können: Ich verstehe einiges. Zur Erreichung dieses Zieles soll auch diese Vorlesung einen kleinen Beitrag liefern.

Der zweite Teil ist überschrieben mit „Regionale Disziplinen". Damit sind die einzelnen Gebiete der klassischen Physik wie auch die Nachbarwissenschaften gemeint. Dieser Abschnitt darf als relativ am gesichertsten gelten.

Der dritte Teil handelt von den „elementaren Gegenständen". Als solche habe ich die Gegenstände der Relativitätstheorie und Atomphysik bezeichnet. Den phänomenalen Gegebenheiten liegen ganz andersartige Gegenstände zu Grunde. Erst die Gegenstände ermöglichen das wirkliche Verstehen der Phänomene, aber sie erschließen sich nur einer hohen Stufe der Begrifflichkeit. Im Folgenden wird ausführlich dargelegt werden, wie beide Richtungen des Fragens zueinander stehen.

I. ELEMENTARE GEGEBENHEITEN

A. Methode

a. Der Aufbau der Physik
Die *Methode des begrifflichen Aufbaus*, die im Kommenden befolgt wird, soll zunächst dargelegt werden.

Unsere Wissenschaft ist stark beeinflusst durch die *deduktiven* Disziplinen der Mathematik. Hier werden wenige Sätze, die Axiome, vorausgesetzt, alle anderen sollen aus ihnen folgen. Die Axiome sah man früher als evident an, in jüngster Zeit behandelt man sie oft als Voraussetzungen, über deren Wahrheit nichts angenommen wird, das ganze System dann als ein Gebilde der logischen Struktur „wenn – so".

Die Physik entsteht aber offenbar nicht so. Näher kommt ihrem Wesen der Begriff der *induktiven* Wissenschaft. Das unmittelbar Gegebene sind Einzelaussagen der Erfahrung, aus denen die wenigen, einfachen Grundsätze durch systematische Verallgemeinerung gewonnen werden. Der vollzogene induktive Aufbau könnte dann etwa am Ende in deduktive Form umgegossen werden.

Dieses Bild kommt der Wirklichkeit unserer Wissenschaft näher, aber es enthält entscheidende Züge noch nicht. Die Worte Deduktion und Induktion lassen beide für die Wissenschaft das Bild einer Pyramide entstehen, die entweder auf einer Spitze ruht oder in einer Spitze mündet. Erinnern Sie sich demgegenüber an unsere Disposition mit der Dreiteilung: Elementare Gegebenheiten, Regionale Disziplinen, Elementare Gegenstände. In diesem Bild hat die Wissenschaft *zwei* Spitzen. Die Physik lässt in der Tat einen doppelten Aufbau zu.

Man kann vom elementar Gegebenen ausgehen, von Begriffen wie Zahl, Zeit, Raum, Ding, Ursache, Bewegung. Dieser

Aufbau führt schließlich zum Atom wie zu einem äußersten Zweig eines verästelten Baumes. Man mag dies den *phänomenologischen* Aufbau der Physik nennen.

Man entdeckt aber, dass Begriffe wie Atom, Feld, Wellenfunktion eine neue sachliche Einheit geben, von der aus die phänomenologischen Begriffe sogar eine Kritik erfahren. Der wahre Zusammenhang der Phänomene enthüllt sich erst, wenn man hinter die Phänomene vordringt. Es deutet sich ein andersartiger *gegenständlicher* Aufbau der Physik an.

Welcher Aufbau ist der wahre? Wir können keinen von beiden entbehren. Der einzige Weg zu den Gegenständen führt über die Phänomene, das Verständnis der Phänomene erschließt sich erst durch die Gegenstände. Es besteht eine *gegenseitige Abhängigkeit* beider Aufbauweisen.

Dazu kommt, dass die beiden Spitzen nicht der gewisseste, sondern der ungewisseste Teil des Systems sind; sie sind wie Berggipfel, die in die Wolken stechen. Für die gegenständliche Spitze ist dies klar. Sie ist jenseits unmittelbarer sinnlicher Wahrnehmung. Sie ist nur ein gedachter oder erhoffter Punkt; in Wirklichkeit gibt es nach der gegenständlichen Seite nur eine *Front* der *Forschung*, ja man hat ausgesprochen, dass die gegenständliche Spitze unvollendbar sein könnte. Aber um die phänomenale Spitze steht es nicht besser. Ihre einfachsten Begriffe wie Raum, Ding, Kausalität, ragen ins Gebiet der Philosophie hinein, und die Philosophie ist, welches auch sonst ihre Verdienste sein mögen, berühmt als die Wissenschaft mit den ausdauerndsten und unlösbarsten Streitigkeiten. Man wäre froh, wenn man in ihr auch nur eine allgemein anerkannte Front der Forschung vorfände. Frei vom Streit ist nur gerade die Mitte der Doppelpyramide, der Bauch der Wissenschaft, die klassische Mathematik und Physik: Euklidische Geometrie, Arithmetik und Analysis, Mechanik, Thermodynamik, Elektrik, Optik usf.

Auf ähnliche Schwierigkeiten stößt jeder Versuch der Erkenntnis von Wirklichem. Wie stellt man sich zu ihnen ein? Die philosophische Wissenschaftstheorie hat bisher keine Begriffe zur Verfügung gestellt, mit deren Hilfe wir diese Lage adäquat denken könnten. Fixieren wir sie daher lieber zunächst in *Gleichnissen*. Heisenberg sagt, dass die abgeschlossenen Disziplinen der exakten Wissenschaft gleichsam über einer allseits unergründeten Tiefe schweben. Man könnte die Wissenschaft auch einem Schiff vergleichen, das zwischen der unerforschten Höhe des Himmels und der unergründeten Tiefe des Meeres „in der Mitte ist". Und wenn wir den Fortschritt der Forschung noch in das Bild aufnehmen wollen, so können wir ein weniger poetisches Gleichnis wählen: Die Wissenschaft gleicht der Aufgabe, ein Garnknäuel zu entwirren, von dem nur in der Mitte einige Fäden freiliegen, während wir keins der Enden in der Hand halten.

Das Gleichnis vom Garnknäuel lässt noch eine weitere Anwendung zu: Vielleicht hängen die beiden Enden miteinander zusammen. Ich sprach von der gegenseitigen Abhängigkeit beider Aufbauweisen. Sie zeigt sich am deutlichsten in der jeweiligen Front der Forschung. Gerade die modernste Physik der sinnlich nicht mehr wahrnehmbaren Gegenstände hat das Nachdenken über die Grundlagen sinnlicher Erfahrung sowohl angeregt wie gebraucht. Denken Sie an die Begriffe der Gleichzeitigkeit in der speziellen Relativitätstheorie, der Dinglichkeit und Kausalität in der Atomphysik. Wie auch der letzte Aufbau der Physik, wenn es einen solchen je geben wird, aussehen mag, ihre Entstehung verdankt sie dem immer wiederholten Durchlaufen des *Zirkels* der gegenseitigen Abhängigkeit unserer phänomenalen und gegenständlichen Begriffe. Die Doppelpyramide schließt sich, gleichnisweise gesprochen, immer wieder einmal zum Ring.

Das Bisherige ist gesagt, um Ihnen bestimmte Probleme ins Bewusstsein zu rufen. Es ist aber selbst noch kein Teil des begrifflichen Aufbaus, wie schon die Verwendung von Gleichnissen zeigt. Was uns diese Gleichnisse über das beim begrifflichen Aufbau nötige Verfahren lehren, will ich selbst noch einmal in einem Gleichnis ausdrücken. Es ist eine Anekdote.

Niels Bohr ist der Mann, von dem wir Atomphysiker alle die Art des Denkens gelernt haben, die ich versucht habe in den Gleichnissen anzudeuten. Er versteht, vielleicht nicht ganz mit Recht, unter dem Namen „Philosophen" vor allem Leute, die diesen schwebenden Charakter der Erkenntnis nicht verstanden haben und von einem festen Punkt aus alle Erkenntnis aufbauen wollen. Einmal waren wir miteinander auf einer Skihütte und wuschen nach einer selbstbereiteten Mahlzeit Teller und Gläser ab. Bohr trocknete mit besonderer Liebe die Gläser ab und betrachtete nachher mit Stolz, wie sauber sie unter seiner Hand geworden waren. Dann sagte er nachdenklich: „Dass man mit schmutzigem Wasser und einem schmutzigen Tuch schmutzige Gläser sauber machen kann – wenn man das einem Philosophen sagen würde, er würde es nicht glauben."

Wir müssen in der Tat mit den unsauberen Begriffen, wie sie uns die Praxis bietet, anfangen und sie mit der Zeit immer weiter reinigen, indem wir sie gleichsam aneinander reiben, ohne doch ein Ende dieser Reinigung vorherzusehen. Ich bin nur in dem einen Punkt mit Bohrs Formulierung vielleicht nicht ganz einig, dass mir gerade das Bewusstsein dieser Vorläufigkeit, dieses andeutenden Charakters jedes Begriffs das eigentlich philosophische Bewusstsein zu sein scheint. Ich möchte mich dafür auf zwei Philosophen berufen, die in der herrschenden Auffassung als Gegenpole gelten, James und Platon. Bohr selbst hat, wie er gelegentlich sagt, Entscheidendes gelernt von William James, dem amerikanischen Pragmatisten, der das Denken als eine Weise des Handelns nach dem Verfahren von Versuch und Irrtum versteht. Es gibt eine bestimmte Art des philosophischen Hochmuts, welche den Pragmatismus grundsätzlich verachtet und ihn, im Anschluss an die Bohrsche Anekdote, vielleicht als Tellerwäscherphilosophie bezeichnen würde. Ich möchte davor warnen. Der Pragmatismus ist wie jeder Ismus einseitig. Aber was man von ihm lernen kann, soll man von ihm lernen. Und gerade der wirkliche Philosoph muss die Wahrheit auch an der scheinbar banalsten Wirklichkeit, auch am Tellerwaschen, zeigen können. Denken Sie an Heraklit. Als ihn einige Leute besuchen wollten, um von ihm zu lernen, sahen sie, dass er an einem Backofen stand und sich wärmte, weil er fror. Vor dieser prosaischen Situation wollten diese Geistlinge umkehren. Da sagte er: „Kommt nur her, auch hier sind Götter." Wenn es Götter gibt, sind sie überall. Will ich angemessen von diesen Dingen sprechen, so werde ich mich doch am besten zu dem größten Philosophen, zu Platon wenden. Aber auch er hat gewusst und ausgesprochen, dass die letzte Erkenntnis nicht gesagt werden kann. Platon vermeidet die Erstarrung der Aussagen zu kristallisierten Begriffen, indem er durch Dialektik und Mythos den Begriff stets so in der Schwebe gehalten hat, dass er nichts als der auf jenes Unsagbare hingeschossene fliegende Pfeil blieb.

Es kann nicht Aufgabe meiner jetzigen Bemühung sein, Sie durch alle schon vollzogenen Stufen dieser Begriffsreinigung hindurchzuführen. Ich muss versuchen, Sie sofort auf den heutigen Stand zu führen. Aber der schwebende, zirkelhafte Charakter der Erkenntnis bringt es mit sich, dass es dafür nicht einen selbstverständlichen Ausgangspunkt gibt. Man muss irgendwo in den Umlauf hineinspringen und man wird die Erfahrung machen, dass man nicht aufs erste Mal ganz hineinfindet.

Ich beginne damit, dass ich versuche, Ihnen den wesentlichen Gehalt dessen, was ich soeben in Gleichnissen gesagt habe, noch einmal in erkenntnistheoretischer Schärfe zu sagen. Ich bemühe mich nunmehr also um strenge Begrifflichkeit. Die Sachlage bringt es mit sich, dass auch diese Begriffe, um unmittelbar verständlich zu sein, einen Charakter der Vorläufigkeit und Unschärfe tragen werden. Sie werden eingeführt, um die Basis für ihre eigene Überwindung zu legen.

b. Erkenntnis

Die Ansicht, die ich bezweifeln möchte, meint, es könne in der Wissenschaft irgendwo absolute, in sich selbst ruhende Gewissheit geben. Absolute Gewissheit könnte auch mit den Worten umschrieben werden: Erkenntnis, die keinem Zweifel unterworfen ist. Damit werden die Begriffe *Erkenntnis* und *Zweifel* zum Gegenstand der Prüfung.

Betrachten wir eine einfache physikalische Erkenntnis, z. B. „Blei ist schwerer als Wasser".

Dieser Satz ist *richtig*. Was bedeutet das?

Der Satz *behauptet* etwas. Das was er behauptet, ist ein *Sachverhalt*, nämlich dass Blei schwerer ist als Wasser. Der Satz ist richtig, wenn der Sachverhalt *besteht*, d. h. wenn Blei wirklich schwerer ist als Wasser. Nun ist Blei in der Tat schwerer als Wasser, und das meine ich zunächst, wenn ich sage, der Satz sei richtig.

Der Sachverhalt bestünde auch, wenn ich ihn nicht behauptet hätte. Ich habe ihn aber nun behauptet, weil ich ihn *erkannt* habe. Was ich erkannt habe, *weiß* ich. Diese Erkenntnis oder dieses Wissen wird durch den Satz *ausgedrückt*.

Der Satz bezieht sich also auf zweierlei: auf einen Vorgang oder Zustand in meinem *Bewusstsein*, den ich Erkenntnis oder Wissen nenne, und auf das, *wovon* ich ein Bewusstsein *habe*, den Sachverhalt. Bewusstsein ist *Bewusstsein von etwas*. Den einzelnen Erkenntnisvorgang oder Wissenszustand nenne ich einen Bewusstseins*akt*. Den Sachverhalt nenne ich den *Inhalt* der Erkenntnis oder des Wissens. Ich sage, dass der Satz den Bewusstseins*akt ausdrückt* und den Bewusstseins*inhalt behauptet*.

Ich sage, dass mir im einzelnen Akt sein jeweiliger Inhalt *gegeben* ist. Ich drücke damit zugleich auch aus, dass mir im Akt zunächst auch *nur* sein Inhalt gegeben ist, nicht aber, oder jedenfalls nicht ausdrücklich der Erkenntnisakt selbst. Wenn ich sage „Blei ist schwerer als Wasser", so meine ich, dass Blei schwerer ist als Wasser, und sonst nichts. Ich meine nicht, dass ich jetzt gerade denke und weiß, dass Blei schwerer ist als Wasser. Andererseits bin ich, sowie ich die Frage stelle, ob ich das gerade denke und weiß, gewiss, dass ich es gerade denke und weiß. Das Bewusstsein ist sich selbst als Bewusstsein nicht unbekannt, aber es ist sich von Natur nicht Thema. Das Bewusstsein kennt seinen Inhalt *ausdrücklich*, sich selbst aber *unausdrücklich*. Bewusstsein ist im Allgemeinen *selbstvergessen*. Es „denkt an" den Inhalt, nicht an sich.

Will ich das Bewusstsein ausdrücklich erkennen, so muss ich einen Erkenntnisakt vollziehen, der das Bestehen dessen *behauptet*, was im ursprünglichen Satz *ausgedrückt* war: der Erkenntnis. Diesen neuen Erkenntnisakt nenne ich einen Akt der *Reflexion*. Das Bewusstsein wird in ihm auf sich „zurückgebogen". Ich nenne diesen neuen Erkenntnisakt eine *reflektierende Erkenntnis*. Den ursprünglichen Akt nenne ich eine *schlichte* Erkenntnis. Ein Wissen oder eine Erkenntnis, welche Inhalt einer reflektierenden Erkenntnis geworden sind, kurz: *auf* welche ich reflektiert habe, nenne ich ein *reflektiertes Wissen* oder eine *reflektierte Erkenntnis*. Verstehe ich unter „Erkenntnis" einen jeweils neuen Vorgang, so wäre jede Erkenntnis immer wieder schlicht. Indem ich aber erkenne, dass sie einen schon bekannten Sachverhalt „wiedererkennt", kann sie Anteil haben an reflektiertem Wissen. Eine reflektierende Erkenntnis ist im Allgemeinen schlicht, es sei denn, es werde nochmals auf sie reflektiert.

Solange ich nur an den ursprünglichen Inhalt denke, dass Blei schwerer ist als Wasser, kann ich sagen, der Satz „Blei ist schwerer als Wasser" *sei* die Erkenntnis. Wenn ich reflektiere, stelle ich fest, dass der Satz diese Erkenntnis eigentlich nur ausdrückt. D. h. ich unterscheide nun zwischen dem *Satzkörper* (diesem Schall, diesen Kreidestrichen an der Tafel) und dem *Sinn* des Satzes. Das Wort „Sinn" ist zweideutig, da es den Akt oder den Inhalt meinen kann. Ich werde es daher nur dort gebrauchen, wo es auf den Unterschied von Akt und Inhalt, von Ausdruck und Behauptung nicht ankommt.

Die Unterscheidung zwischen dem Satzkörper und seinem Sinn ist ein Akt der Reflexion. Gewöhnlich *dient* der Satz selbstvergessen als *Ausdruck* des Akts oder, was nach unseren Definitionen gleichbedeutend ist, als *Behauptung* seines Inhalts. Den Satz, der so dient, nenne ich einen *schlichten Ausdruck*, eine *schlichte Behauptung* oder kurz einen *schlichten Satz*. Einen Satz, auf dessen Sinn reflektiert worden ist, nenne ich entsprechend einen *reflektierten Satz*. Ebenso kann man einzelne *Worte* schlicht oder reflektiert gebrauchen. Die Einzelheiten dieser Möglichkeiten erörtere ich hier nicht; sie würden uns tief in die Logik hineinführen.

Ein Erkenntnisakt braucht nicht ausgedrückt zu werden. Ich kann einen Sachverhalt schweigend, aber bewusst zur Kenntnis nehmen. Ich lasse ein Stück Blei in Wasser fallen und sehe es untergehen; nun stelle ich fest oder erinnere mich daran, dass Blei schwerer ist als Wasser, aber es lohnt nicht davon zu reden. Der Gedanke kann auch, indem ich etwas anderes tue, nebenher auftauchen oder anklingen. Ich kann einen Sack mit Blei beschweren, damit er untergeht. Hier ist mir der Sachverhalt in einem Zusammenhang *unausdrücklich mitgegeben*. Ich mache von ihm Gebrauch, ohne ihn ausdrücklich zu denken. Tatsächlich berücksichtigen wir im täglichen Leben immerfort eine unübersehbare Menge von Sachverhalten, auf die wir gar nicht besonders achten. Erkenntnis haftet also nicht am Ausdruck.

Wo ist in dieser Reihe von Phänomenen die Grenze, jenseits derer man nicht mehr von Erkenntnis reden darf? Eine derartige Grenze wird nicht ohne Willkür bestimmt werden können. Ich sehe darin keine Schwäche des Erkenntnisbegriffs. Dieses Verblassen der Erkenntnis, des Bewusstseins in einer Stufenfolge abnehmender Ausdrücklichkeit ist ein Phänomen, das wir ins Auge fassen müssen. Jeder Akt ausdrücklichen Bewusstseins ist umgeben von einem *Hof unausdrücklichen Bewusstseins*, der sich im völlig Unbewussten verliert. (So hat z. B. das Gesichtsfeld ein Zentrum der Aufmerksamkeit, den jeweils fixierten Sachverhalt, um den herum ein Hof von Mannigfaltigem ist, der nach den Grenzen des Gesichtsfelds zu an Bewusstseinscharakter in der Wahrnehmung verliert. Die Grenzen des Gesichtsfelds sind unscharf und können bei gesteigerter Sensibilität erstaunlich erweitert werden.) Bezeichnet man als Erkenntnis nur das Ausdrückliche, so ist dieser Hof nicht Erkenntnis. Bezeichnet man als Erkenntnis das *Erfassen von Sachverhalten*, so gibt es *unausdrückliche Erkenntnis*, ja ich würde mich anheischig machen, die Rede von *unbewusster Erkenntnis* zu rechtfertigen. Ich will im Folgenden die Ausdrucksweise wählen, nach der jedes Erfassen von Sachverhalten Erkenntnis ist, und ausdrückliche Erkenntnis durch dieses Beiwort auszeichnen.

Jede ausdrückliche Erkenntnis setzt eine Fülle unausdrücklicher Erkenntnis voraus. Stelle ich fest: „Dies Stück Blei geht in Wasser unter", so habe ich unausdrücklich mitgedacht: „dies Stück Materie ist Blei", „in diesem Topf ist Wasser"; ich habe das Blei ins Wasser geworfen, dabei die physikalischen Tatsachen des freien Falls, die physiologischen der zum Tragen nötigen Kraftanstrengung, die Bewusstseinstatsache, dass und wozu ich einen Versuch machen will usw. stillschweigend angewandt. Und woher weiß ich, dass diese Materie Blei ist? Weil man sie mir als Blei gegeben hat, weil sie grau, schwer, weich ist. Jede dieser Tatsachen weiß ich und dieses Wissen hat eine Vorgeschichte. Es könnte ein anderes, selteneres Element sein. Aber mein Gewährsmann betrügt mich nicht. Ich denke nach: nein, er hat mich noch nie betrogen. So ist jeder ausdrückliche Akt *eingebettet* in eine unübersehbare Schar unausdrücklicher Akte.

Jede unausdrückliche Erkenntnis ist schlicht. Man kann also auch sagen: jede ausdrückliche Erkenntnis setzt eine Fülle schlichter Erkenntnis voraus, ohne die sie unmöglich wäre.

c. Zweifel

Ich weiß nicht alles. Es gibt Sachverhalte, die ich nicht weiß. Nur deshalb sind besondere Erkenntnisakte notwendig. Ich muss Erkenntnis *suchen*.

Dieses Suchen kann *misslingen*. Es kann entweder so misslingen, dass ich weiß, das Gesuchte nicht gefunden zu haben. Dann weiß ich wenigstens einen Sachverhalt: den, dass ich nicht weiß. Oder es kann so misslingen, dass ich nicht weiß, dass es misslungen ist. Dann *meine* ich, aber zu Unrecht, etwas erkannt zu haben. Mein Akt ist dann als Erkenntnis gemeint, aber er ist ein *Irrtum*.

Jeder Akt, der als Erkenntnis gemeint ist, nenne ich eine *Erkenntnisintention* oder *intendierte Erkenntnis*. Eine Erkenntnisintention, die wirklich eine Erkenntnis ist, nenne ich *wahr*. Eine Erkenntnisintention, die ein Irrtum ist, nenne ich *irrig*. Den Satz, der eine Erkenntnis ausdrückt, nenne ich *richtig*. Den Satz, der einen Irrtum ausdrückt, nenne ich *falsch*.

Wer irrt, weiß nicht, dass er irrt. Wie sollen wir da Erkenntnis und Irrtum unterscheiden? Diese Frage stellt mich vor die dritte Möglichkeit: der intendierte Erkenntnisakt kann so ausgehen, dass ich nicht weiß, ob er gelungen oder misslungen ist. Sie stellt mich vor die Möglichkeit des *Zweifels*.

Wahre und irrige Erkenntnisintentionen können schlicht sein. Eine Erkenntnisintention, die angezweifelt wird, muss damit selbst zum Gegenstand von Erkenntnis werden. Sie wird entweder aufgehoben oder wenn sie fortbesteht, wird sie nunmehr von der Erkenntnisintention begleitet: „diese Erkenntnisintention ist wahr", und ist insofern reflektiert.

Einen Satz, der einen Sachverhalt behauptet, über dessen Bestehen Zweifel obwaltet, nenne ich *angezweifelt*. Auf einen angezweifelten Satz können sich verschiedene Akte richten: Zweifel, Frage, Vermutung, Fiktion usw. Erst der Zweifel gibt Anlass, den durch einen Satz behaupteten Sachverhalt getrennt von der auf ihn gerichteten Erkenntnisintention zu betrachten, d.h. einen Satz als etwas anzusehen, was richtig oder falsch sein kann. Auf dieser Auffassung des Satzes beruht die Logik. Logik ist Lehre von *Bezweifelbarem*. (Ein allwissendes Wesen braucht keine Logik.) Die Logik, als Erkenntnis über Erkenntnis, hat naturgemäß ihre Begriffe an reflektierten Erkenntnissen gebildet. Auf diese Probleme wollen wir hier nicht eingehen. Wir wollen uns nur daran erinnern, dass eine schlichte Erkenntnisintention, zumal wenn sie unausdrücklich ist, nicht als etwas gemeint ist, was wahr oder irrig sein könnte, sondern dass in ihr ein Sachverhalt einfach gegeben ist.

An dieser Stelle kann deutlicher werden, warum ich Erkenntnis so definiert habe, dass jedes Erfassen von Sachverhalten darunter verstanden ist. Am Bestehen eines Sachverhalts kann man zweifeln, einerlei wie ausdrücklich er vorher erfasst worden ist. War das Erfassen unausdrücklich, so wird es durch den

Zweifel selbst in die Ebene der Ausdrücklichkeit gehoben. Es ist erwünscht, den Begriff der Erkenntnis so weit zu fassen, dass er alles Bezweifelbare umfasst; sodass jedem Akt des Zweifels ein Akt der Erkenntnisintention entspricht, den er anzweifelt.

Wie wird nun der Zweifel behoben?

Es zweifle etwa jemand an, dass Blei schwerer ist als Wasser. Ich nehme ein Stück Blei und werfe es ins Wasser. Es sinkt unter, also ist Blei schwerer als Wasser.

Dies ist überzeugend, aber nur für den, der eine Fülle schlichter Erkenntnisintentionen als Erkenntnisse gelten lässt. Er muss glauben, was er sieht. Er muss gewiss sein, dass dies Blei, jenes Wasser ist. Ein Taschenspieler könnte ihn täuschen. Er könnte träumen. Die Behebung des Zweifels ist also wie jeder Akt der Reflexion an schlichte Erkenntnis geknüpft.

Ein Sonderfall ist der Zweifel, der eine Unklarheit des Ausdrucks enthüllt. Ein kleines Stück Blei ist leichter als ein großer Topf Wasser. Man muss genauer sagen, was „schwerer" in dem Satz heißt: „spezifisch schwerer". Es wird eine *Definition* gegeben. D.h. eine reflektierende Herstellung eines Ausdrucks durch die Angabe des Sinnes, den ein Wortkörper haben soll. Dieser Sinn aber muss durch andere Worte bezeichnet werden können. Er setzt also schlichte Ausdrücke schon voraus, z.B. hier „Volumen", „gleich" usw.

Aller Zweifel, von dem bisher die Rede war, bezog sich auf eine *einzelne* Erkenntnisintention oder allenfalls auf einen einzelnen Bereich von Erkenntnisintentionen. Er wird auch im Allgemeinen aus einem bestimmten einzelnen *Zweifelsmotiv* hervorgehen. Dieses Bezogensein auf bestimmte Erkenntnisintentionen und Zweifelsmotive drücken wir aus, indem wir ihn einen *relativen Zweifel* nennen. Seine Behebung führt zu einer *relativen Gewissheit*. Sie ist einerseits Gewissheit eines einzelnen Sachverhalts oder Bereichs von Sachverhalten, andererseits

Gewissheit nur gegenüber dem bestimmten einzelnen Zweifelsmotiv, das behoben worden ist. Die den Zweifel behebende reflektierende Erkenntnis kann nicht mehr Gewissheit geben, als den schlichten Erkenntnissen innewohnt, aus denen sie besteht oder deren sie sich bedient.

Der Ausgangspunkt unserer ganzen Betrachtung war, dass wir Begriffe gewinnen wollten, die geeignet seien, um ein bestimmtes Erkenntnisideal zu beurteilen, dasjenige der *absoluten Gewissheit*. Der Begriff von Wissenschaft, der uns in den einleitenden Überlegungen fragwürdig wurde, wollte wenigstens gewisse Erkenntnisse gegen *jeden möglichen* Zweifel gesichert sehen. Gibt es das? Gibt es Erkenntnisintentionen, an deren Wahrheit, Sätze, an deren Sinn überhaupt nicht mehr gezweifelt werden kann?

Diese Frage ist weit davon entfernt, uns zur absoluten Gewissheit zu führen. Sie eröffnet uns umgekehrt die Möglichkeit des *absoluten Zweifels*.

Wer irrt, weiß nicht, dass er irrt. Im Grunde liegt in diesem einzigen Satz die Unmöglichkeit der absoluten Gewissheit. Wir haben uns aber auf das Problem der Gewissheit nunmehr zu tief eingelassen, als dass wir uns mit einem einzigen Satz als Antwort begnügen können. Wir fragen, ob es nicht doch irgendwo absolute Gewissheit gebe. Diese Frage ist uns der Leitfaden, um die *Kunst des Zweifelns* zu lernen. Wir müssen etwas von ihr verstehen, um nicht unvermutet von dem *Schicksal des Zweifels* überrannt zu werden.

Man kann von einer Kunst des Zweifels reden, denn der normale unreflektiert dahinlebende Mensch versteht sich aufs Zweifeln nicht. Sein Verhältnis zur Welt beruht auf einem schlichten Erfassen von Sachverhalten, schlichten Erkenntnissen im weiten Sinn des Worts Erkenntnis. Wenn er einmal an etwas zweifelt, so ist er dazu angestoßen durch ein Zweifelsmotiv, das selbst eine schlichte Erkenntnis ist. Auf der Straße kommt mir Herr Meier entgegen. Aber er hat ja einen braunen Hut auf. Solche Hüte trägt Herr Meier nicht. Vielleicht ist es gar nicht Herr Meier. Hier ist ein schlichtes Erfassen eines Sachverhalts, nämlich der braunen Färbung des Huts, das Zweifelsmotiv. Zweifelte ich von vornherein an allem, so müsste ich auch daran zweifeln, ob der Hut braun ist; das Zweifelsmotiv selbst wäre nicht schlicht gegeben. Im normalen Leben ist der Zweifel ein Einzelereignis, das so, wie es sich abspielt, nur wegen des schlichten Gegebenseins von Unangezweifeltem möglich ist.

Man kann die Weise des Gegebenseins von Unangezweifeltem *schlichte Evidenz* nennen. Dass die schlichte Evidenz keine absolute Gewissheit bietet, weiß jeder. Der Schein trügt, und die Schwierigkeit ist, dass man nicht weiß, wo man es mit Schein zu tun hat. Aber in der Praxis bringt man es meist zu der fürs Leben nötigen Gewissheit, die man, wenn Zweifel vorangegangen ist, *reflektierte Evidenz* nennen kann. Philosophen meinen manchmal, reflektierte Evidenz könne bis zur *absoluten Evidenz* gesteigert werden. Aber wie verteidigen sie sich gegen den Satz, dass, wer irrt, nicht weiß, dass er irrt? Klassische Beispiele beweisen, dass das Evidenzerlebnis trügerisch sein kann.

Es ist sinnlich evident, dass die Sonne um die Erde läuft. Aber das Gegenteil ist wahr. Es ist der reinen Anschauung evident, dass Parallelen sich nicht schneiden. Aber redet man nicht von Nichteuklidischer Geometrie? Neulich träumte mir, zweimal zwei sei fünf. Jetzt, im Wachen, weiß ich zwar wieder, dass zweimal zwei gleich vier ist. Aber damals wusste ich das Gegenteil. Worauf beruht die Gewissheit, dass ich jetzt Recht habe? Der *Traum* ist das große Beispiel, an dem den Menschen die Fragwürdigkeit der Evidenz aufgegangen ist. Wie, wenn das ganze Leben ein Traum wäre? Wenn ein Gott uns systematisch täuschte?

Ist diese Frage schon der absolute Zweifel? Descartes versuchte, gerade aus ihr die absolute Gewissheit herauszuwickeln. Ich zweifle an allem. Ich zweifle. Ich. Das eine ist gewiss, dass ich zweifle. Zweifeln ist eine Weise des Denkens. Man kann nicht denken, wenn man gar nicht existiert. An meiner Existenz also kann ich nicht zweifeln. Cogito ergo sum.

Dieser Gedankengang ist außerordentlich wichtig, denn er lenkt den Blick auf das, was man das reine Bewusstsein genannt hat. Er ist ein erster Ansatz zu dem Unternehmen, das bis zu der so genannten phänomenologischen Reduktion Husserls in unserem Jahrhundert fortgeführt worden ist, dem Versuch, das Bewusstsein von seinen Gegenständen begrifflich scharf zu unterscheiden. Aber hier geht er uns nur im Zusammenhang des Zweifels an. Und da ist zu sagen: er bietet keine absolute Gewissheit, denn er setzt keinen absoluten Zweifel voraus. Descartes war noch ein Anfänger in der Kunst des Zweifels.

Descartes zweifelt z. B. an der *Richtigkeit* von Sätzen, aber nicht am *Sinn* von Sätzen. Er fragt: „Existiert die Welt?" und wagt zu zweifeln, ob die Antwort „ja" lauten muss. Er fragt nicht: „Was bedeutet das Wort ‚existieren'?" „Bedeutet es, verbunden mit dem Wort ‚die Welt' überhaupt etwas?" Ist vielleicht „existieren" ein Begriff, der nur relativ auf einen bestimmten Zusammenhang einen Sinn hat? Wenn „Romeo und Julia" aufgeführt wird, so existiert Julia so gewiss wie Romeo. Aber sie existieren nur „für das Theaterstück"; „in Wirklichkeit" ist Julia Fräulein Müller. Für Homer existiert Zeus und tut Wunder, für den modernen Physiker existiert das Atom und tut Wunder. Ist das Atom weniger ein Mythos als Zeus? Gibt es ein anderes Existieren als ein „Existieren für ..."? Dann wäre vielleicht die vorgebliche Gewissheit von Descartes Unsinn, denn sie wäre eine Antwort auf eine sinnlose Frage.

Vielleicht meine ich nicht alles im Ernst, was ich eben gesagt habe? Woher wissen Sie das? Sie müssen sich jedenfalls einmal klar machen, dass man so fragen kann.

Descartes zweifelt nicht am Sinn seiner Sätze. Er verhält sich damit auf höherer Ebene genau wie der unreflektiert dahinlebende Mensch. Gewisse Erkenntniselemente sind ihm schlicht gegeben, so dass er gar nicht darauf verfällt, an ihnen zu zweifeln, und gerade sie werden ihm zum Motiv des Zweifels an anderen Erkenntniselementen. Gerade weil er glaubt, der Satz „die Welt existiert" habe einen Sinn, glaubt er, man könne daran zweifeln, ob dieser Satz richtig sei. Wenn ein Satz keinen Sinn hat, so fragt man nicht mehr, ob er richtig oder falsch sei. Es liegt mir aber ganz fern, positiv zu behaupten, der Satz „die Welt existiert" habe keinen Sinn. Das wäre schlecht gezweifelt. Ich sage nur, man könne daran zweifeln, ob er einen Sinn habe.

Alles, was ich gesagt habe, spricht den absoluten Zweifel nicht aus. Man kann den absoluten Zweifel nicht aussprechen. Wer spricht, setzt den schlichten Sinn der Worte noch voraus. Der absolute Zweifel kann nur schweigen. Eben darum kann man gegen ihn nicht argumentieren. Deshalb kann man gegen ihn auch nicht Recht behalten.

Man könnte aber sagen, der absolute Zweifel sei einem lebenden Menschen unerreichbar. Das ist richtig. Das Erfassen von Sachverhalten ist ja nicht nur ein theoretischer Vorgang. Es ist ständig zum Leben nötig und es steht, wie wir uns auch intellektuell wenden mögen, aus dem animalischen Leben heraus stets zur Verfügung. Der zweifelnde Philosoph, der durch einen Wespenstich oder eine Ohrfeige in die Wirklichkeit zurückgerufen wird, ist ein beliebtes Komödienmotiv. Ein Satz, der fast das Umgekehrte des cartesischen Satzes ist, gilt: *Wer lebt, zweifelt nicht an allem.* Man bringt ihn der cartesischen Form nahe, wenn man speziell sagt: Um zweifeln zu können, darf man nicht an allem zweifeln.

    Sie würden mich völlig missverstehen, wenn Sie meinten, ich wollte mit diesen letzten Überlegungen doch noch gegen den absoluten Zweifel Recht behalten. Wer noch lebt, zweifelt noch nicht absolut; aber wer sagt, dass der Lebende Recht habe? Die Kunst des Zweifels ist hier freilich zu Ende. Man kann sich nicht vornehmen, absolut zu zweifeln. Aber man kann auf einen Weg getrieben werden, auf dem es vor dem absoluten Zweifel keinen Halt gibt. Gegen das Schicksal des Zweifels gilt kein Argument.

    Dieser Zweifel ist kein intellektuelles Unternehmen mehr. Er ist eine Form der Verzweiflung. Bei Kierkegaard, in Dostojewskis Iwan Karamasow, in Hoffmannsthals Brief des Lord Chandos werden Sie mehr davon finden als bei allen Philosophen. Sein äußerster Punkt aber wird nie aufgeschrieben werden. Ihm gegenüber Recht behalten zu wollen, ist nicht nur unmöglich, es ist auch unrecht. Die verzweifelnde Seele wird nie mehr vom Recht, sondern nur noch vielleicht von der Liebe erreicht.

d. Glaube

Die Erörterung über den Zweifel ist eingeschlossen zwischen die zwei Sätze: Wer irrt, weiß nicht, dass er irrt, und: Wer lebt, zweifelt nicht an allem. So gibt es für uns, da wir leben, weder absolute Gewissheit noch absoluten Zweifel. *Dass* wir uns in dieser Lage befinden, lässt sich wohl nicht leugnen. Wir befinden uns aber in ihr sogar mit einem verhältnismäßig guten Gewissen. Wir haben zu dem, was wir wissen, ein beträchtliches Vertrauen und meinen damit nicht schlecht zu fahren, trotz des Abgrundes möglichen Zweifels, neben dem wir stehen. Wir müssen versuchen, Begriffe zu finden, die diese Haltung deutlich bezeichnen.

Ich möchte für die Haltung, die wir gegenüber den Inhalten unseres Wissens angesichts der beiden Unmöglichkeiten der absoluten Gewissheit und des absoluten Zweifels haben, das Wort *Glaube* wählen. Wir müssen uns über den Sinn, in dem dieses Wort hier gebraucht werden soll, genau verständigen.

Im Allgemeinen versteht man unter Glauben das Fürwahrhalten von etwas, was man nicht weiß. Man betrachtet dann Glauben und Wissen als Gegensätze und teilt ihnen etwa gar Religion und Wissenschaft als getrennte Gebiete zu. Ich halte diese ganze Gegenüberstellung für falsch und habe die Terminologie, die ich soeben erläutere, vor allem gewählt, um schon durch den Gebrauch der Worte das Abgleiten in diese Auffassung unmöglich zu machen.

Glauben ist kein intellektueller Akt, sondern eine Weise zu leben. An etwas glauben heißt sich in jeder Lage so verhalten wie man sich verhalten muss, wenn es das, woran man glaubt, wirklich gibt. Das Fürwahrhalten ist nur die der Reflexion zugängliche intellektuelle Spitze des glaubenden Verhaltens. Um es in einem Gleichnis auszudrücken: Der Fußballspieler muss den Ball ab und zu einem andern Spieler seiner Mannschaft zuspielen. Das ist nur sinnvoll, wenn er damit rechnen kann, dass der Partner den Ball übernimmt und gegebenenfalls zurückspielt. Gewissheit hierfür gibt es nicht, denn der Andere könnte durch den Gegner gehindert sein oder den Ball verfehlen. Trotzdem muss man ihm zuspielen. Dies mit dem Gegenüber trotz der Ungewissheit rechnende Zuspielen und Zurückerwarten des Balls ist Glauben.

Glauben ist ebenso wie Erkennen ein Verhalten zu einem Sachverhalt. Ist Erkennen das Ansprechen des Sachverhalts als eines gegebenen, so ist Glauben das Ansprechen des Sachverhalts unabhängig davon, ob er aktuell gegeben ist. Die Tatsache, dass uns weder absolute Gewissheit noch absoluter Zweifel möglich ist, kann man auch so ausdrücken: *Man kann nicht erkennen, ohne zu glauben.* Dies mag deutlicher werden, wenn wir, so wie wir es beim Erkennen getan haben, *unausdrückliches* und *ausdrückliches* Glauben unterscheiden.

Je tiefer wir in die Sphäre der Unausdrücklichkeit hinabsteigen, desto unmöglicher wird es, zwischen Wissen und Erkennen einerseits, Glauben andererseits überhaupt zu unterscheiden. Um festzustellen, dass Blei schwerer ist als Wasser, lasse ich ein Stück Blei in Wasser fallen. Indem ich es loslasse, rechne ich damit, dass es fallen wird. Ich kann das nicht mit Sicherheit vorauswissen. Wäre es Papier, so könnte es ein Windzug, wäre es Eisen so könnte ein Magnet es zur Seite ziehen; vielleicht hat es in Teer gelegen und wird an meiner Hand kleben bleiben. Vielleicht wird ein neuer Effekt auftreten, den die Physiker noch nicht kennen. Aber ich kann mich mit solchen Skrupeln nicht aufhalten. Ich lasse es los und rechne damit, dass es fallen wird; und fast immer wird der Erfolg mir Recht geben. Dieses „rechnen mit" ist das Zuspielen des Balles und insofern Glauben. Es geschieht aber mit so großer Erfolgschance, dass es gar keiner Konzentration der Aufmerksamkeit bedarf. Gerade weil es fast ein Wissen ist, kann es unausdrücklich bleiben. Den Satz: „In der Sphäre der Unausdrücklichkeit kann man Wissen und Glauben nicht deutlich unterscheiden" kann man also auch umgekehrt lesen: „Wo es nicht notwendig wird, Wissen und Glauben zu unterscheiden, kann das Verhalten zum Sachverhalt unausdrücklich bleiben."

Reflektiere ich darauf, ob ich einen Sachverhalt weiß oder „nur" glaube, so bin ich in die Sphäre der Ausdrücklichkeit eingetreten. Ich begegne dem Irrtum. D.h. ich sehe ein, dass ich vieles, was ich unausdrücklich glaubte, in Wahrheit nicht wusste, ja dass es falsch war. Das Streben nach absoluter Gewissheit war der Versuch, den Glauben überflüssig zu machen. Dies hat sich als unmöglich erwiesen. Indem wir leben, glauben wir. Da wir dies wissen, handelt es sich nun um einen ausdrücklichen Glauben. *Wie* oder *woran* glauben wir nun?

Es wäre wiederum ein aus der Reflexion stammendes Missverständnis, wenn man versuchen wollte, nun einen „berechtigten Glaubensinhalt" zu formulieren. Könnte man die „Berechtigung" eines Glaubensinhaltes erweisen, so würde man wohl besser von Wissen reden. Wir haben nur den Sachverhalt als Ausgangspunkt, der in dem Satz zusammengefasst ist: „Wer lebt, glaubt." Wir fragen nicht, was er glauben *darf* oder *soll*, sondern was oder wie er *tatsächlich* glaubt. Dies ist nun aber bei verschiedenen Menschen verschieden.

Den Menschen, der sich über diese Fragen nicht viel Gedanken macht, will ich den *natürlichen Menschen* nennen. Er begegnet ab und zu dem relativen Zweifel und begnügt sich mit seiner Behebung in der relativen Gewissheit. Er bemerkt, dass man mit grundsätzlichem Zweifel nicht weit kommt, und lässt dergleichen bleiben. Sein Glauben ist ein *unausdrückliches Geltenlassen* des schlicht Gegebenen.

Auch wer sich tief auf den Zweifel eingelassen und vielleicht sogar die Verzweiflung erfahren hat, findet sich schließlich, wenn er weiter lebt, derselben Welt gegenüber, die ihm als natürlichem Menschen gegeben war. Er wird nun an vielen Stellen Vorsicht und relativen Zweifel gelernt haben, vielleicht ist ihm der schwebende Charakter aller Erkenntnis deutlich geworden, die Möglichkeit, alles anzuzweifeln. Aber indem er lebt, lässt er die Welt gelten. Dies ist ein *ausdrückliches schlichtes Geltenlassen*. Man kann dies kaum deutlicher sagen als Faust in dem Augenblick, in dem er aus der Verzweiflung zurückkehrt: „Die Träne quillt, die Erde hat mich wieder." Die Träne ist das Wirkliche, das er schlicht gelten lässt, und mit ihr die Welt, denn weinen heißt leben.

Wer überhaupt aus der wirklichen Verzweiflung zurückkehrt, wird dabei wohl immer eine Erfahrung des Bereiches gemacht haben, den man den religiösen nennt. Die Möglichkeit des Weiterlebens wird für ihn meist mit dieser Erfahrung zusammenhängen. Sein weiteres Leben wird also ein Verhalten sein, das mit der Wirklichkeit, die sich ihm in dieser Erfahrung gezeigt hat, in der Weise des Glaubens rechnet, auch wenn diese Wirklichkeit sich nicht oder nicht mehr unmittelbar zeigt. Der *religiöse Glaube*, wo er echt ist, ist also in besonderer Weise nicht ein bloßes Fürwahrhalten, sondern eine Art des Lebens. Er ist aber nicht ein bloßes Geltenlassen eines sich ohnehin Zeigenden, sondern ein aktives ständiges Ansprechen oder Anrufen eines sich nicht ohne weiteres Zeigenden.

Ich habe versucht, Ihnen einige Weisen des Glaubens zu *beschreiben*. Ich habe nicht versucht, über ihren Wert zu argumentieren, denn das kann man nur, indem man selbst glaubt, also nicht von einem Ort jenseits der in jedem bewussten Glauben liegenden Entscheidung. Man könnte diese meine Enthaltung nicht mehr missverstehen, als indem man sie für den Ausdruck eines Relativismus in Bezug auf die Wahrheit des jeweils Geglaubten hielte. Ich habe ja den Glauben so definiert, dass Erkennen ohne Glauben nicht möglich ist. Glauben ist also der Weg zur Wahrheit, und gerade weil er der einzige Weg zur Wahrheit ist, muss man sich auf den Glauben einlassen, wenn man über Wahrheit urteilen will. Dies gilt in den einfachsten Schichten: Wer das Urteil der Sinne nicht gelten lässt, mit dem kann man nicht über die Materie reden. Es gilt aber ebenso in der Religion selbst; Christus sagt: Wer Gottes Willen tut, wird erfahren, ob meine Lehre von Gott ist (Joh. 7,17). Es ist daher, wenn man aufs Ganze der Wahrheit geht, unmöglich, eine von der religiösen Entscheidung unabhängige Philosophie zu machen. Eine Philosophie, die behauptet, vom Glauben unabhängig zu sein, ist sich in Wahrheit nur des ihr eigentümlichen Glaubens nicht bewusst.

Der Gegenstand dieser Vorlesung, die Physik, zwingt uns nicht in vordergründlich erkennbarer Weise zu einer Entscheidung in den letzten Glaubensfragen. Denn der Glaube, den die Physik zur Voraussetzung hat, der Glaube an die Anwendbarkeit des rationalen Denkens auf die sinnliche Erfahrung, ist Gemeingut der Menschen unserer Zeit. (Ich brauche nur auf die Technik hinzuweisen. Sie ist seine vielleicht augenfälligste Manifestation.) Fast möchte man sagen, der Glaube der Physiker sei der einzige Glaube, der alle Menschen unserer Zeit verbindet. Wir brauchen daher diesen Glauben nicht zu erzeugen, sondern können gleich damit beginnen, die Inhalte zu untersuchen, die uns durch ihn gegeben werden. Anders ist es, wenn wir fragen, was es bedeutet, dass dieser Glaube möglich und allgemein herrschend geworden ist. Als lebendige Menschen können wir uns auch dieser Frage nicht entziehen. Ich stelle sie aber nicht an den Anfang, sondern an das Ende der Vorlesung.

e. Methodische Folgerungen

Wir legen jetzt unsere *methodischen Prinzipien* fest. Ein Ausgangspunkt von absoluter Gewissheit ist nicht vorhanden. Wir müssen einen Glauben voraussetzen. Wir wollen von Physik reden. Also setzen wir den Glauben der Physiker voraus. Worin besteht dieser Glaube und was heißt „ihn voraussetzen"?

Unter dem Glauben der Physiker verstehe ich das Zutrauen zu den Methoden und Ergebnissen der Physik, das notwendig ist, wenn man Physik betreiben will. Ich wiederhole, dass Glauben nicht (oder nicht nur) ein Fürwahrhalten, sondern eine Weise des Lebens ist. Den Glauben der Physiker voraussetzen heißt also, menschlich gesprochen, die Physiker gelten lassen.

Man braucht sie vielleicht nicht gelten zu lassen in dem, was sie außerhalb der Physik tun und meinen. Aber ihren Glauben voraussetzen heißt, ihnen zubilligen, dass sie es in ihrem eigenen Gebiet so ungefähr richtig machen. Man muss das, was sie zu sagen haben, ernst nehmen, denn sonst kann man ja mit ihnen gar nicht ins Gespräch kommen.

Ich habe mich absichtlich zunächst sehr vage ausgedrückt. Wir wollen aber dazu kommen, Meinungen zu formulieren, müssen also begriffliche Strenge anstreben. Dazu ist notwendig, dass wir den Begriff „voraussetzen" präzisieren. Ich könnte diesen Akt auch umschreiben als ein *reflektiertes Geltenlassen*. Was heißt das?

Wir haben uns durch das Nachdenken über Methode und Gewissheit der Physik in ein Gebiet begeben, das man selbst nicht mehr Physik, sondern Philosophie nennen wird. Indem wir uns einmal auf den Weg des Zweifels begaben, haben wir den schlichten Glauben des natürlichen Menschen an seine Umwelt, den schlichten Glauben des Physikers an Gegenstand und Methode verlassen. Indem wir dann erkannten, dass keine Erkenntnis ohne einen Glauben möglich ist, prägten wir den Begriff des Glaubens der Physiker. Wir *reflektierten* auf diesen Glauben. Diese Reflexion ist etwas anderes als das schlichte, wenn auch ausdrückliche Geltenlassen des Glaubens, auf dem unser Leben beruht. Dieser letztere Glaube macht zwar möglich, dass wir etwas untersuchen, aber er wird nicht selbst zum Gegenstand der Untersuchung; wir haben ja schon gesehen, dass wir sonst zu keiner Einigung kommen könnten, da wir, die wir hier versammelt sind, in vielen entscheidenden Dingen nicht denselben Glauben haben. Wir wollen vielmehr, einerlei woher jeder von uns die Kraft zu leben hat, den Glauben der Physiker als etwas, was es gibt, gelten lassen, *um* ihn zu untersuchen.

Erlauben Sie mir ein Gleichnis, von dem ich von vornherein sage, dass es in einer Hinsicht übertreibt. Die Frösche unter dem winterlichen Eis eines Teiches versprachen, wenn sie wieder befreit würden, wie Nachtigallen zu singen. Als der Frühling kam, saßen sie am Ufer und quakten wie vor alter Zeit. Das Quaken ist der schlichte Glaube der Frösche. Sie können nur leben und quaken oder nicht leben. Wir aber wollen nicht quaken wie vor alters. Wir wollen nur gelten lassen, dass es Frösche gibt und dass sie quaken, und wollen zusehen, wie weit man es mit dem Quaken bringen kann.

Die Physiker entsprechen den Fröschen, und unser Entschluss, den Glauben der Physiker gelten zu lassen, entspricht dem Geltenlassen des Quakens. Aber das Gleichnis übertreibt die Distanz des Geltenlassenden von dem, was er gelten lässt. Der Glaube der Physiker ist ein Teil des Glaubens aller Menschen unserer Zeit. Wer einmal das elektrische Licht einschaltet, gibt in der Weise des unausdrücklichen Glaubens zu, dass er erwartet, die Physik habe mit ihrer Beurteilung der praktischen Aufgaben des Lebens recht. Insofern analysieren wir im Glauben der Physiker unseren eigenen Glauben, den wir gar nicht aufgeben können. Wir sind alle „Frösche". Andererseits werden wir nicht bereit sein, diesem Glauben vorbehaltlos wie einer absoluten Wahrheit zu folgen. Wir reservieren uns in jedem Einzelfall die Möglichkeit des Zweifels.

Dieser Zweifel kann nur als relativer Zweifel gemeint sein. Denn als absoluter Zweifel würde er die Sache selbst aufheben, die wir gelten lassen wollen. Die Grenze zwischen dem relativen und dem absoluten Zweifel ist aber selbst nicht absolut zu ziehen. Es lässt sich keine Schranke angeben, über die hinaus der relative Zweifel nicht ausgedehnt werden dürfte. Es bleibt uns nichts übrig als uns an der denkerischen Bewegung der Physik zu beteiligen und mit ihr die Erfahrung zu machen, wie jeder relative Zweifel die Begriffe letzten Endes nicht umstürzt, sondern weiter klärt. Nichts anderes war in dem Bohr'schen Gleichnis vom Gläserwaschen gemeint.

Ich nenne dieses reflektierende Geltenlassen gelegentlich auch eine *Hypothesis* der Physik. Wir unterstellen, dass Physik Erkenntnis ist und sehen zu, was dabei herauskommt. Wie ist nun das praktische Verfahren, das dabei eingeschlagen werden muss?

Was wir gelten lassen, ist nicht ein kleiner, scharf umrissener Bereich von Lehrsätzen, nicht die Spitze einer Pyramide, sondern eine *Weise* des *Erkennens* und die *Breite* des *Erfahrungsschatzes*, den diese Erkenntnisweise vermittelt. Dieser Erfahrungsschatz ist nicht scharf abgegrenzt und begrifflich nicht voll durchgegliedert. Er lässt zwei Richtungen des Weiterfragens zu, die ich die *gegenständliche* und die *reflexive* nennen will. Die gegenständliche Frage sucht den Wissensschatz zu *erweitern*, die reflexive sucht ihn zu analysieren, zu *klären*. Die Wissenschaft schreitet nur im Wechselspiel beider Frageweisen fort. Wir müssen sie aber hier methodisch getrennt betrachten.

Die gegenständliche Frage kann den Glauben der Physiker schlicht, ja unausdrücklich voraussetzen und in seinem Sinne weiterfragen: „Dies weiß ich schon über die Natur. Was kann ich weiter erfahren?" Sie bedarf insofern keiner besonderen methodischen Besinnung. Die reflexive Frage hingegen vollzieht die Hypothesis ausdrücklich. Sie fragt: „Wenn man Physik als Erkenntnis gelten lässt, was hat man damit bereits zugegeben? Welche Voraussetzungen stecken in der Physik?" Sie macht also nicht die Gegenstände der physikalischen Erkenntnis, sondern die physikalische Erkenntnis selbst zum Gegenstand neuer Erkenntnis. Sie ist Reflexion.

Die reflexive Frage ist nahezu das, was Kant die transzendentale Frage nennt: „Wie ist Physik überhaupt möglich?" Das, was man schon zugibt, wenn man Physik als Erkenntnis gelten lässt, ist das *Apriori* der Physik, die Bedingung der Möglichkeit physikalischer Erfahrung. Ich vermeide aber die Kantschen Ausdrücke, weil sie geprägt sind von einer Denkweise der absoluten Gewissheit, die wir nicht voraussetzen können. Wir werden im Verlauf der Vorlesung unsere Vorstellungen mit denen Kants vergleichen.

Sie erkennen die Beziehung der beiden Frageweisen zur Disposition der Vorlesung. Die regionalen Disziplinen sind der Kern desjenigen Bestands der Physik, den wir im Sinne der Hypothesis gelten lassen. Der schlichte Glaube des Physikers führt ihn auf dem gegenständlichen Frageweg weiter bis zu dem, was er als die elementarsten der bisher bekannten Gegenstände ansieht. Die Reflexion umgekehrt führt ihn zur Ergründung dessen in seiner eigenen Erkenntnis, was ihm als die elementarste ihm bekannte Gegebenheit gelten muss. Diese beiden Bewegungen sind die Pfeile, welche die beiden „Spitzen" der Physik bezeichnen, von denen wir eingangs sprachen; sie konstituieren die beiden Fronten der Forschung.

Es bedarf noch einer Vergewisserung, dass auch die Reflexion eine Front der Forschung schafft. Man könnte sagen: „Das Gegebene ist eben gegeben. Man braucht sich nur darauf zu besinnen und dann weiß man es." Dabei übersieht man aber die Selbstvergessenheit der Erkenntnis. Das Auge sieht die Dinge, aber nicht sich selbst. Das Bewusstsein ist ausdrücklich Bewusstsein von einem Inhalt, und nur in einer unausdrücklichen, sich selbst kaum bekannten Weise Bewusstsein von sich selbst. Die Reflexion besteht zunächst einfach darin, festzustellen, was uns eigentlich gegeben ist und wie es uns gegeben ist, also das in der Erkenntnis liegende „Phänomen" bewusst zu machen. Insofern ist die Basis der reflexiven Methode als *Phänomenologie* zu bezeichnen. Wir haben uns, wenn Autoritäten zitiert werden sollen, enger an Husserl als an Kant anzuschließen.

Die Phänomenologie ist mindestens so schwer und so unvollendbar wie die Physik, denn die Reflexion ist eine dem ursprünglichen Bewusstsein unnatürliche Fragerichtung. Wäre Phänomenologie für uns hier Selbstzweck, so müssten wir sie von den regionalen Disziplinen ausgehend durch ansteigende Reflexion entwickeln. Wir wollen hier aber die Physik aufbauen. Die Phänomenologie ist uns nur Hilfswissenschaft. Wenn wir nach dem in der normalen physikalischen Erkenntnis Gegebenen fragen, so ist unser Ziel nicht, die Erkenntnis, sondern das in ihr Gegebene zu untersuchen. Daher setze ich die phänomenologischen Kapitel an den Anfang.

Das bedeutet aber nicht, dass ich mit einfachsten, von allem Nachfolgenden unabhängigen Gegebenheiten anfangen könnte. Es heißt nur, dass ich mich an einer Stelle in den kreisenden Strom werfe und dann von ihm forttragen lasse. Um die ersten Gegebenheiten, von denen ich spreche, verständlich zu machen, benütze ich eine Sprache, die daran appelliert, dass Sie den Glauben der Physiker schon haben und in gewissem Maße auch schon auf ihn reflektiert haben; sonst bliebe diese Sprache unverständlich. Das äußert sich darin, dass in der Beschreibung der ersten Phänomene Vokabeln gebraucht werden, welche Phänomene bezeichnen, die ihrerseits erst später beschrieben werden. Hierin äußert sich der *Zirkel*, in dem jede Erkenntnis gewonnen wird.

Wir müssen nun versuchen, auch diesen Zirkel begrifflich schärfer zu fassen. Jeden Sachverhalt, der Inhalt eines Wissens ist, das ich tatsächlich habe, nenne ich *gegeben*. Jeden Sachverhalt, der besteht, er mag mir nun gegeben sein oder nicht, nenne ich *tatsächlich*. Es ist mir bewusst, dass auch diese Kennzeichnungen vielen Zweifelsfragen ausgesetzt sind; sie sollen mir aber im Augenblick zu einer kurzen Ausdrucksweise für den ersten Hinweis auf ein Phänomen dienen. Vom Standpunkt strengen methodischen Zweifels aus darf ich nur das Gegebene behaupten. Der Glaube aber setzt stets Tatsächliches voraus, das mir nicht gegeben ist. Wer lebt, glaubt; also ist das Voraussetzen von nicht gegebenem Tatsächlichem Voraussetzung des Lebens. Die gegenständliche Fragerichtung hält sich innerhalb dieses Glaubens und sucht auch das Verständnis des Gegebenen in der Gesamtheit des Tatsächlichen. Andererseits kann ich vom Tatsächlichen nur wirklich wissen, sofern es mir gegeben wird; der relative Zweifel ist ja immer zulässig. Also ist das Tatsächliche methodisch nur zu charakterisieren als das, was mir gegeben werden *kann*. In diesem „kann" tritt der Begriff der *Möglichkeit* auf, der uns alsbald zu einem Hauptgegenstand der Reflexion werden wird. Wir haben also einen zirkelhaften Zusammenhang: Das Gegebene ist ein Ausschnitt aus dem Tatsächlichen, das Tatsächliche ist das, was gegeben werden kann. Anders gesagt: Das Einzelne ist nur vom Ganzen her verständlich, das Ganze nur auf dem Weg über das Einzelne zu erschöpfen. Daher die methodische Notwendigkeit, in den kreisenden Strom zu springen.

De facto habe ich das schon in dieser methodischen Vorbetrachtung getan. Ich habe daran appelliert, dass Sie Erkenntnis, Zweifel und Glauben schon oft vollzogen haben und wissen, was das ist, und habe nun versucht, den Schärfegrad der Fragestellung, mit dem ich begann, beim Durchlaufen dieses Kreises durchzuhalten. Ich habe deshalb auch zuerst mit dem summarischen Überblick und den Gleichnissen einen ersten, bewusst unscharfen Kreis durchlaufen. Die dort verwendeten Begriffe gewannen einen schärferen Sinn durch die methodische Besinnung, aus der wir soeben herauskommen, den zweiten Kreis. Der erste Kreis war nur möglich, weil die Sachverhalte bestehen, die im zweiten Kreis ins Auge gefasst wurden. Das im zweiten Kreis Gegebene war im ersten Kreis nicht gegebenes Tatsächliches, das aber tatsächliche Bedingung des im ersten Kreis Gegebenen war. Nun treten wir in einen dritten Kreis ein, der die ganze übrige Vorlesung umfassen wird. Er wird uns wiederum tatsächliche Bedingungen des im zweiten Kreis Gegebenen kennen lehren und so den zweiten Kreis in gewissem Sinne erst verständlich machen. Aber wir hätten das Verfahren, das wir im dritten Kreis einschlagen, schwerlich verstehen und darum korrekt handhaben können, ohne den zweiten Kreis vorher durchlaufen zu haben.

Es bedarf keines Kommentars, dass diese Kreise nicht den Weg zeigen, auf dem diese Erkenntnisse zuerst gewonnen wurden, sondern nur die kürzeste Form sind, die mir zur Darstellung der Erkenntnisse eingefallen ist. Gewonnen wird alle Erkenntnis, indem man sich durchkämpft, durch Versuch und Irrtum.

Aber genug des Methodologischen. Wir wenden uns zu den Sachen.

B. Phänomenologie

1. ZEIT

a. Zeitlichkeit und Zeit

Unser Dasein ist *zeitlich*.

„Ich halte eine Vorlesung" heißt genauer: „Ich halte *jetzt* eine Vorlesung." Vor zwei Stunden tat ich es nicht, in zwei Stunden werde ich es nicht tun. „Göttingen ist eine Stadt" heißt „es ist jetzt eine Stadt". Vor langer Zeit einmal war es ein Dorf, in einer ungewissen Zukunft wird es vielleicht ein Trümmerhaufen sein.

„Ich halte eine Vorlesung", „Göttingen ist eine Stadt" drücken Sachverhalte aus. Ich kann also die *Zeitlichkeit* als eine

Eigenschaft von *Sachverhalten* einführen. Unsere Sprache trägt dem Rechnung, indem sie in jedem Satz ein Wort, in der deutschen Grammatik „Zeitwort" genannt, vorkommen lässt, das von vornherein in verschiedenen Formen gebraucht werden kann, die den zeitlichen Charakter des behaupteten Sachverhalts ausdrücken: Präsens, Präteritum, Futurum etc.

Im Hinblick auf ihr Verhalten zur Zeitlichkeit unterscheiden wir ferner verschiedene Sorten von Sachverhalten: *Vorgänge, Zustände, allgemeine Wahrheiten.* „Es regnet" bezeichnet einen Vorgang, „die Straße ist nass" einen Zustand, „Wasser von 20 Grad ist flüssig" eine allgemeine Wahrheit. Den allgemeinen Wahrheiten schreibt man eine Unabhängigkeit von der Zeitlichkeit, einen *zeitlosen* Charakter zu. Wir werden davon später ausführlicher sprechen. Hier interessieren uns zunächst die im engeren Sinne zeitlichen Sachverhalte.

Vorgänge sind Sachverhalte, die eine *Änderung* als Wesensbestandteil enthalten (das Fallen der Tropfen), Zustände sind Sachverhalte, die keine Änderung enthalten. Die Unterscheidung ist bis zu einem gewissen Grade willkürlich, man kann, weniger im April als im November, den Regen auch als Zustand ansprechen. „Ich lebe" ist ein Zustand, der mit gewissen Vorgängen identisch ist. Ich will, um ein kurzes Wort zu haben, von *Vorgängen* im *weiteren Sinn* reden, welche Vorgänge im engeren Sinn und Zustände umfassen, und will sie, wenn keine Verwechslung zu befürchten ist, kurz Vorgänge nennen.

Jeder Vorgang hat eine *Dauer*. Jetzt geht er noch nicht vor, jetzt geht er vor, jetzt nicht mehr. Kann man während der Dauer eines Vorgangs nicht mehrmals „jetzt" sagen, so nennen wir ihn ein *Ereignis* und seine Dauer einen *Augenblick*. Auch die Abgrenzung von Ereignis und Augenblick gegen länger dauernde Vorgänge und ihre Dauer ist kaum scharf zu vollziehen.

Zeitlichkeit ist, wie gesagt, eine Eigenschaft. Zu einem eigenen Gegenstand „Zeit" wird sie durch die Betrachtung der Beziehung zwischen verschiedenen Vorgängen. Wir können von zwei Vorgängen sagen, sie seien *gleichzeitig*, oder der eine sei *früher* oder *später* als der andere, oder etwa, ihre Dauern *überlappten*. Ganz scharf wird die Einteilung für Ereignisse, für welche man im Allgemeinen nur die Unterscheidung gleichzeitig, früher oder später zulässt. Diese drei Begriffe zeigen nun bestimmte Eigenschaften. Sie sind, alle drei, *Relationen* zwischen Ereignissen.

„Gleichzeitig" ist eine *reflexive, transitive* und *symmetrische* Relation. Sind A, B, C Ereignisse, so ist A gleichzeitig mit A; wenn A gleichzeitig mit B, so auch B mit C; und wenn A mit B, so auch B mit A.

„Früher" und „Später" sind transitiv, aber weder reflexiv noch symmetrisch.

Die Eigenschaften der Relation „gleichzeitig" gestatten nun, als „den" Augenblick des Ereignisses A diejenige Eigenschaft dieses Ereignisses zu definieren, welche es mit allen mit ihm gleichzeitigen Ereignissen gemeinsam hat.

Die Eigenschaften der drei Relationen gestatten es ferner, alle Augenblicke in eine Folge einzuordnen und die Folge aller Augenblicke selbst zum Gegenstand von Aussagen zu machen. Diesen Gegenstand nennen die Physiker *die Zeit*.

Es ist eine verbreitete Stimmung, dieser Begriff der Zeit sei so klar, dass er keiner weiteren Diskussion bedürfe. Ich behaupte, er sei im Gegenteil so ungeklärt, dass er erst im Laufe dieser ganzen Vorlesung schrittweise zu einem gewissen Grad von Klarheit geführt werden kann. Es ist zwar leicht zu sagen: „Die Zeit ist ein eindimensionales Kontinuum". Aber drei Fragen sind zu stellen: Ist diese Aussage richtig? Ist sie vollständig? Hat sie einen klaren Sinn?

Ich beginne mit der letzten Frage: Hat sie einen klaren Sinn? Wissen wir insbesondere, was wir meinen, wenn wir von einem Kontinuum reden? Wir werden im mathematischen Teil der Vorlesung die Schwierigkeiten dieses Begriffs betrachten. Setzen wir hier die mengentheoretische Präzisierung dieses Begriffs voraus, die zur Frage hat, dass man als Kontinuum etwas bezeichnet, was mit Hilfe der reellen Zahlen gemessen werden kann, so führen wir die Frage in die Form über: „Ist es richtig, dass die Zeit in diesem Sinne ein eindimensionales Kontinuum ist?"

Hier sind nun viele Schwierigkeiten. Gibt es überhaupt in dem oben definierten Sinne eine eindeutige Zeit? Kann man Ereignisse an verschiedenen Orten eindeutig als gleichzeitig bezeichnen? Die spezielle Relativitätstheorie bestreitet das. Nimmt man ihre relative Gleichzeitigkeitsdefinition an, so fragt sich weiter, ob die Gleichzeitigkeit auch bei größter Genauigkeit noch transitiv ist. Dies hängt mit dem Problem der „kürzesten Zeitspanne" zusammen, das mit dem atomphysikalischen Problem der „kleinsten Länge" gekoppelt ist.

Wir können alle diese Fragen nicht vorweg – „a priori" – beantworten, und wir müssen begreifen, dass wir das auch gar nicht erwarten dürfen. Unsere Phänomenologie der Zeit ist eine reflexive Konstatierung dessen, was die Physiker in ihrer täglichen Praxis als „Glauben" in Bezug auf zeitliche Sachverhalte anwenden. Sie kann uns nicht mehr enthüllen, als der Physiker „zunächst", vor weiterer, verschärfender Erkenntnis „schon weiß". Die tatsächliche Zeit kann Eigenschaften haben, aus denen die der gegebenen Zeit nur einen speziellen Ausschnitt darstellen, ja es kann sein, dass jenes Tatsächliche, aus dem die gegebene Zeit ein Ausschnitt ist, von uns nur noch mit Vorbehalten oder gar nicht mehr als „Zeit" angesprochen würde.

Führen diese Fragen in die gegenständliche Forschung hinein, so lenkt umgekehrt die Frage, ob die Charakterisierung der Zeit als eindimensionales Kontinuum vollständig sei, zur Phänomenologie zurück. Wir fragen nämlich zunächst nach der phänomenologischen Vollständigkeit: Ist mit ihr alles, oder wenigstens alles Wichtige genannt, was an der Zeit gegeben ist? Ich bestreite auch das. Ein phänomenologisch entscheidendes Merkmal der Zeit ist fortgelassen. Ich nenne es ihre *Geschichtlichkeit*. Es wird also nunmehr nicht behauptet, die Zeit sei geschichtlich und deshalb kein eindimensionales Kontinuum, sondern sie könne als ein eindimensionales Kontinuum schematisiert werden, aber sie sei außerdem geschichtlich.

b. Geschichtlichkeit

Unter diesem Namen will ich einen Komplex zusammengehöriger Merkmale der Zeit zusammenfassen.

1. Alle Vorgänge sind *gegenwärtig, vergangen* oder *zukünftig*. Wir nennen diese drei Weisen der Zeitlichkeit die *Modi* der Zeitlichkeit. Für Ereignisse schließen diese drei Möglichkeiten sich gegenseitig aus. Vorgänge können an allen drei Modi teilhaben.
2. Gegenwärtige Vorgänge sind *wirklich*, aber *vorübergehend*. Die Gegenwart *fließt*.
3. Vergangene Vorgänge sind *faktisch*. Die Vergangenheit *steht*.
4. Zukünftige Vorgänge sind *möglich*. Die Zukunft *kommt*.

Diese Punkte bedürfen der Erläuterung.

„Gegenwärtig", „vergangen" und „zukünftig" sind Eigenschaften von Vorgängen, und zwar sind sie die Formen, in denen die Eigenschaft „zeitlich" überhaupt vorkommt. „Gegenwart", „Vergangenheit" und „Zukunft" sind Teile der „Zeit". Als Substantive für die Modi können, wenn der Unterschied gegen die „Teile der Zeit" wichtig ist, auch „Gegenwärtigsein" etc. gebraucht werden.

In den Punkten 2–4 wird gesagt, dass mit einem Modus der Zeitlichkeit eine Weise des *Seins* des betreffenden Vorgangs verbunden ist. „Wirklich", „faktisch", „möglich" sind *Seinsmodi*. Die Verba „vorübergehen" bzw. „fließen", „stehen" und „kommen" sollen diese Seinsmodi nur erläutern. Das zentrale Faktum ist das Vorübergehen des Gegenwärtigen, der *Strom* der *Zeit*. Alle Worte wie „vorübergehen", „fließen", „Strom", umschreiben dieses Faktum nur, denn sie sind Gleichnisse, von Phänomenen hergenommen, die selbst nur möglich sind, weil die Zeit fließt. Dieses Fließen nun teilt die Ereignisse, die nicht gegenwärtig sind, ein in solche, die „schon" wirklich waren und solche, die „noch nicht" wirklich sind. Dieser Unterschied ist ferner – und dies ist ein neuer Tatbestand – verbunden mit einem Unterschied der *Gewissheit*. Er ist in den Worten „faktisch" und „möglich" angedeutet.

Das Vergangene ist nicht mehr. Aber eine Tatsache ist gewiss: dass es einmal wirklich war. Es ist keine Wirklichkeit mehr, aber ein Faktum. Man kann Vergangenes wissen durch Erinnerung, Erzählung, Dokumente. Weiß man es nicht, so ist es gleichwohl faktisch in ganz bestimmter Weise geschehen. Geschehenes ungeschehen zu machen, trauen wir nicht einmal einem allmächtigen Wesen zu.

Das Zukünftige ist noch nicht. Wie es sein wird, ist ungewiss. Die Zukunft ist *offen*. *Vergangenes kann man wissen, aber nicht machen, Zukünftiges kann man machen, aber nicht wissen*. Diese beiden Züge des Zukünftigen: *Beeinflussbarkeit* und *Ungewissheit*, vereinen sich im Charakter der *Möglichkeit*.

Den drei Modi des Seins entsprechen verschiedene Modi des *Erkennens*, wobei unter Erkennen wieder jedes Erfassen von Sachverhalten verstanden sein und in der Sphäre der Unausdrücklichkeit die Grenze zum Glauben hin offengelassen werden soll.

Nur Gegenwärtiges kann man *wahrnehmen*, und es scheint mir keine schlechte Terminologie, alles Erfassen von Gegenwärtigem in der Weise der Gegenwärtigkeit auch Wahrnehmen zu nennen. Der Zusatz „in der Weise der Gegenwärtigkeit" ist notwendig. Wenn ich z. B. schließe: „Nach der Zeitung sind am 28. April Wahlen in Ecuador. Heute ist der 28. April. Also sind soeben Wahlen in Ecuador", so habe ich einen gegenwärtigen Sachverhalt erfasst, aber nicht in der Weise der Gegenwärtigkeit, sondern in der Weise der Zukünftigkeit. In der Tat ist es möglich, dass heute früh in Ecuador Unruhen ausgebrochen sind und die Wahl nicht stattfindet, dass ich dies aber noch nicht weiß.

Vergangenes kann man nur *erinnern* oder *erschließen*. Das Erschließen ist wiederum indirekt, und so bleibt als unmittelbares Erfassen von Vergangenem nur das Erinnern. Doch sind Fakten das eigentliche Feld *sicheren* Erschließens. Unsere gesamte Logik bezieht sich auf Sachverhalte, die in der Weise der Faktizität bestehen.

Zukünftiges kann man *erwarten* und *wollen*. Auch Zukünftiges kann man freilich erschließen, doch hebt dieser Schluss die Ungewissheit nie ganz auf; er ersetzt die Erwartung nie durch eine Gewissheit von der Art der Wahrnehmung oder der Erinnerung.

Unser Denken ist so sehr am Faktischen orientiert, dass wir für die spezifische Seinsform der Möglichkeit meist weder den geschulten Blick noch die angemessenen Begriffe haben. Ihr soll daher noch eine nähere Betrachtung gewidmet werden.

c. Möglichkeit

Der Sinn unserer Analyse wird am deutlichsten, wenn wir uns zunächst gegen ein Missverständnis absetzen.

Ich höre oft den Einwand: „Der Unterschied von Vergangenheit und Zukunft ist ein rein subjektives, menschliches Element, in Wirklichkeit ist die Zukunft genauso faktisch wie die Vergangenheit, wir kennen nur die zukünftigen Fakten noch nicht." Dieser Einwand ist meist gekoppelt mit dem Determinismus: „Die Zukunft ist kausal vorbestimmt, ihre Ungewissheit ist nur eine Folge unserer Unkenntnis der kausalen Verknüpfungen."

Dieser Einwand geht aus von einer *gegenständlichen Hypothese*. Ob diese Hypothese richtig ist, weiß ich nicht. Ich zweifle, ob einer von denen, die an sie glauben, mehr als ich darüber weiß. Man würde aber meine Behauptung missverstehen, wenn man meinte, sie hinge von der Richtigkeit dieser Hypothese überhaupt ab. Denn die Analyse, die ich Ihnen vortrage, ist *Phänomenologie*. Sie untersucht das Gegebene, so wie es uns gegeben ist, und dass uns die Zukunft nicht in derselben Weise wie die Vergangenheit gegeben ist, gesteht ja auch der Gegner zu. Ich behaupte allerdings, dass die Behauptung, dieser Unterschied sei „nur subjektiv" als unbewiesene gegenständliche Hypothese nicht schon vorausgesetzt werden darf, und ich behaupte ferner, dass man die ganze mir bekannte Physik ohne diese Hypothese ebenso gut, ja besser verstehen kann, als mit ihr.

Phänomenologisch ist der Unterschied von Vergangenheit und Zukunft nicht „subjektiver" als etwa der Unterschied von Raum und Zeit oder von Blau und Rot. Es sei insbesondere bemerkt, dass die Faktizität der Vergangenheit nicht auf unserer Kenntnis kausaler Zusammenhänge beruht. Wo rein kausal gerechnet wird, weiß man über Vergangenheit und Zukunft gleich gut Bescheid, z. B. bei der Berechnung von Sonnenfinsternissen, die nicht beobachtet worden sind. Findet man außerdem eine alte Beobachtung „derselben" Sonnenfinsternis, die man berechnet hat, so tritt nun die Faktizität der Vergangenheit *neben* die Berechnung. Soweit wir vergangene Kausalzusammenhänge besser kennen als zukünftige, ist es gerade wegen ihrer Stützung durch Fakten. Z. B. weiß ich wenigstens, dass vor 4000 Jahren die Erde schon gestanden hat; dass sie in 4000 Jahren noch stehen wird, ist nur möglich. Je ferner ein vergangenes Ereignis, desto mehr verblasst freilich dieser Unterschied.

Wir besinnen uns also phänomenologisch genauer auf die Art des Gegebenseins von Zukünftigem.

Ich bezeichnete das Erfassen von Zukünftigem näher als *Erwarten* und *Wollen*. Dieses wie jedes Erfassen von Sachverhalten wurzelt im unausdrücklichen Verhalten. Es gibt kein Handeln ohne Erwarten und Wollen, und in der Handlung sind Erwartung und Wille unlösbar verflochten; erst die Reflexion trennt beides. Wir haben hier weniger an die ferne Zukunft zu denken, die selbst erst durch die Reflexion zum Thema von Erkenntnis wird. Das Tier, das Kind, jeder Mensch in den Seiten seines Lebens, die von der Reflexion nicht getroffen sind, „lebt im Augenblick". Im erlebten Vorgang sind unmittelbare Zukunft, Gegenwart und unmittelbare Vergangenheit eine unanalysierte Einheit. Ich schreibe ein Wort an die Tafel z. B. „Zukunft". Während des Schreibens ist das ganze Wort „in der Intention" schon da. Ich will es schreiben, ich erwarte, dass dies gelingen wird, aber beides geschieht unausdrücklich. Das Zukünftige ist mit der Gewissheit des „Glaubens" vorweg genommen, das Vergangene (die schon geschriebenen Buchstaben) noch nicht aus der Gegenwart entlassen. Wollte ich im Schreibakt mich fragen: „an welchem Buchstaben bin ich gerade", so entstünde ein Schwanken, das der Graphologe dem geschriebenen Wort nachträglich ansehen würde.

Diesem unausdrücklichen Gegebensein des Zukünftigen stelle ich nun seine Ungewissheit gegenüber, die die Reflexion entdeckt. Die Reflexion wird hier wie stets durch den Zweifel wachgerufen, der aus einem Zweifelsmotiv entsteht, und das Zweifelsmotiv der Zukunft gegenüber ist die *Enttäuschung* unserer Erwartung. Ich schreibe noch einmal an die Tafel „Zu" – mitten im Wort höre ich auf. Sie haben wohl erwartet, ich würde wieder „Zukunft" schreiben. Von dem, was bisher geschrieben wurde, steht faktisch fest, dass es „Zu" heißt; die Reflexion führt hier zur Vergewisserung. Aber wissen Sie, ob ich das Wort Zukunft hier je vollenden werde? Nein, Sie wissen es nicht. Das Zukünftige kann man nicht wissen, aber man kann es machen. Ich mache es jetzt und schreibe: „Zu-cker". Nun ist es gemacht. Jetzt ist es gewiss, aber nur, weil es vergangen ist.

Die Ungewissheit der Zukunft macht, dass es jedem zukünftigen Ereignis gegenüber einen *legitimen relativen Zweifel* gibt. Es ist lehrreich zuzusehen, wie weit man ihn dem absoluten Zweifel entgegentreiben kann. Weiß ich irgendein zukünftiges Ereignis sicher? Nein. Wählen wir das klassische Beispiel, an dem das Problem der Naturgesetzlichkeit erörtert wird: Weiß ich sicher, dass morgen die Sonne wieder aufgehen wird? Nein. Aber ich weiß doch, dass sie bisher immer aufgegangen ist. Kann ich daraus mit Gewissheit schließen, dass sie wieder aufgehen wird? Nein. Denn ich müsste das Prinzip voraussetzen, dass das, was in der Vergangenheit stets geschehen ist, in der Zukunft wieder geschehen wird. Man nennt dies das *Induktionsprinzip*. Es mag einleuchtend sein, aber ist es gewiss? Es hat sich bisher immer bewährt. Aber daraus zu schließen, dass es sich auch in Zukunft bewähren müsse, hieße es durch sich selbst beweisen.

Der Zweifel daran, dass morgen die Sonne aufgehen werde, ja der Zweifel am Induktionsprinzip sind noch Präludien zum absoluten Zweifel gegenüber der Zukunft. Ich sagte schon, dass die Kunst des Zweifelns gelernt sein will. Wer sagt uns überhaupt, dass es etwas wie Zukunft geben wird? Wird überhaupt noch etwas geschehen? Auch das wissen wir nicht.

Der absolute Zweifel stößt in Bezug auf die Zukunft auf dieselbe Grenze wie überhaupt: Wer lebt, zweifelt nicht absolut. Die Besonderheit der Zukunft ist aber, dass in Bezug auf sie der relative Zweifel an jeder Einzelheit ein Recht behält. Diese Doppelheit drückt der Begriff der Möglichkeit aus. Man kann auch sagen: Wir besitzen über die Zukunft nur *strukturelles*, aber kein *faktisches* Wissen. Das soll nicht heißen, man könne zukünftige Sachverhalte nicht wissen, aber man könne sie nicht wie Fakten wissen, mit der Gewissheit, die Erinnerung gibt, sondern man wisse sie stets nur aus Zusammenhängen heraus, die unter dem Begriff des strukturellen Wissens umfasst sind.

Mit dieser Behauptung beschränke ich den Begriff des Wissens ausdrücklich auf das, was man *profanes Wissen* nennen kann. Dies ist hier insofern erlaubt, als Physik ihrer Intention nach profanes Wissen ist. Es ist dies ein Wissen, das mit den dem Menschen in seiner für „normal" geltenden Bewusstseinslage verfügbaren Mitteln zugänglich ist. Über die Möglichkeit von Prophetie, die Zukünftiges wie ein Faktum, ohne plausibel machende Zusammenhänge zeigt, so wie man auch von Vergangenem sagen kann: „1618 brach der dreißigjährige Krieg aus", ohne Gründe dafür wissen zu müssen, ist damit nicht geurteilt. Auch die Prophetie hebt im Übrigen die Unbestimmtheit der Zukunft nicht auf, denn sie betrifft meist isolierte Fakten und ist meist symbolisch verhüllt und wird erst durch die Erfüllung verständlich.

Was heißt nun aber strukturelles Wissen über die Zukunft? Es ist all das, was auch als Wissen allgemeiner Wahrheiten bezeichnet werden kann. Ich weiß zunächst, dass die Zeit auch zukünftig ihre Struktur behalten wird. Es wird auch in Zukunft jeweils eine Gegenwart geben, von der aus Einiges zukünftig, Anderes, das heute z. T. noch zukünftig ist, vergangen sein wird; und auch dann wird man das Gegenwärtige als wirklich, das

Vergangene als faktisch, das Zukünftige als möglich bezeichnen müssen. Ferner wird auch zukünftig 2 mal 2 = 4, Wasser von 20 Grad C flüssig, Blei schwerer als Wasser sein usw. Zukünftige Fakten aber weiß ich genauso weit, als sie aus vergangenen oder gegenwärtigen Fakten und allgemeinen Wahrheiten abgeleitet werden können.

Hierzu sind noch einige Erläuterungen nötig.

Zunächst weiß ich auch die Geltung der allgemeinen Wahrheiten in Bezug auf die Zukunft nicht absolut gewiss, sondern in der Weise des sich in Erwartung und Willen manifestierenden Glaubens. Der Unterschied gegenüber der Ungewissheit der zukünftigen Fakten ist aber, dass der relative Zweifel am Allgemeinen in der Zukunft nur in dem Sinne legitim ist, in dem wir jede unserer Überzeugungen stets der Kritik offenhalten müssen, aber im Einzelnen meist mit Recht als absurd abgelehnt werden wird. Hingegen ist der Zweifel an zukünftigen Fakten sogar eine Forderung, und er kann nur behoben werden, soweit das schon vorausgesetzte Allgemeine dazu hilft. Allerdings kann ich nicht wissen, ob diese oder jene Regel in Zukunft versagen wird. Aber der Zweifel an ihr heißt dann stets: es ist zweifelhaft, ob sie eine wirklich allgemeine Regel ist. Dass es aber Allgemeines gibt, das auch in Zukunft bestehen bleiben wird, daran zu zweifeln wäre schon ein Akt absoluten Zweifels, der das Leben ausschlösse. Was dieses geheimnisvolle Allgemeine denn sei, darüber spreche ich erst in einer späteren Stunde näher.

Die Gestalt des Allgemeinen, in der es uns den Weg zu zukünftigen Fakten bahnt, ist das *Gesetz*. Weil Blei auch in Zukunft schwerer sein wird als Wasser und weil die Schwere nicht aufhören wird zu wirken, darf ich erwarten, dass mein Stück Blei im Wasser wiederum untersinken wird, wenn ich es wieder hineinwerfe. Dieses Wissen vom Allgemeinen braucht nicht bewusst zu Schlüssen benutzt zu werden. In jeder Erwartung bestimmter zukünftiger Ereignisse ist bestimmtes Allgemeines objektiv vorausgesetzt, sei es in der Form der Unausdrücklichkeit, sei es überhaupt ohne Wissen, durch die bloße Fähigkeit, richtig zu handeln. Wer mit einem geworfenen Stein ein Ziel treffen kann, braucht die Wurfgesetze nicht zu kennen; aber er hätte es nicht lernen können, wenn sie nicht objektiv gälten.

Ich komme noch einmal auf die Leugnung des prinzipiellen Unterschieds von Vergangenheit und Zukunft zurück. Der Determinismus kann jetzt so formuliert werden: „Alle Ereignisse und Zustände eines Augenblicks und alle allgemeinen Wahrheiten bestimmen gemeinsam alle Ereignisse und Zustände jedes anderen Augenblicks." Ich glaube, dass diese Behauptung nicht nur unbewiesen, sondern durch die Quantenmechanik sogar widerlegt ist. Eine andere Frage ist es, ob der Satz richtig sein könnte: „Alle zukünftigen Ereignisse sind zwar nicht durch allgemeine Wahrheiten, aber als Fakten so wie die vergangenen Ereignisse objektiv festgelegt, aber uns unbekannt." Als Argument dafür ließen sich etwa eingetroffene Prophezeiungen anführen. Doch halte ich solche Aussagen für ziemlich müßige Spekulationen. Wenn wir einmal so weit wären, über solche Fragen urteilen zu können, würde uns wahrscheinlich nicht eines der Worte, die in diesem Satz verwendet sind, genügen, um das Wissen auszudrücken, das wir dann hätten. Spekulative Sätze dieser Art sind stets vor der Erfahrung unbeweisbar und nach der Erfahrung weder richtig noch falsch, sondern sinnlos.

Der Sinn des Begriffs „möglich" ist hiermit noch bei weitem nicht aufgeklärt. Er kann nicht aufgeklärt werden, ehe wir ausdrücklich über den Begriff „allgemein" reflektiert haben. „Es ist möglich, dass es morgen regnen wird" ist eine typische Aussage über die Zukunft. Sie ist aber nur sinnvoll, weil ich Allgemeines

– die Fortdauer der Gesetze der Physik zum Beispiel – voraussetzen darf. „Es ist möglich, dass der große Fermatsche Satz richtig ist" ist selbst eine Aussage über Allgemeines und hat nicht mehr Beziehung auf die Zeitlichkeit als das Allgemeine überhaupt. Wir werden dem in der übernächsten Stunde nachgehen.

Heute wollte ich uns nur ein gutes Gewissen beim Gebrauch des Begriffs „möglich" verschaffen. Ich hoffe, Sie haben gesehen, dass phänomenologisch die Begriffe „faktisch", „wirklich", „möglich" drei gleich ursprüngliche Weisen des Seins bezeichnen, so wie „vergangen", „gegenwärtig", „zukünftig" drei gleich ursprüngliche Modi sind, welche zusammen erst „zeitlich konstituieren".

Wer mehr wissen will, lese Heideggers „Sein und Zeit".

2. DING

Physik entsteht im Umgang mit *Dingen*. Ich definiere nicht, was ein Ding ist, sondern appelliere an Ihr Verständnis dieses Wortes. Mein Stück Blei, die Tür dieses Hörsaals sind Dinge. Die Physik versucht es damit, auch die Luft, die Sonne, das Licht, meinen Leib als Dinge anzusprechen, und sie bringt es damit recht weit. Da wir den Glauben der Physiker methodisch gelten lassen wollen, widersprechen wir bei diesem Unternehmen zunächst nicht, sondern wollen uns seine Grenzen beim Fortschreiten von den Sachen selbst zeigen lassen.

Wir wollen aber fürs Erste auf den Begriff „Ding" phänomenologisch reflektieren. Was denke ich schon unausdrücklich mit, wenn ich „Ding" sage?

Wir wollen zwei Eigenschaften des Dings herausgreifen: *Räumlichkeit* und *Invarianz*.

a. Räumlichkeit

Dinge sind *räumlich*. Wir umschreiben dies mit dem Ausdruck: Dinge sind *außereinander*. Damit sind Begriffe wie nebeneinander, vor-, hinter-, übereinander mit umfasst. Auch *ineinander* im räumlichen Sinne können Dinge nur sein, weil es ein Außereinander gibt; sei es dass ein Ding ein Loch hat, in dem ein anderes Ding ist, sei es dass ein Ding Teil eines anderen Dinges und insofern außerhalb der anderen Teile desselben Dings ist.

Ein Ding hat eine *Ausdehnung* und einen *Ort*. Indem wir uns vergewissern, dass wir verschiedene Dinge an denselben Ort bringen und dieselbe Ausdehnung erfüllen lassen können, vermögen wir, ebenso wie wir von der Zeitlichkeit von Vorgängen ausgehend, den Begriff der Zeit gebildet haben, nun von der Räumlichkeit von Dingen ausgehend den Begriff des *Raumes* zu bilden. Auch die nähere Untersuchung dieses Begriffes überlassen wir aber späteren Stunden.

Eine der Geschichtlichkeit analoge Struktur finden wir am Raum nicht. Hingegen sei eine Eigenschaft des Räumlichen hervorgehoben, die für die Erkenntnis von besonderer Bedeutung ist: seine *Fasslichkeit*. Der unreflektierten Einstellung unmittelbar gegeben ist vorzugsweise Räumliches. Fast alle unsere Ausdrücke, welche Verständnis bezeichnen, sind räumliche Gleichnisse: „fasslich", „begreifen", „einsehen" etc. Auch das Seelische war den Menschen zunächst in der Gestalt des beseelten Leibes bekannt. Die Reflexion auf den Unterschied von Körper und Seele ließ dann die Seele wieder in der Gestalt eines „feineren" Leibes oder etwa eines Vogels oder einer Maus räumlich werden; Götter und Dämonen werden unter räumlichen Bildern vorgestellt. Heute redet man von Seelischem und Körperlichem oft als von „Innerem" und „Äußerem". Auch das ist nur ein räumliches Gleichnis. Ich, als Leib, bin hier, die anderen räumlichen Dinge sind „außer mir"; sie machen die „Außenwelt" aus. Ich, so wie ich mich selbst kenne, bin „innen", in meiner Haut. Später denkt man daran, dass auch das Innere meines Körpers räumlich ist, gebraucht aber den Ausdruck „innen" für das Seelische metaphorisch fort.

Diese Fasslichkeit des Räumlichen ist von zweischneidiger Wirkung in der Erkenntnis. Einerseits bieten räumliche Verhältnisse die Fülle von Vergleichen, ohne die wir überhaupt nicht denken könnten. Man prüfe einmal, was von unserer abstrakten Sprache bleibt, wenn wir die räumlichen Gleichnisse fortlassen. Andererseits sind wir ständig in Versuchung, das Bild mit der Sache zu verwechseln. Ein großer Teil der reflexiven Arbeit besteht darin, uns klar zu machen, dass die wirklichen nicht räumlichen Phänomene vielfach von anderer Struktur sind als die räumlichen Gleichnisse, durch die wir sie zunächst beschreiben. Schon meine Bemühung, Ihnen deutlich zu machen, dass die Zeit nicht einfach etwas ist wie eine räumliche Linie, dass die Geschichtlichkeit durch das räumliche Gleichnis des eindimensionalen Kontinuums unterschlagen wird, war ein Teil davon.

b. Invarianz

Diese Eigenschaft will ich durch den Satz umschreiben: *Das Ding ist in vielen Weisen des Erscheinens ein und dasselbe.*

Dieser Satz fordert eine nähere Erläuterung des Begriffspaars Ding – Erscheinung heraus. Ich verschiebe diese Erläuterung, indem ich zunächst an Ihr vorläufiges unmittelbares Verständnis des Satzes appelliere, und stelle Material bereit, indem ich die Weisen des Erscheinens mustere, in denen das Ding dasselbe bleibt.

Das Ding bleibt dasselbe, wenn es von verschiedenen *Personen*, zu verschiedenen *Zeitpunkten* und unter verschiedenen *Aspekten* aufgefasst wird. Ich gliedere die Invarianz demgemäß auf in *Interpersonalität, Dauer* und *Aspektinvarianz.* Die Invarianz zeigt in allen drei Beziehungen die Merkmale der *Unerfüllbarkeit* und der *Unerschöpfbarkeit,* die ich als ihre *Unendlichkeitsmerkmale* zusammenfasse.

Die *Interpersonalität* der Dinge ist die Voraussetzung der menschlichen Verständigung, also auch der Physik. Ich und du sehen dasselbe Bild. Sie alle sehen dies Pult, ich auch, und wir können gewiss sein, dass wir dasselbe Pult sehen. Dabei sieht jeder es anders, jeder von seinem Standpunkt aus. Aber das, worüber wir unmittelbar reden können, was unserem Bewusstsein unreflektiert gegeben ist, ist gerade nicht das von Person zu Person Verschiedene an dem Pult, sondern das, was wir seine objektiven Eigenschaften nennen. Wenn Wissenschaft begonnen hat, ist die Interpersonalität schon vorausgesetzt.

Ebenso steht es mit der *Dauer.* Unmittelbar meinem Bewusstsein gegeben ist nicht ein „Ding jetzt" und dann wieder ein „Ding jetzt" usw., welche Momentan-Dinge dann verglichen, ähnlich befunden und schließlich „dasselbe Ding" „benannt" würden. Sondern das Ding gerade wenn es nicht im Lichte der Aufmerksamkeit steht, ist ständig da, und wenn es gerade nicht wahrgenommen wird, so rechne ich unausdrücklich mit seinem Dasein in der Weise des Glaubens. Die Dinge dauern, indessen die Zeit strömt. Nur wenn ich ein Ding lange Zeit nicht gesehen habe oder wenn es rasch gewisse Eigenschaften ändert oder wenn es viele ähnliche Dinge gibt, habe ich Anlass, an der Identität des Dings zu zweifeln. Dann kann die Reflexion zur ausdrücklichen Identifizierung bzw. deren Leugnung führen.

Man könnte die beiden geschilderten Formen der Invarianz als herausgehobene Einzelfälle der *Aspektinvarianz* auffassen. Ein Ding ist mir gegeben in einem Wahrnehmungsakt. Die Weise, in der es mir dabei gegeben ist, nenne ich den *Aspekt,* den ich soeben von ihm habe. Das vom Sehen abgeleitete Wort

Aspekt soll dabei auch andere sinnliche Gegebenheitsweisen umfassen. Auch die Härte des Pults, auf das ich klopfe, ist ein Aspekt des Pults. Unter allen Aspekten aber ist es dasselbe Ding, und erst ein Akt der Reflexion ruft mir den Aspekt als solchen ins Bewusstsein. Ich sagte vorhin, jeder von Ihnen habe einen anderen Aspekt von diesem Pult. Ebenso kann ich aber auch mir selbst viele verschiedene Aspekte von dem Pult verschaffen.

Das Verhältnis von Aspekt und Ding ist ein Sonderfall dessen, was ich als das Verhältnis des Gegebenen und des Tatsächlichen bezeichnet habe. Das Gegebene ist ein Tatsächliches, das Tatsächliche aber ist, was gegeben werden *kann*. So ist der Aspekt eine Weise, in der das Ding gegeben ist, das Ding aber ist das, was Aspekte haben kann, was Aspekte *möglich* macht.

Hier tritt der Begriff der Möglichkeit auf. Wir müssen ihn zu den definierenden Merkmalen der Invarianz rechnen. Ich sagte, das Ding sei in vielen Weisen des Erscheinens dasselbe. Für Weisen des Erscheinens sage ich jetzt Aspekte. „Viele" aber ist zu unbestimmt. Man kann stattdessen sagen: *Das Ding ist unter jedem möglichen Aspekt dasselbe.*

Die Beziehung der Invarianz auf die Möglichkeit bedingt auch ihre *Unendlichkeitsmerkmale*. Ich erläutere sie Ihnen in zwei Stufen. Es gibt *projektive* Unendlichkeitsmerkmale, die aus den mathematischen Eigenschaften der Räumlichkeit hervorgehen, und *eigentlich dingliche* Unendlichkeitsmerkmale.

Als Beispiel benutze ich einen Würfel.

Ich zeige Ihnen den Würfel von verschiedenen Seiten, in immer neuen Aspekten. Keiner dieser Aspekte zeigt den Würfel schlechthin, sozusagen den ganzen Würfel. Sehe ich vom binokularen Sehen und anderen Hilfsmitteln der Tiefenwahrnehmung ab, so kann ich sagen: Der Würfel im Raum ist dreidimensional, der gesehene Würfel zweidimensional. Nun ist dies eine Übertreibung, denn ich kann die dritte Dimension wahrnehmen. Aber immer bleibt, dass ich je nach der Stellung des Würfels bald diese, bald jene Seite verkürzt und nie die Rückseite sehe. Aus einem einzelnen Aspekt wäre schwer zu entscheiden, ob es überhaupt ein Würfel ist. Husserl sagt, wir sehen Dinge stets nur in „Abschattungen". Erst alle Aspekte zusammen würden alles über den Würfel Aussagbare zeigen, kein einzelner Aspekt *erfüllt* den Würfel. Dies ist nicht ein „Fehler" des Aspekts, es liegt im Wesen räumlicher Wahrnehmung.

Wenn ich aber sage, alle Aspekte zusammen zeigten alles über den Würfel Aussagbare, so führe ich wiederum eine Fiktion ein. Alle Aspekte sind weder gleichzeitig noch hintereinander zu geben. Man kann immer noch neue Aspekte finden. Keine aufweisbare Gesamtheit von Aspekten *erschöpft* den Würfel. Die tatsächlichen Eigenschaften des Würfels bestimmen zwar *jeden* Aspekt, aber ich kann nie sagen, ich hätte nun *alle* Aspekte umfasst. Diese Unterscheidung von „jeder" und „alle" tritt stets auf, wo von unbegrenzten Möglichkeiten die Rede ist. Die begriffliche Beherrschbarkeit jedes beliebigen Falls ohne eine Aufweisbarkeit aller Fälle kennzeichnet die Möglichkeitsaussagen, so wie auch in der Zukunft vieles möglich ist, das nie alles wirklich wird.

Ich kann aber die unendlich vielen möglichen Aspekte des Würfels mit wenigen allgemeinen Gesetzen beherrschen, nämlich den Sätzen der projektiven Geometrie. Doch ist dies nur die Folge davon, dass ich das Ding, das ich da in der Hand halte, bisher als „Würfel" idealisiert habe. Ich habe in Wirklichkeit noch gar nicht von diesem konkreten einzelnen Ding gesprochen, sondern von einem mathematischen Allgemeinbegriff unter den es ungefähr fällt. In Wirklichkeit ist dies eine Teebüchse aus Weißblech mit einem Deckel, auf dem noch Papierfetzen kleben, abgerundeten Ecken, einer Naht, einem hervorstehenden Bodenrand usw. An diesem konkreten Ding erweisen Unerfüllbarkeit und Unerschöpfbarkeit sich als noch viel grenzenloser. Wie kann ich alle Eigenschaften auch nur einer Oberfläche dieses Dings sehen, nie kann ich alles, was ich an ihr sehe in Worten beschreiben oder genauer nachzeichnen; so wenig erfüllt ein Aspekt das Ding und so wenig lässt sich auch nur übersehen, durch welchen, sei es auch unendlichen Inbegriff von Aspekten das Ding erschöpft werden könnte.

c. Ding und Erscheinung

Ich nannte einen Aspekt eine Weise, in der mir ein Ding gegeben ist. Das ist noch nicht genau. Dinge sind mir gegeben, indem ich sie wahrnehme. Ein Aspekt ist der *Inhalt* eines Wahrnehmungsakts; er ist genau das, was der einzelne Akt mir „gibt". Den Inhalt einer Erkenntnis habe ich einen Sachverhalt genannt. Insofern wäre ein Aspekt ein Sachverhalt. Gewöhnlich versteht man aber unter einem Sachverhalt etwas, was man in einen Satz oder einigen Sätzen aussprechen kann. Den Inhalt einer Wahrnehmung kann man durch Sätze so wenig erfüllen oder erschöpfen wie ein Ding durch Inhalte von Wahrnehmungen. Insofern ist der Aspekt vom Sachverhalt im engeren Sinn verschieden.

Der Aspekt, als Sachverhalt im weiteren Sinn aufgefasst, ist ferner kein „objektiver" Sachverhalt. In ihm ist nicht einfach das Ding, sondern das in bestimmter Weise von mir wahrgenommene Ding gegeben; er enthält also Züge, die zwar ohne das Ding nicht möglich wären, die ich aber doch nicht dem Ding, sondern dem Wahrnehmungsakt als Eigenschaften zuschreibe. Ich sage: „Die Leiste dieses Pults liegt hinter seinem Deckel"; Sie sagen: „Sie liegt vor seinem Deckel." Beide haben für ihren Aspekt recht und empfinden im „objektiven" Inhalt der Aussage keinen Widerspruch.

Nun habe ich aber den Aspekt vom objektiven Sachverhalt unterschieden und es ist Raum für einen relativen Zweifel: Erfasse ich im Aspekt eigentlich die objektiven Verhältnisse? Es gibt doch liederliches Hinschauen, optische Täuschungen usw. Bitte achten Sie auf den Unterschied: Ich betrachte die „Abschattung" des Dings im Aspekt nicht als Täuschung, denn ich weiß, dass Dinge nur abgeschattet wahrgenommen werden können und schließe aus dem Aspekt richtig auf das Ding. Ich meine die Täuschung der *falschen* Interpretation des Aspekts. Ich meine, was vorn steht, stehe hinten usw.

Dieser Zweifel ist wie jeder relative Zweifel fruchtbar und behebbar. Er gibt aber wieder Anstoß zu einer Art des absoluten Zweifels und eines in der Geschichte der Philosophie besonders berühmten. Vielleicht täuschen uns die Aspekte immer und die Dinge selbst bleiben uns grundsätzlich unbekannt? Wenn ich diesen Zweifel so ausspreche, sehen Sie leicht, dass er so lebensfern ist, wie jeder absolute Zweifel, und dass wir gerade hier guten Grund haben, den Glauben der Physiker gelten zu lassen. Diese Weise des Zweifels gewinnt aber Verführungskraft durch eine Terminologie, die ich bisher sorgfältig vermieden habe.

Statt zu sagen: „Ich nehme das Ding wahr", kann ich auch sagen: „Das Ding erscheint mir." Damit ist nur die Aktivität auf die Seite des Dings verlagert, und in vielen Fällen, in denen die Wahrnehmung nicht meinem Willen entsprang, ist das wohl die bessere Ausdrucksweise. Statt ein Aspekt des Dings kann ich dann auch sagen eine *Erscheinung* des Dings. Erscheinung ist also wieder der Inhalt eines erfassenden Akts, sie ist das, was mir vom Ding im Akt des Erscheinens gegeben ist. Dinge sind nicht anders gegeben, als indem sie erscheinen – wie sollten sie denn sonst gegeben sein? Eine Erscheinung aber, in der ein Irrtum obwaltet, in der also kein Ding oder ein Ding anders, als es ist, gegeben wird, heißt *Schein*. Unterschied von Erscheinung und Schein: Herr Meier. Gerade dass ich seine Erscheinung ins Auge fasse, zeigt mir, dass die Meinung, er sei Herr Meier, bloßer Schein war. Der absolute Zweifel, von dem ich sprach, nimmt dann die Form an, dass man jede Erscheinung für bloßen Schein hält. Aus dieser Übertreibung entsteht wie aus jeder Übertreibung ein ganzer Rattenkönig von Ismen.

Die direkte Behauptung, alle Erscheinung sei nur Schein, nennt man *Solipsismus*. Für ihn gilt wie für jeden absoluten Zweifel: Er ist nicht streng widerlegbar, denn er gebraucht die Worte so, dass sie den Sinn verlieren, den sie im normalen Leben haben, und entzieht sich so der Argumentation vermittels dieser Worte; aber er ist auch nicht streng vollziehbar. Wer lebt, ist kein Solipsist, selbst wenn er behauptet, er sei einer. Vom Glauben des Lebenden her ist der Solipsismus ein Missbrauch der Worte „Erscheinung" und „Schein".

Um nichts besser als der Solipsismus ist aber diejenige Art, ihn zu leugnen, welche seine Wurzel, die Verwechslung von Erscheinung und Schein, nicht ausreißt. Sie kann etwa mit dem Namen des *metaphysischen Realismus* bezeichnet werden und tritt in einer *agnostischen* und einer, wenn ich so sagen darf, *eugnostischen* Spielart mit allen Zwischenstufen auf.

Der *agnostische metaphysische Realismus*, der sich in einer, wie ich glaube, unzureichenden Interpretation auf Kant beruft, behauptet, es gebe zwar Dinge an sich, sie seien aber völlig unerkennbar, denn wir kennten ja stets nur die Erscheinung. Dieses Argument bezieht seine ganze Überzeugungskraft nur aus dem Vorkommen der Silbe „schein" im Wort Erscheinung. Erscheinung ist per definitionem Erscheinung eines Dings, also Inhalt eines das Ding erkennenden Akts.

Der *eugnostische metaphysische Realismus* behauptet in der Praxis zunächst nichts anderes als jeder vernünftige Mensch, nämlich dass es die Dinge gibt und dass man sie erkennen kann.

Er meint aber mit dem Satz „es gibt die Dinge" oder „die Außenwelt existiert wirklich" eine besondere Aussage zu machen, deren Negation diskutabel, aber falsch sei. Er beruft sich dafür auf Evidenz oder auf Beweise oder auf Wahrscheinlichkeitsargumente. Er argumentiert also für etwas, wofür man nicht argumentieren kann; er sucht das unerreichbare Gegenteil des absoluten Zweifels. Er fragt falsch, selbst wenn er „vorsichtig" zu sein meint und die Existenz der Außenwelt nur für „sehr wahrscheinlich" hält. „Die Welt existiert" ist keine Aussage über die Welt, sondern eine Festlegung des Wortgebrauches. Da sein Resultat im Einklang mit dem üblichen Sprachgebrauch ist, wäre das kein Unglück, aber meist werden nun die Argumente, mit denen man ein so erwünschtes Ergebnis erhält, überschätzt und es wird der relative Zweifel an Stellen verboten, wo er am Platze ist.

Wir kommen damit zu zwei weiteren einander polar zugeordneten Ismen, welche nicht dem absoluten Zweifel, sondern seinem Gegenteil, dem Verbot des relativen Zweifels verfallen sind.

Der *phänomenale Positivismus* Machs verbietet den Zweifel an der Erscheinung überhaupt, indem er die Erscheinung für das einzig Gegebene hält. Für ihn ist „Schein" kein sinnvoller Begriff und „Ding" nur eine Zusammenfassung von Erscheinungen. Dies ist phänomenologisch falsch. Nicht „die Erscheinung" oder „die Empfindung" ist mir unmittelbar gegeben, sondern das Ding, welches erscheint, oder welches ich empfindend wahrnehme. „Erscheinen" ist eine Weise des Gegebenseins, „Empfinden" ein Teilvorgang des Wahrnehmens, und die zugehörigen Substantive drücken nicht mehr etwas Wirkliches aus als „das Laufen" gegenüber der Tätigkeit laufen. „Das Laufen" ist die Tatsache, dass man läuft, nämlich mit seinen Beinen, „Empfindung" ist die Tatsache, dass man empfindet, nämlich Dinge. Durch Reflexion kann man allerdings die Erscheinung oder Empfindung vom Ding trennen, aber stets nur im Bereich der Ausdrücklichkeit. Der unausdrückliche „Hof" des Gesichtsfeldes ist nicht „farbige Empfindung", sondern „das Zimmer"; nur so hat er ja auch Orientierungswert für mich. Ferner ist das Ding, selbst wenn man es im Licht der Reflexion als Zusammenfassung von Erscheinungen fasst, nicht Zusammenfassung aktueller, sondern möglicher Erscheinungen. Dass ich über diese Möglichkeiten urteilen kann, ohne sie ausprobiert zu haben – also die selbstverständliche Voraussetzung der Invarianz der Dinge – ist eben der Gehalt des Dingbegriffs, der auch im reflektierten Bereich das Ding nie durch die bloße Empfindung ersetzbar macht.

Der *prinzipielle Realismus* umgekehrt meint nun, alles, was erscheinen kann, müsse alle Eigenschaften des Dings haben. Er ist meist eine Folge des eugnostischen metaphysischen Realismus, kann aber auch aus einem nichtrealistischen Apriorismus hervorgehen. Er wird sich seiner meist erst im Widerspruch, z. B. gegen Behauptungen der modernen Physik, bewusst. Er ist daher dort zu besprechen. Hier sei nur gesagt, dass auch er ein Verbot eines relativen Zweifels darstellt, das die Entwicklung der Physik als unberechtigt erwiesen hat.

d. Gegenstand und Eigenschaft

Ich füge einige Betrachtungen vorwiegend logischen Inhalts an.

Ein Ding ist kein Sachverhalt. Ein Sachverhalt im engen Sinne ist das, was in einem Satz behauptet wird. Ein Ding kann man nicht behaupten. Ich kann sagen: „Ich behaupte, dass dieses Stück Blei schwerer ist als Wasser", aber nicht: „Ich behaupte, dass dieses Stück Blei" und nicht „Ich behaupte dieses Stück Blei" (letzteres jedenfalls nicht im logischen Sinne des Worts „behaupten"). Man kann sagen: „Ich behaupte, dass dieses

Stück Blei existiert." Dann habe ich aber wiederum nicht das Ding behauptet, sondern einen Sachverhalt, nämlich dass das Ding existiert.

Man sagt zwar, man könne ein Ding „erkennen". Doch ist auch dies ein logisch sekundärer Gebrauch des Worts „erkennen". Da liegt etwas. Was denn? Ach, mein Stück Blei. Jetzt habe ich es erkannt. Erkennen ist hier Wiedererkennen. Ich erkenne einen Sachverhalt, nämlich, dass dieses Ding das Stück Blei ist, das ich kenne. Ein Ding kann man *kennen*, einen Sachverhalt *erkennen*. Dies hängt mit den Unendlichkeitseigenschaften des Dings zusammen. Wenn ich einen Sachverhalt erkannt habe, so hat es einen Sinn, zu behaupten, nunmehr sei mir dieser Sachverhalt ganz gegenwärtig. Wenn ich ein Ding kenne, so weiß ich immer noch, dass mir nur der kleinste Teil des Dings gegenwärtig ist, einige Aspekte und die Gewissheit seiner Invarianz. Sachverhalte kann man *aus*sprechen, ein Ding kann man nur als dieses Ding *an*sprechen; man kann Sachverhalte „über" das Ding aussprechen. Eine Erkenntnis mag als völlig reflektiert gelten, eine Kenntnis wurzelt viel unweigerlicher im Unausdrücklichen.

Dieser Unterschied drückt sich in der *Sprache* darin aus, dass ich ein Ding mit einem *Wort* „nenne", einen Sachverhalt mit einem *Satz* „behaupte".

Nicht alle Worte bezeichnen Dinge. Sätze sind nicht Anhäufungen von Dingworten, so wenig Sachverhalte Anhäufungen von Dingen sind. „Dies Stück Blei ist schwer" sagt aus, dass das Ding „dies Stück Blei" eine bestimmte *Eigenschaft* hat: „schwer". Der Sachverhalt besteht gerade darin, dass das Ding die Eigenschaft hat. Die Eigenschaft ist kein Ding.

Nicht alle Sachverhalte beziehen sich auf Dinge. „Rot ist eine Farbe", „zwei mal zwei ist vier" sind Sachverhalte, die sich nicht auf Dinge beziehen, denn „rot", „Farbe", „zwei", „vier" sind keine Dinge. Auch solche Sachverhalte sprechen wir aber in Sätzen aus, die im Wesentlichen nach denselben Regeln gebaut sind wie die Sätze, die etwas über Dinge aussagen.

Wissen wir von vornherein, dass es möglich sein muss, alle Sachverhalte auf diese Weise auszusprechen? Ich behaupte: *Wir wissen es nicht.* Die Gestalt unserer überlieferten *Grammatik, Logik* und *Ontologie* ist wesentlich bestimmt durch die Fasslichkeit des Räumlichen. Unser Denkstil ist an dem am leichtesten durchschaubaren Beispiel derjenigen Sachverhalte, die sich auf Dinge beziehen, orientiert. Wie weit man damit in anderen Sachverhalten kommen wird, kann nur der Versuch lehren, und ich glaube, sehr viele philosophische Fehler entstammen einem unkritischen Verfahren bei diesem Versuch.

Ich erläutere diese Behauptungen.

Grammatisch nennt man das Wort, das ein Ding bezeichnet, ein *Substantiv*. Die Invarianz des Dings äußert sich darin, dass man mit demselben Substantiv sehr viele verschiedene Sätze bilden kann.

Logisch nennt man das Ding, auf welches sich der in einem Satz behauptete Sachverhalt bezieht, das *Subjekt* dieses Satzes. Der Satz besteht aus dem Subjekt und einem Rest. Den Rest nennt man das *Prädikat*. Er behauptet (prä-dicat) etwas über das Subjekt.

Ontologisch entspricht der Unterscheidung von Subjekt und Prädikat die Unterscheidung von *Substanz* und *Akzidens*. Auch hier sehen Sie die Invarianz des Dings sich spiegeln. Was subsistiert, was darunter steht und ausdauert, das Invariante, ist das Ding. Zu ihm kommt verschiedenes hinzu: seine jeweiligen Aspekte.

Wenn sich nun Sachverhalte nicht auf Dinge beziehen, so gehen wir nach denselben Regeln vor. Wir nennen alles, was als Subjekt in einem Satz auftreten kann, einen *Gegenstand* im logischen Sinne. Alles was über einen Gegenstand ausgesagt werden, also Prädikat zu einem Gegenstand werden kann, nennen wir eine *Eigenschaft*.

Ich werde dieses Begriffspaar „Gegenstand–Eigenschaft" von nun an verwenden. Es bezeichnet keinen unbedingten Gegensatz an sich, sondern einen Gegensatz im Gebrauch. Jede Eigenschaft kann z. B. selbst zum Gegenstand eines Satzes werden. Dem trägt die Sprache Rechnung, indem sie zu Adjektiven und Verben substantivische Formen bildet: „die Röte", „das Laufen".

Ich weise aber von vornherein auf die Problematik dieser Begriffe hin. Nur ein Beispiel sei genannt. Die Behauptung, jeder Satz habe *ein* Subjekt, ist zum Mindesten unzweckmäßig. „Blei ist schwerer als Wasser", „zwei mal drei ist sechs". Ist hier „Blei" das Subjekt, „schwerer als Wasser" das Prädikat; ist „sechs" das Subjekt oder „zwei mal drei" oder „zwei"? Man kann willkürlich eine Festsetzung treffen. Besser ist es zu sagen, solche Sätze hätten mehrere Subjekte, und statt des „eingliedrigen" Prädikats stehe eine „mehrgliedrige" *Relation*. Eine Relation wäre demnach eine Eigenschaft, welche wesensmäßig mehreren Subjekten in ihrem Zusammenhang zukäme.

Ich verzichte darauf, hier weitere Probleme aufzuwerfen. Sie werden uns von selbst begegnen.

3. DAS ALLGEMEINE

Man pflegt Dinge auch als *konkret, real* und *einmalig* gewissen anderen Gegenständen unserer Erkenntnis gegenüberzustellen, die demgegenüber als *abstrakt, ideal* und *allgemein* bezeichnet werden. Dieser Gegensatz ist nicht ohne Fragwürdigkeit. Er soll uns aber jetzt dazu führen, jene Gegenstände ins Auge zu fassen, die wir unter dem Titel des *Allgemeinen* zusammenfassen wollen.

Allgemein soll dasjenige heißen, was das mehreren Einzelfällen Gemeinsame ist. Um eine erste Ordnung im Bereich des Allgemeinen zu erreichen, erinnern wir uns daran, dass die logische Unterscheidung von Subjekt, Prädikat und ganzem Satz uns alles, worüber überhaupt geredet werden kann, einteilen lässt in Gegenstände, Eigenschaften und Sachverhalte. Dabei vergessen wir nicht, dass jede Eigenschaft und jeder Sachverhalt wieder zum Gegenstand einer neuen Aussage werden kann, während es andererseits Gegenstände gibt, die nicht als Eigenschaften oder Sachverhalte gelten können. Wir werden dem Allgemeinen in allen drei Gestalten begegnen. Das Allgemeine als *Eigenschaft* hat keinen Namen, der es vom Einzelnen unterscheidet; wir werden alsbald sehen, warum. Das Allgemeine als Gegenstand nennen wir *Gattung*, das Allgemeine als Sachverhalt *Gesetz*.

a. Eigenschaft

„Rot" ist eine Eigenschaft. Dieser Apfel ist rot. Jenes Dach ist rot. Heckenrosen sind rot.

Die Eigenschaft tritt also von vornherein als ein Allgemeines auf. Sie kommt mehreren Dingen zu. Sie ist dieselbe in vielen verschiedenen Einzelfällen.

Das Allgemein-Sein der Eigenschaft kann also anknüpfend an die beim Ding gebrauchte Terminologie als *Invarianz* bezeichnet werden.

Wir haben diese *Invarianz* der *Eigenschaft* zu unterscheiden von der *Invarianz* des *Dings*, dessen Eigenschaft sie ist. Die Eigenschaft eines Dings pflegt an den Merkmalen des Dings Anteil zu haben. Wir machen uns das zunächst an der Räumlichkeit klar. Die Eigenschaft „rot", als Eigenschaft räumlicher Dinge, kann selbst als räumlich bezeichnet werden. Das liegt aber nicht daran, dass sie überhaupt eine Eigenschaft ist, sondern daran, dass sie diese bestimmte, räumlich wahrnehmbare

Eigenschaft von Räumlichem ist. Es gibt Eigenschaften, die nicht räumlich sind, weil ihr Gegenstand nicht räumlich ist; so ist der Gegenstand von „jähzornig" ein menschliches Gemüt, der von „ungerade" eine Zahl. Es gibt aber auch nichträumliche Eigenschaften räumlicher Dinge, z. B. „alt", „schön", „registriert".

Ebenso kommt die Eigenschaft „rot" dem Apfel zu in einer interpersonalen, dauerhaften, aspektinvarianten Weise, aber das ist es nicht, was ich mit der Invarianz der Eigenschaft „rot" meine, sondern es ist ein Teil der Invarianz ihres Gegenstands. Die Invarianzbereiche von Eigenschaft und Gegenstand *überlappen*. Einerseits ist dieser Apfel auch dieser Apfel und als dieser Apfel zu erkennen, sofern er nicht rot ist. Jede Weise der Invarianz des Apfels reicht weiter als seine Eigenschaft rot zu sein. Für den Farbenblinden gilt noch die Interpersonalität des Apfels; als er noch grün war, galt schon seine Dauer, seine gelbe Seite und sein Grausein bei tiefer Dämmerung heben ihn als Apfel nicht auf. Andererseits aber ist „rot" nicht nur dieser Apfel, sondern viele Äpfel, auch Dächer, auch Rosen. Nur dieses letztere ist die für die Allgemeinheit der Eigenschaft charakteristische Invarianz.

Auch die Invarianz der Eigenschaft zeigt die *Unendlichkeitsmerkmale*.

Offensichtlich ist die *Unerschöpfbarkeit*. Man kann „rot" nicht dadurch definieren, dass man alle roten Gegenstände vorweist. Es gibt immer noch rote Gegenstände, die wir noch nicht gesehen haben, auch solche, die noch gar nicht wirklich sind, z. B. die Äpfel des kommenden Jahres, die Lippen der noch ungeborenen Kinder kommender Zeiten. Wir werden sie aber, wenn wir sie sehen, mit Sicherheit als rot ansprechen. Die Eigenschaft ist also etwas, was man auf Grund einiger Beispiele so begreifen kann, dass man nunmehr Möglichkeitsurteile richtig fällen kann.

Aber auch die *Unerfüllbarkeit* besteht. „Dieser Apfel ist rot" ist eigentlich eine Übertreibung. Er hat eine gelbe Seite. Sein Rot ist mit Grün durchsprenkelt. Ferner ist „rot" keine eindeutige Kennzeichnung. Der Apfel ist rot und das Dach ist rot, und doch haben sie nicht dieselbe Farbe.

Diese Unerfüllbarkeit macht der Wissenschaft Kummer. Man versucht, sie auszuschalten. Z. B. „Holz ist schwer". Aber in Wasser schwimmt es auf. „Eisen ist wirklich schwer." In Quecksilber schwimmt es auch auf. Also definiert man Grade des Schwerseins. „Schwer" ist, was fällt, wenn es nicht unterstützt und nicht von Schwererem umgeben ist. Aber Eisen in Luft unter einem Magneten schwebt. „Schwer" ist, was von der Erde angezogen wird, doch müssen weitere Kräfte berücksichtigt werden. Das Eindeutigwerden der Eigenschaft ist verbunden mit mangelnder sinnlicher Aufweisbarkeit. Man muss die halbe Physik schon verstanden haben, um genau sagen zu können, was „schwer" heißt. Und ist die Physik vollendet, ja vollendbar? Bleiben nicht immer Fragen? Ich komme nachher hierauf zurück.

b. Gattung

„Apfel" ist eine Gattung. Dies ist ein Apfel, dies auch. Was ihnen gemeinsam ist, ist „Apfel zu sein". Ich unterscheide nicht unermesslich viele einzelne Dinge, sondern ich spreche dieses einzelne Ding sofort als Apfel an. Ich kann vom Einzelnen gar nicht anders reden als vermittels des Allgemeinen. Will ich von diesem Apfel reden, so muss ich sagen: „Dieser Apfel", also die Gattung schon benutzen. Will ich sie vermeiden und sage „dieses Ding", so mache ich es noch schlimmer, denn „Ding" ist ein noch allgemeinerer Gattungsname. Sage ich nur „dies", so habe ich zwar das Substantiv vermieden, aber die Verständlichkeit des Wortes „dies" rührt selbst davon her, dass man nicht nur einmal deutet und „dies" sagt, sondern es schon oft getan hat. In diesem Sinne „gibt es" das Allgemeine, „es gibt" Gattungen.

Gattungen lassen sich *hierarchisch* gliedern. Dies ist ein Apfel. Äpfel und Birnen sind Früchte. Früchte und Blätter sind Pflanzenteile. Oder auch Früchte und Brote sind Nahrungsmittel. Die Hierarchie ist also vom Gesichtspunkt abhängig. Ich weise auf diese Frage nur hin, gehe aber nicht auf sie ein.

Wie verhalten sich *Gattungen* zu *Eigenschaften*? Man könnte sagen, sie seien nur verschiedene logische Gebrauchsformen desselben Sachverhalts. Sage ich „dies Ding ist ein Apfel", so ist „dies Ding" das Subjekt, „ist ein Apfel" das Prädikat. Also ist „Apfel sein" eine mögliche Eigenschaft. Dann sage ich „ein Apfel ist eine Frucht", „Äpfel sind gesund", „dieser Apfel ist rot", so ist Apfel eine Kennzeichnung bestimmter Gegenstände, über die Eigenschaften ausgesagt werden. Man könnte aber logisch sagen, dass auch hier das Wort „Apfel" nur zur Kennzeichnung einer Eigenschaft verwendet werde. „Äpfel sind gesund" hieße dann, „wenn etwas die Eigenschaft hat, ein Apfel zu sein, so hat es auch die Eigenschaft, gesund zu sein." Und „dieser Apfel ist rot" hieße: „dies Ding, gekennzeichnet durch seine Eigenschaft ein Apfel zu sein, hat außerdem die Eigenschaft rot zu sein". Man könnte also logisch den Begriff „Gattung" auflösen in die beiden Begriffe „Eigenschaft" und „Gesamtheit". Man könnte unter der Gattung verstehen die Gesamtheit der Dinge, die eine bestimmte Eigenschaft haben, die Gesamtheit aller Dinge, die Äpfel sind. Oder umgekehrt könnte man unter Gattung verstehen die Eigenschaft, einer bestimmten Gattung anzugehören: „Apfel sein heißt, einer bestimmten Gruppe von Gegenständen angehören."

Dies, formal möglich, wäre aber phänomenologisch unzureichend, da die Gattung von der Eigenschaft wiederum durch

Unendlichkeitsmerkmale getrennt ist. Gattungen sind durch Eigenschaften unerschöpfbar und unerfüllbar. Betrachten wir die Gattung „Maus". Man kann sie nicht durch eine Aufzählung von Eigenschaften definieren. Es gibt immer noch mehr Eigenschaften, und jede einzelne Eigenschaft, ausgenommen die Zugehörigkeit zu einer höheren Gattung, könnte wegfallen. Mäuse sind grau. Aber es gibt weiße Mäuse. Sie haben vier Beine. Aber eine hat ein Bein verloren, eine andere durch Geburtsfehler fünf. Natürlich kann man willkürlich eine Definition machen und sich daran halten. Aber das geht nur im reflektierten Bereich, Gattungen aber sind uns schon schlicht gegeben. Sie sind Wirklichkeiten, die man als solche anspricht. Das klassische Beispiel gegen künstliche Definition: „Der Mensch ist ein zweibeiniges Wesen ohne Federn." Also ist ein gerupfter Hahn ein Mensch.

Dinge, Eigenschaften, Gattungen, auch Gattungen höherer und niederer Ordnung, sind jeweils Wirklichkeiten, und jede Wirklichkeit in diesem Sinn wehrt sich durch Unendlichkeitsmerkmale gegen die erschöpfende Charakterisierung durch Wirklichkeiten anderer Art. Z.B. auch die Gattung gegen das Ding. Die Gattung ist durch Dinge nicht erschöpfbar. Man kann „Apfel" nicht durch Aufweisung aller Äpfel charakterisieren. Die Gattung ist auch durch Dinge nicht streng erfüllbar. Zwar ist dies ein Apfel, aber diese Aussage ist so wenig eindeutig wie „dies ist rot". Kein Ding ist schlechthin ein Apfel. Er ist ein Frühapfel oder Winterapfel, ein Gravensteiner, Boskop oder andere Sorte, ein unreifer, ein süßer, ein gedörrter Apfel. Er ist eine Gesamtheit von Zellen, von Molekülen, von Elementarteilchen. Dies Ding erschöpft sich nicht im Apfelsein, und die Gattung Apfel nicht in den Merkmalen dieses Dings.

c. Gesetz

„Zwei Massen ziehen einander an" ist ein Gesetz. Gesetze sind Sachverhalte. Sie werden ausgesprochen durch Sätze. „Rot" ist kein Sachverhalt, sondern „dies Ding ist rot" ist ein Sachverhalt.

Gesetze sind aber nicht einzelne Sachverhalte, sondern sie beanspruchen, *allgemein* zu gelten. Man kann sie auffassen als Sachverhalte, deren Gegenstände selbst Sachverhalte sind: „Wenn x und y Massen sind, so besteht stets der Sachverhalt: x und y ziehen einander an." Das „stets" dieses Satzes drückt sich in der ursprünglichen einfacheren Formulierung im Fehlen des bestimmten Artikels und des Demonstrativpronomens aus.

Das Gesetz hat also gegenüber dem einzelnen Sachverhalt die Eigenschaft der *Invarianz*. Es hat auch die *Unendlichkeitsmerkmale*. Das Gesetz ist durch einzelne Sachverhalte unerschöpfbar. Man beweist ein Gesetz nicht dadurch, dass man alle Sachverhalte aufzählt, die unter es fallen. Ein Gesetz ist nur dann überhaupt von Interesse, wenn es auch Sachverhalte umfasst, die noch nicht mit aufgezählt sind. Praktisch brauchen wir Gesetze zum Prophezeien. Gesetze sind stets Urteile nicht nur über Fakten der Vergangenheit und Wirklichkeiten der Gegenwart, sondern auch über mögliche Vorgänge der Zukunft. *Gesetze sind Möglichkeitsaussagen*. Der Begriff des Allgemeinen setzt den Begriff der Möglichkeit voraus und verliert den Sinn, den er in unserer Erkenntnis hat, wenn man ihn auf das bereits Gegebene einschränkt.

Das Gesetz ist aber durch einzelne Sachverhalte auch unerfüllbar. Die Unerfüllbarkeit des Allgemeinen tritt stets in sehr abstrakten Disziplinen wie der Mathematik kaum mehr in Erscheinung. Aber betrachten Sie die Genesis der heute bekannten Gesetze. Zunächst sagt man nicht: „Massen ziehen einander an", sondern „alle Körper fallen". Aber das Feuer steigt. Ausrede: „Das Feuer ist kein Körper." Aber das Holz steigt im Wasser. Antwort: „Wasser ist schwerer als Holz. In Wahrheit fällt hier das Wasser, und nur damit die größere Masse fallen kann, muss die geringere steigen." Statt „Körper" steht nun schon der abstraktere Begriff „Masse". Auch der Luftballon steigt. Antwort: „Er ist leichter als Luft." Also ist auch Luft Masse, und die Ausrede, Feuer sei kein Körper, war falsch; Feuer ist ein leichter „Körper". Der geworfene Stein fällt zunächst nicht. Aber schließlich doch; seine Bewegung ist aus Trägheitsbewegung und Fall zusammengesetzt. Die Himmelskörper fallen nicht. Hier ist es eine Leistung, die Frage zu stellen, denn ihre erste naive Form wurde schon von den Griechen durch eine sinnvolle Fallunterscheidung „der natürliche Ort himmlischer Körper ist oben, der irdische unten" abgewiesen. Jetzt sehen wir, dass diese Fallunterscheidung falsch war und der Mond dem geworfenen Stein analog. Die Erde zieht den Mond an, die Sonne die Erde. Das ist die spezielle Gravitation Keplers und Hookes. Aber die Keplerschen Gesetze, die daraus folgen, sind nicht genau. Jeder Körper zieht jeden an; das erklärt auch die Störungen.

Soweit sind wir etwa heute. Dürfen wir behaupten, wir hätten das letzte Wort gesprochen?

Analysieren wir den Gedankengang noch genauer. Es ist eine alte Wahrheit, dass die Mathematik in der Wirklichkeit nicht genau anwendbar ist. Die Winkelsumme im Dreieck ist 180°. Aber es gibt in der Natur kein Ding, das genau ein Dreieck, genau eine Gerade wäre. Dies ist derjenige Aspekt der Unerfüllbarkeit, der das Gesetz *voraussetzt*. Andererseits wissen wir oft genug gar nicht, welches Gesetz das richtige ist. Dann sprechen wir vermutungsweise ein Gesetz aus und wissen schon, dass es nicht erfüllbar ist. Es ist aber der einzige Weg zu seiner eigenen Korrektur. Wir finden dann Gesetze, die besser erfüllbar sind. Dies ist Bohrs Gläserwaschen.

d. Allgemeinheit und Möglichkeit

Wir können nun das Verhältnis dieser beiden Begriffe, das im Abschnitt über die Zeit in der Schwebe blieb, weiter aufklären.

Beide Begriffe haben, ohne sich darin zu erschöpfen, einen wesentlichen Bezug auf die *Zukunft*. Für die Möglichkeit ist dies zur Genüge gezeigt. Für die Allgemeinheit liegt es in der Unerschöpfbarkeit des Allgemeinen durch das Einzelne. Das Allgemeine sagt stets über solches Einzelne, das es noch nicht gibt, oder das noch nicht bekannt ist, etwas aus, und *nur* diese Tatsache unterscheidet die allgemeine Aussage von einer Sammlung schon gegebener Einzelaussagen.

In Bezug auf die Zukunft bezeichnen beide Begriffe verschiedene Aspekte *desselben* Sachverhalts. Möglichkeit hat den Doppelcharakter der Unbestimmtheit und Bestimmtheit. Was sein wird, ist nicht völlig bestimmt, sonst wäre es faktisch, aber auch nicht völlig unbestimmt, sonst könnte man darüber gar nichts aussagen. Wir sahen schon im Abschnitt über die Zeit, dass das, was man über die Zukunft aussagen kann, gerade das Allgemeine ist. Daher zeigt sich der Doppelcharakter auch im Allgemeinen. Der allgemeine Satz macht keine völlig bestimmte Aussage: er legt nicht das ganze Geschehen fest, sondern nur bestimmte Sachverhalte an ihm; er hat die Form: „wenn – so". Wenn zwei Massen da sind, ziehen sie sich an; ob sie da sind, bleibt offen. Das Naturgesetz lässt die Frage des Realisiertseins der Anfangsbedingungen offen. Der allgemeine Satz aber schränkt eben die völlige Unbestimmtheit ein. Er ist eine Determination von Möglichem.

Entsprechendes gilt z. B. von der Allgemeinheit der Gattung. „Dies ist ein Apfel" determiniert das Ding nicht völlig. Es legt aber einen Spielraum fest, innerhalb dessen die Variationsmöglichkeiten sich halten müssen. Hier ist die Anknüpfung an den *aristotelischen* Begriff der Möglichkeit: $δύναμις$, Potenz. Der

Same hat die Möglichkeit, Apfelbaum zu werden. Dies *kann* er, seiner Gattung gemäß.

Die Unendlichkeitsmerkmale drücken aus, dass das Allgemeine stets Möglichkeiten bezeichnet. Man sieht es schon an der Endsilbe -bar und -barkeit. Den Zusammenhang von Möglichkeit und Unendlichkeit untersuchen wir im Abschnitt über Mathematik näher.

Die Begriffe „möglich" und „allgemein" werden aber nicht nur auf die Zukunft angewandt. Auch in der Anwendung auf Vergangenes und Gegenwärtiges erläutern sie sich wechselseitig.

Ich setze zunächst ein Verständnis des Gebrauchs von „allgemein" bezüglich der Vergangenheit und Gegenwart voraus und erläutere damit den Sinn von „möglich". Zunächst sei die *physische Möglichkeit* betrachtet.

„Es ist möglich, einen Speer mehr als siebzig Meter weit zu werfen." Dass das möglich ist, wird gerade dadurch bewiesen, dass es gelegentlich schon vorgekommen ist. Es war insbesondere auch möglich, als es zum ersten Mal geschah. Die Möglichkeit wird hier in der Form der Allgemeinheit gedacht. Wir haben ein allgemeines Urteil über Möglichkeiten vor uns. Fragen wir aber, wie der jeweilige Spezialfall laute, so wird die Antwort heißen: „Im Augenblick t kann der Mensch x einen Speer über 70 m weit werfen." Dieses „kann" ist so gemeint, dass der Augenblick t als Gegenwart angesehen wird und das Werfen als Zukunft. Die Möglichkeit, allgemein beurteilt, hat nur einen Sinn, weil jeder Zeitpunkt als Gegenwart „gesetzt" werden kann. Wäre alles immer schon Vergangenheit, also faktisch gewesen, so hätten Möglichkeitsurteile keinen Sinn. Man könnte dann nur sagen: „Auf der Olympiade 1932 wurde ein Speer über 70 m weit geworfen, auf der Olympiade 1912 aber nicht." Deshalb löst auch der strenge Determinismus Möglichkeitsurteile als letzte Urteile auf.

Ebenso steht es mit der *logischen Möglichkeit*. „Es ist möglich, aus 256 rational die Wurzel zu ziehen", heißt: „Wenn jetzt die Aufgabe gestellt würde, könnte man es." Gäbe es nur Fakten so könnte man nur sagen: „es ist geschehen", oder: „es ist nicht geschehen". Die gesamte Rede von Operationen in der Mathematik, ebenso die logische Struktur „wenn – so" hat nur ein Anwendungsfeld in der Hand eines denkenden Wesens, das Operieren und Prämissen schaffen, oder aufsuchen kann. Ich behaupte dies, ohne auf die Einzelheiten näher einzugehen.

Umgekehrt nun erläutert die Möglichkeit die Allgemeinheit. Die Struktur „wenn – so" wird auch für Vergangenes vorausgesetzt, um die Anwendung des Allgemeinen auf den Einzelfall einzuführen. Die Unendlichkeitsmerkmale werden dem Allgemeinen auch für die Vergangenheit eigen gedacht. Man hält den Satz für sinnvoll: „Man hätte auch 1600 die Ablenkung des Lots durch einen benachbarten Berg (Cavendish) gefunden, wenn man sie gesucht hätte." Dies ist in der Allgemeingültigkeit des Gravitationsgesetzes mit enthalten. D.h. der Begriff des Allgemeinen setzt die Geschichtlichkeit der Zeit auch für die Vergangenheit, als sie Gegenwart war, voraus.

e. Grundsätzliche Charakteristik des Allgemeinen

Im bisher Gesagten habe ich einige der klassischen Probleme der Philosophie berührt. Ehe ich auf sie eingehe, hebe ich einen Zug des Allgemeinen heraus: seine *Verwobenheit*.

Ich habe logisch so verschiedenartige Gegenstände wie Eigenschaften, Gattungen und Gesetze unter dem gemeinsamen Titel des Allgemeinen behandelt. Das ist berechtigt, denn sie könnten ohne einander nicht bestehen. Gattungen wie „Apfel", „Maus", „Körper" gibt es nur, weil es Gesetze gibt. Weil in diesem Jahr die Apfelbäume wieder Äpfel tragen werden, wenn sie überhaupt tragen, weil die Kinder von Mäusen wieder Mäuse sind, wenn sie überhaupt Kinder haben, weil Körper sich immer anziehen und immer träge sind, wenn sie überhaupt existieren usw. – nur deshalb kann man mit den Worten „Apfel", „Maus", „Körper" einen festen Sinn verbinden. Umgekehrt kann man allgemeine Sätze nur aussprechen, indem man die Namen der Gattungen und Eigenschaften als sinnvoll voraussetzt. Damit setzt jedes Gesetz zahllose andere Gesetze schon voraus. Die Gesetze der Biologie setzen die der Physik und Chemie schon voraus. Auch wenn man sie im Einzelnen noch nicht kennt: Die Konstanz biologischer Gattungen beweist das gesetzmäßige Verhalten ihres materiellen Substrats.

Das Allgemeine ist aber nicht nur mit dem anderen Allgemeinen verwoben, sondern auch mit dem Einzelnen. Ich sage „dieser Apfel", ich kann also das Einzelne gar nicht nennen ohne dazu den Allgemeinbegriff zu benutzen. Ich bezeichne Einzelnes fast stets durch den Schnitt mehrerer Allgemeinheiten: „mein Schreibtisch": „mein" ist *alles*, was mir gehört, „Schreibtisch" *alle* Möbel einer bestimmten Konstruktion, „mein Schreibtisch" erst ist ein Einzelnes. So setzt jedenfalls Erkenntnis des Einzelnen Erkenntnis des Allgemeinen voraus. Aber auch umgekehrt: Allgemeines realisiert sich ja nur in den einzelnen Fällen.

Aber das Einzelne setzt nicht nur Allgemeines voraus, es *ist* in vieler Hinsicht immer schon Allgemeines. Man meint *Eigennamen* bezeichneten Einzelnes, z. B. „Göttingen", diese einzelne Stadt, „Sepp Lottermoser", dieser bestimmte Mensch. Aber der Eigenname „haftet" nur, weil die Stadt, der Mensch in zahllosen Einzelfällen wiedererkannt wird; weil sie die für jedes Ding charakteristische Interpersonalität, Dauer und Aspektinvarianz haben. Nur das Invariante hat Eigennamen, Invarianz ist aber die charakteristische Eigenschaft des Allgemeinen. Das schlechthin Einmalige kann man überhaupt nur als Schnitt von Allgemeinheiten bezeichnen, wenn man es überhaupt noch bezeichnen kann. So werden Visionen beschrieben: „Ich sah ein Wesen, gestaltet wie ein Löwe ..."

Das *Ding* erweist sich also selbst in gewissem Sinn als Teilhaber an der Eigenschaft der „Allgemeinheit". In der Tat, wer ein Ding sieht, sieht indirekt alle die Gesetze, ohne die das Ding nicht bestehen könnte.

Das zentrale Problem der abendländischen Philosophie ist nun das der *Existenz und der Erkennbarkeit des Allgemeinen.*

Auf der einen Seite sind wir überzeugt, es gebe nur das Einzelne. Es gibt nicht „den Apfel", sondern es gibt Äpfel, viele einzelne und immer neue. Es gibt kein Gesetzbuch der Natur, in dem gedruckt steht: „Alle Körper ziehen einander an", sondern es gibt viele Körper und sie ziehen einander an.

Auf der anderen Seite sind wir seit Sokrates oder Platon darauf aufmerksam geworden, dass wir eigentlich nur das Allgemeine erkennen. Ich habe Ihnen das soeben unter dem Titel „Verwobenheit" erläutert. Auch Einzelnes erkennen wir nur vermittels des Allgemeinen. Was man aber erkennen kann, muss es auch geben. Wer glaubt, alles Seiende sei erkennbar, muss sogar neigen zu sagen, es gebe nur das Allgemeine.

Dies ist der Universalienstreit des Mittelalters. Die Auflösung, das „es gibt" habe in beiden Fällen verschiedene Bedeutung, liegt nahe. Aber welche Bedeutung?

Es gibt eine extreme Interpretation Platons, die, so viel ich verstehe, von ihm selbst nicht gemeint war, nach der es das Allgemeine als etwas für sich Seiendes so wie ein Ding, unter dem Namen Idee „irgendwo" gebe. Diese Deutung wird schon aufgehoben, wenn man das Wort *ἰδέα* mit Heidegger durch „Aussehen" übersetzt.

Es gibt den extremen Nominalismus, nach dem das Wort nur ein stimmliches Gebilde ist, das wir mit gewissen Einzeldingen verknüpfen. Die Eigenschaften der Invarianz würden damit nicht begriffen.

Universalia ante re und post rem sind gleichermaßen Übertreibungen, Universalia in re ist die beste Formel, aber auch sie lässt wesentliche Fragen offen.

Ich will diesen Fragen hier nicht nachgehen. Ich will Ihnen lieber die Beziehung der Frage auf gewisse menschliche Entscheidungen als Abschluss in Erinnerung rufen.

Es gibt Menschen, die mehr an das Einzelne, und Menschen, die mehr an das Allgemeine „glauben".

Der unreflektierte Praktiker glaubt ans Einzelne. Wer, wenn er denkt, nur über Kühe denkt, hat kein Interesse am „Gattungsbegriff Kuh", sondern an der heutigen Milch und dem morgigen Fleisch.

Demgegenüber erinnert die Reflexion daran, dass man von Kühen auch den einfachsten Satz nur sagen kann, weil es das Allgemeine gibt.

Es gibt aber auch den reflektierten Praktiker, der weiß, dass das allgemeine Wissen möglich, aber lebensfremd ist.

Jedoch zeigt die moderne wissenschaftliche Technik, dass man gerade durch allgemeines Denken die größten praktischen Erfolge erzielt.

Diese Erfolge aber empfindet der Mensch, dem es um das unmittelbare Leben, um die Seele geht, als teuflisch. „Der Geist als Widersacher der Seele."

Die Seele ist jedoch im Einzelnen ebenso oft dämonisch und maßlos wie gut. Die Humanität hat ein Bild vom wahren Menschen, hat Ideale, also Allgemeines.

Aber eben dieser Idealismus hat die wirkliche, unentrinnbare Entscheidung des Einzelnen verblassen lassen. Vor Gott ist der Mensch nicht Allgemeinwesen noch so hohen Rangs, sondern Einzelner. Der Existentialismus unserer Tage hat das von Kierkegaard gelernt, auch wo er selbst areligiös ist.

Der areligiöse Einzelne jedoch lebt in der Verzweiflung. Der Christ glaubt, dass Christus der Erstgeborene von vielen Brüdern, das Vorbild einer für den Menschen eröffneten *Möglichkeit* des Lebens ist.

In diesen letzten Stufen tritt das Allgemeine nicht mehr als Begriff, sondern als menschliches Beispiel auf. Dies ist Einzelnes und Allgemeines zugleich. Es handelt sich schließlich nicht um einen zu entscheidenden Streit zwischen Einzelnem und Allgemeinem, sondern die ohne Ausweichen verfolgte Dialektik beider Begriffe weist über beide hinaus.

4. ERFAHRUNG

a. Methodische Vorbemerkung

In den Erörterungen über Zeit, Ding und Allgemeines kam es uns in erster Linie auf gewisse Sachverhalte an, hingegen auf den Erkenntnisakt, der diese Sachverhalte erfasst, nur soweit, als sein Charakter durch den Charakter der erfassten Sachverhalte geprägt wird. Wir müssen mit den gewonnenen Einsichten nun noch einmal auf den *Erkenntnisvorgang* reflektieren.

„Erkenntnistheorie" kann zweierlei bedeuten. Sie kann *gegenständlich* die Erkenntnis als eine Funktion der menschlichen Seele untersuchen. Sie kann *reflexiv* die Grundlagen für das Erfassen gewisser Sachverhalte, etwa für eine Wissenschaft, prüfen. In beiden Fällen setzt sie Erkenntnisakte als ihren Gegenstand als gegeben voraus. Im ersten Fall untersucht sie an ihnen den psychischen Vorgang, im zweiten Fall ihren Wert als Erfassen von Sachverhalten.

Gegenständliche Lehre von der Erkenntnis wird man als Teil der *Psychologie* ansprechen. Die reflexive Untersuchung der

Erkenntnis wurde wohl vor allem von Kant unter dem Namen der *transzendentalen Methode* zum methodischen Prinzip erhoben, wenngleich in einem etwas anderen Sinne alle wirkliche Philosophie immer ein Element reflexiven Fragens nach der Erkenntnis enthielt. Im 19. Jahrhundert kam man vor allem unter dem Einfluss des englischen Empirismus auf den Gedanken, die Psychologie zur Aufklärung der Fragen der reflexiven Erkenntnistheorie heranzuziehen. Hierbei vergaß man oft die saubere Unterscheidung beider Fragestellungen. Diese unkritische Vermischung wurde dann als *Psychologismus* bekämpft, zunächst in der reinen Logik von Frege, später mit umfassender philosophischer Fragestellung und größerem Publikumserfolg von Husserl.

Indem ich mir diesen Unterschied gegenwärtig halte, glaube ich doch, dass die beiden Fragerichtungen denselben Gegenstand, wenn auch auf verschiedene Weise erforschen, und sich daher gegenseitig belehren können. Die Tatsache, dass die empirische Psychologie schon Logik voraussetzt, ist z.B. kein Beweis dagegen, dass man aus der empirischen Psychologie auch über die Logik noch etwas lernen kann. Das ist nur der notwendige Zirkel der Erkenntnis, das Bohr'sche Gläserwaschen.

Ich spreche daher heute über Erkenntnis unter beiden Aspekten: dem der erkannten Sachverhalte und dem der erkennenden Seele.

b. Wahrnehmung, Empfindung, Erfahrung

Physik beruht auf Erfahrung. Erfahrung im physikalischen Sinne beruht auf *äußerer* oder *sinnlicher Wahrnehmung*. Diese können wir für unsere Zwecke hinreichend definieren als Wahrnehmung, in der sich uns *räumliche Gegenstände* zeigen.

Mit dem Wort „Wahrnehmung" will ich jedes Erfassen eines gegenwärtigen Sachverhaltes bezeichnen. Auf der einen Seite ist die Wahrnehmung also eine Erkenntnis, sie „sagt etwas aus", ist „prädikativ" (V. von Weizsäcker). Auf der anderen Seite braucht sie nicht ausdrücklich zu sein; jedes praktische Orientiertsein in der Welt beruht auf zahllosen unausdrücklichen Wahrnehmungen. Ich grenze diesen Begriff von Wahrnehmung nun gegen „Empfindung" und „Erfahrung" ab.

„Hier ist ein Apfel", drückt eine Wahrnehmung aus, „ich sehe einen roten Fleck" eine *Empfindung*. In beiden Fällen ist mir ein Sachverhalt gegeben, in der Wahrnehmung einer, den ich als *objektiv*, unabhängig von mir bestehend anspreche, in der Empfindung einer, der mir als *subjektiv*, nur „in mir" bestehend, bekannt ist. Der Sachverhalt „hier ist ein Apfel" besteht auch, wenn ich die Augen schließe, ebenso natürlich der Sachverhalt, „dieser Apfel ist rot". Der Sachverhalt „ich sehe einen roten Fleck" besteht dann nicht mehr. Zwei verschiedene Menschen können *denselben* Sachverhalt wahrnehmen, aber höchstens eine *gleichartige*, jedoch nicht dieselbe Empfindung haben, so wie sie beide Nasen, aber nicht dieselbe Nase haben.

Die sensualistische Erkenntnistheorie meint, die Empfindung sei das eigentlich „Gegebene" und das hier Wahrnehmung genannte folge aus ihr durch ein Schlussverfahren, eventuell ein unbewusstes. Dies ist psychologisch bzw. phänomenologisch falsch. Unmittelbar gegeben ist uns stets ein objektiver Sachverhalt in der Wahrnehmung. Auch wenn ich von Ferne den Apfel nicht als Apfel erkenne, so nehme ich wahr: „dort ist etwas Rotes", objektiv, und frage unreflektiert gegenständlich weiter: „was ist das Rote". „Ich sehe rot", ist eine Einsicht, die ich erst durch Reflexion gewinne. Meine Sinnesempfindungen sind mir keineswegs unmittelbar bewusst. Z. B. die Druckempfindungen in meinen Füßen jetzt beim Stehen habe ich nur in der Form präsent, dass ich des Bodens, auf dem ich stehe, unausdrücklich gewiss bin; das Wanken des Bodens würde ich merken. Aber mir klar zu machen, wo in meinem Körper ich eigentlich beim Stehen etwas spüre, wäre sehr schwer. Es ist charakteristisch, dass Empfindungsanalyse immer die gegenständliche Betrachtung der Sinnesorgane zu Hilfe nimmt. Wir unterscheiden Sinne, soweit wir Organe zu unterscheiden wissen: Auge, Ohr, Nase, Zunge, Haut. Der Rest der Empfindung geht in unanalysierten „Körpergefühlen" unter. Wer weiß, wie viele „Sinne" wir haben? Ich nicht.

Erfahrung nenne ich die Erkenntnis eines *allgemeinen* Sachverhalts auf Grund von Wahrnehmungen. „Dies Stück Blei ist soeben in diesem Glas Wasser untergegangen" ist eine Wahrnehmung. „Dies Stück Blei geht in diesem Wasser unter, wenn man es hineinwirft" ist eine Erfahrung. „Blei ist schwerer als Wasser" ist eine Erfahrung von höherem Grade der Allgemeinheit.

Ich setze also die Überzeugung vom Bestehen allgemeiner Sachverhalte in meiner Definition von „Erfahrung" schon voraus. Man könnte auch anders definieren und sagen: Erfahrung drückt nur das Urteil aus „Bisher ist dies Blei in diesem Wasser jedesmal untergegangen"; die Erwartung, es werde wieder so gehen, überschreite den Rahmen der Erfahrung. Der Sprachgebrauch schwankt in dieser Hinsicht und würde beide Definitionen zulassen. Wenn man den Unterschied verstanden hat, muss man sich aber jedenfalls für eine von ihnen entscheiden. Ich nenne das Urteil „Bisher ist das Blei jedesmal untergegangen" einen Kollektivbericht über Wahrnehmungen, kurz einen *Wahrnehmungsbericht*. Wollte ich hierfür das Wort „Erfahrung" verwenden, so müsste ich für „Dies Blei sinkt in diesem Wasser unter" einen neuen Namen finden.

Ich stütze mich in meiner Definition insbesondere auf den *Gebrauch*, den wir von Erfahrung machen. Ein Wahrnehmungsbericht interessiert fast nur dann, wenn er ein Urteil über

Zukünftiges motiviert. Ein „erfahrener Mensch" ist nicht nur einer, der viel wahrgenommen hat, sondern der sich deshalb auch in der Praxis richtig verhalten kann. Ich möchte dies bis in die Etymologie des deutschen Worts „erfahren" hinein verfolgen. Man sieht viel, wenn man fährt, d.h. reist, und das, was man gesehen hat, besitzt man dann zur Verwendung; das liegt in der Silbe „er-" wie erkunden, erwerben, erobern.

Erfahrung setzt also das doppelte voraus: einerseits die Überzeugung vom Bestehen allgemeiner Wahrheiten, andererseits unsere Unkenntnis über deren konkreten Inhalt. Letztere nötigt uns, uns durch Wahrnehmungsberichte über das tatsächlich Geschehene zu orientieren, erstere veranlasst uns, das Ergebnis zum Leitfaden unseres zukünftigen Handelns zu nehmen.

In der Erfahrung wird das Allgemeine als Allgemeines oft nur *unausdrücklich* erfasst. Ich werfe ein Stück Blei ins Wasser und sage: „Aha, Blei ist schwerer als Wasser." Der Einzelfall *steht für* alle Fälle, die „Verallgemeinerung" ist selbstverständlich und wird nicht ausdrücklich, reflektiert vollzogen. Vollziehen wir ein allgemeines Urteil ausdrücklich, im Bewusstsein seines Hinausgehens über den Wahrnehmungsbericht, so nennen wir es eine *Hypothese* oder einen *empirischen Satz*. Der Unterschied zwischen den beiden Namen drückt einen Unterschied der Gewissheit aus, der durch eine Stufenleiter der Wahrscheinlichkeiten überbrückt wird. Die Aufspaltung in die beiden Fälle entspricht der Tatsache, dass es im unausdrücklichen Bereich nur das schlichte Erfassen, im ausdrücklichen aber den Zweifel und daher den Unterschied von Vermuten und Wissen gibt.

Ein System reflektierter allgemeiner Urteile heißt eine *Theorie*. Der Inbegriff von Wahrnehmungsberichten und empirischen Sätzen, der zum Vergleich mit den Behauptungen einer Theorie schon verfügbar ist und ihr gegenüber den Charakter von Einzelfällen hat, welche unter die allgemeinen Sätze der

Theorie fallen, heißt dann kurz „die Erfahrung". Eine an „der Erfahrung" bestätigte Theorie ist dann für die nächstallgemeinere Theorie wieder „Erfahrung". Für Galilei ist der einzelne Fall eines Körpers Erfahrung, das Fallgesetz Theorie, für Newton sind Fallgesetz und Keplersche Gesetze Erfahrung und das Gravitationsgesetz Theorie, für Einstein ist dieses Erfahrung und die Feldgleichungen sind Theorie.

Über die Weise des Übergangs von der Erfahrung über die Hypothese zur Theorie gibt es unabsehbare methodologische Erörterungen. Sie sind für den praktischen Forscher meist überflüssig, weil er sich an dem Einzigen orientiert, was die Voraussetzung jeder Wissenschaft ist: der Überzeugung von der *Wirklichkeit* des *Allgemeinen*.

c. Apriori

Ich vergleiche meinen Sprachgebrauch mit dem *Kants*. Was ich das Allgemeine genannt habe, tritt bei ihm als *Apriori* auf. Kant charakterisiert diesen Begriff auf so vielfältige Weise, dass wir seine Definitionen werden trennen müssen.

A priori weiß man nach Kant etwas, wenn man es *vor aller Erfahrung* weiß. Man weiß es zwar nicht zeitlich früher als die Erfahrung, aber wenn man es sich anhand der Erfahrung verdeutlicht hat, sieht man, dass man es so weiß, wie man es auf Grund der Erfahrung nicht wissen könnte.

Man sieht es nämlich mit *Notwendigkeit* und *Allgemeinheit* ein. Erfahrung hingegen lehrt uns, dass etwas geschehen *ist*, und nicht, dass es geschehen *musste*, und sie lehrt höchstens, dass es *bisher* immer geschehen ist und nicht, dass es *immer* geschehen wird.

Das Wissen a priori stammt nicht nur nicht aus der Erfahrung, sondern es ist umgekehrt *Bedingung der Möglichkeit von Erfahrung*.

Was sagen wir dazu?

Wir sind zunächst auch der Meinung, dass es Erkenntnis von Allgemeinem, allgemeingültige Erkenntnis gibt. Wir geben ferner zu, dass diese Erkenntnis aus keinem Wahrnehmungsbericht logisch folgt, sondern dass die Überzeugung von der Wirklichkeit des Allgemeinen von der Wahrnehmung unabhängig ist. Wir haben ferner festgestellt, dass das Erfahrungsurteil, so wie es in der Praxis gebraucht wird, die Überzeugung von der Wirklichkeit des Allgemeinen schon, wenn auch unausdrücklich, verwendet. Dieser letztere Satz kann als eine Interpretation des Satzes Kants dienen, das Apriori sei Bedingung der Möglichkeit von Erfahrung.

Aber hier zeigt sich eine Zweideutigkeit von Kants Begriff der Erfahrung. Heinrich Scholz sagt in seinen unveröffentlichten Kant-Vorlesungen mit Recht, die Rede vom Apriori als Bedingung der Möglichkeit von Erfahrung sei eine *Definition* dessen, was Kant Erfahrung nenne. Er definiert damit Erfahrung so, wie wir es getan haben. Aber von *dieser* Erfahrung kann man nicht sagen, sie gebe ihren Sätzen „nur komparative und keine strenge Allgemeinheit". Die Allgemeinheit der Erfahrung ist als streng gemeint, aber unausdrücklich, und dem relativen Zweifel offen. Die „Erfahrung" die nur komparative Allgemeinheit gibt, ist unser Wahrnehmungsbericht.

Bedingung der Möglichkeit der Erfahrung sind für Kant ganz *bestimmte* allgemeine Sätze, Begriffe und Anschauungsformen. Wir haben stattdessen zunächst nur die Wirklichkeit des Allgemeinen überhaupt, nicht aber bestimmte allgemeine Inhalte als „a priori" gelten lassen. Doch müssen wir weiter gehen. In Kants These spiegelt sich die *Verwobenheit* des Allgemeinen im Wirklichen. Es gibt Wahrnehmungsberichte nur, weil es Dinge, Eigenschaften usw. gibt und diese gibt es nur, weil es Gesetze gibt. Insofern ist also das *bestimmte* Allgemeine Bedingung der

Möglichkeit bestimmter Erfahrung. Ist diese Erfahrung gegeben, so kann man „ihr" Apriori reflexiv phänomenologisch herausanalysieren. Aber auch dadurch wird dieses Allgemeine nicht *notwendig* „unabhängig von aller Erfahrung". Die Notwendigkeit der einzelnen allgemeinen Erkenntnis ist in unseren bisherigen Begriffen nicht enthalten. Sie widerspräche der grundsätzlichen Zulässigkeit des relativen Zweifels gegenüber *jeder* Erkenntnis.

Ich rekapituliere das bisher Gesagte: Mit Kant, gegen die Empiristen glaube ich, dass es das Allgemeine gibt, dass es Bedingung der Möglichkeit von Erfahrung ist und dass man es erkennen kann. Im Gravitationsgesetz etwa würde ich unbekümmert von *Anschauung des Allgemeinen*, in jedem Eigenschafts- und Gattungsbegriff mit Husserl von *Wesenseinsicht* sprechen. Mit den Empiristen, gegen Kant, glaube ich, dass das Allgemeine dem relativen Zweifel, der empirischen Korrektur offensteht.

Nun kann man aber mit Kant bestimmte allgemeine Erkenntnisse nennen, die dem relativen Zweifel entzogen und somit *inhaltlich a priori* seien, z. B. die Gesetze der Logik, der Zahl, der Geometrie, der Kausalität. Hier erlaube ich mir Zweifel. Die moderne Mathematik und Physik hat mehrere dieser Aprioritäten schon aufgelöst. Nichts garantiert uns, dass es dem Rest nicht ebenso gehen wird. Wir müssen daher nach dem *Rechtsgrund* der Kantschen These fragen.

Für Kant ist ein Urteil a priori, wenn wir es „zugleich mit seiner Notwendigkeit denken". *Ein* Misserfolg dieses Kriteriums hebt es als Kriterium für etwas wie absolute Gewissheit der Sätze auf. Aber es bleibt ein phänomenologisches Merkmal. Auch wenn man glaubt, dass in der Natur eine nichteuklidische Geometrie, ein nicht kausales Geschehen herrscht, bleibt die Kennzeichnung der euklidischen Geometrie und der Kausalität, die Kant nur leise übertrieb, wenn er sagte, wir dächten dergleichen zugleich mit seiner Notwendigkeit.

Für die reflexive Fundierung der Physik, die wir hier anstreben, genügt es, so weit zu gehen. Wir stellen fest, dass mancherlei Inhalte reflexiv vorgefunden werden. Einige haben wir schon gemustert – Zeit, Ding, Allgemeines –, weitere werden wir noch mustern, und auf den durch Erfahrung begründeten relativen Zweifel sind wir vorbereitet.

Die totale, die gegenständlich-psychologische Frage einbeziehende Erkenntnistheorie erhebt die Frage nach dem *Ursprung* dieser „Notwendigkeitserlebnisse". Ich weise hier nur auf eine spezielle Frage hin. Die empiristische Erkenntnistheorie meint, das Erlebnis drücke nur die Gewöhnung an oft Wahrgenommenes aus. Demgegenüber behauptet heute der Tierpsychologe Konrad Lorenz, dass auch Denkformen sehr wohl nicht im Einzelleben, sondern von den Vorfahren erworben und somit *angeboren* sein können. Diese Frage können wir nur deshalb beiseite lassen, weil das Angeborensein einer Denkweise nur indirekt mit ihrem *Wahrheitsanspruch* zu tun hat.

d. Bewusstsein und Seele

Ich schulde Ihnen, obwohl es für die reine Physik irrelevant ist, eine Andeutung darüber, wie ich mir den Zusammenhang des bisher Gesagten mit einem gegenständlichen Verständnis des *Menschen* denke. Die rein reflexive Betrachtung zerreißt den Menschen in zwei Stücke: den *Körper*, der ein Ding unter Dingen ist, und das *Bewusstsein*, das die Dinge weiß. Wie hängen beide zusammen?

Wir besinnen uns zunächst noch einmal darauf, dass Bewusstsein stets *Bewusstsein von etwas* ist. Dinge „erscheinen", Sachverhalte „werden erfasst" oder „sind gegeben", die Wissenschaft vom elementar Gegebenen haben wir „Phänomenologie" genannt. Das ist unabhängig vom *Bewusstseinsgrad*. Auch das unausdrückliche Erfassen eines Sachverhalts ist Erfassen eines Sachverhalts. Ich will die Relation, in der das Erfasste zum Erfassenden, das Erscheinende zu dem, dem es erscheint, steht, durch die Präposition *„für"* bezeichnen. Das Ding, der Sachverhalt sind *für* das Bewusstsein. Was in diesem Sinne für ein Anderes ist oder sein kann, nenne ich ein wirkliches oder mögliches *Phänomen*. Wir kennen Dinge nur als Dinge für uns. Dieser Satz ist nunmehr tautologisch, denn das Gekanntwerden ist eine Weise des Für-seins; so ist „für" definiert. In diesem Satz liegt alles, was am Positivismus oder am Idealismus berechtigt ist. Dinge für uns kennen wir aber als Dinge, die unabhängig davon sind, dass wir sie aktuell wahrnehmen. Darin liegt alles, was am Realismus wahr ist. Beides wird vereinbar durch den Begriff der Möglichkeit: Das Ding, das ich aktuell nicht wahrnehme, *kann* ich doch direkt oder indirekt wahrnehmen; es ist wenigstens in der Form der Möglichkeit für mich.

Wir achten nun auf die *Invarianz der Relation „für" bei abnehmendem Bewusstseinsgrad*. Ich frage: Wie weit reicht der Bereich des unausdrücklich Gegebenen? Hier haben wir das Phänomen des *Enthaltenseins*, eines Phänomens im andern zu achten. Es hängt eng mit dem Verwobensein des Allgemeinen im Wirklichen zusammen. Alles, was mit einem Sachverhalt verwoben ist, kann die Erkenntnis aus diesem Sachverhalt herauslesen, es ist für sie darin „enthalten". In „Blei ist schwerer als Wasser" sind viele Erfahrungen über Blei, viele über Wasser und viele über schwer enthalten, ebenso die logischen Begriffe des Satzes, der Relation, die Wirklichkeit des Allgemeinen usw. Wie weit man sagen kann, all dies sei beim Aussprechen des Satzes unausdrücklich miterkannt, ist umstreitbar. Jedenfalls aber ist es grundsätzlich *zugänglich*. Es ist eine mit der ausdrücklichen Erkenntnis als Möglichkeit mitgegebene Erkenntnis.

Neben dieser Zugänglichkeit durch *objektives Enthaltensein* gibt es eine Zugänglichkeit durch *subjektiven Besitz*, der im Augenblick schlechterdings nicht im Bewusstsein zu sein braucht. Denken wir an die Weise, wie uns die Sprache zur Verfügung steht. Im Sprachlichen gilt: Wissen ist Sagenkönnen. An das englische Wort für Wandtafel habe ich vielleicht jahrelang nicht gedacht; sowie ich es brauche, fällt es mir aber ein: „blackboard". Dies ist ein Wissen, deshalb sagen unsere westlichen Nachbarn: I know English, je sais l'Anglais. Es ist auch ein Können, deshalb sagen wir: Ich kann Englisch. Dieses Wissen ist schlechterdings nicht bewusst, bis ich es brauche, dann aber ist es da. Dieses Für-sein ist rein potentiell.

Es gibt auch dasjenige *Unbewusste*, das nicht leicht zugänglich ist, aber zugänglich gemacht werden kann. Darüber hat uns zumal die Psychoanalyse belehrt. Das Verdrängte ist, wenn es bewusst wird, genauso Phänomen wie das stets Zugängliche: Ja, man kann meist die Gründe dafür angeben, dass es unzugänglich war. Die Jungsche Psychologie lehrt uns Unbewusstes kennen, das dem Individuum nie bewusst war, wohl aber der Menschheit; etwa wenn wir alte Mythenstoffe träumen. Wie weit mag die Seele sich in noch nie bewusst Gewordenes erstrecken, das gleichwohl mit dem potentiell oder aktuell Bewussten kontinuierlich und ohne Qualitätswandel zusammenhängt?

Ich mache besonders darauf aufmerksam, dass die *Qualität* des *Phänomens* beim Übergang in die Ausdrücklichkeit erhalten bleibt. Ein übersichtliches Beispiel ist das nicht Beachtete im Gesichtsfeld. Als Schüler stand ich zwei Jahre lang jeden Morgen unter den „Großen" an der Seitenwand der Turnhalle, in der die Morgenandacht stattfand, während in der Mitte der Turnhalle auf Bänken die „Kleinen" saßen. Eines Morgens mitten in einem Choral flüstert mein Nachbar mir zu: „Guck mal die Menge Ohren." Plötzlich sah ich die Ohren. Das Gesichtsbild, als pure „Empfindung" beurteilt, änderte sich gar nicht. Ich konnte mich nachträglich erinnern, die Ohren schon vorher gesehen zu haben. So kann man in der Erinnerung nachzählen, wieviel die Turmuhr soeben geschlagen hat. Man kann also die Aufmerksamkeit sogar auf ein schon vergangenes Phänomen richten und an ihm vorher unausdrücklich gebliebene Züge ablesen.

Aufmerksamkeit ist also nicht eine Änderung, sondern nur eine *Fixierung* des Phänomens. Diese kann natürlich sekundär den Ablauf ändern. Zunächst aber macht sie nur das Phänomen gleichsam in höherem Grade zum Phänomen. Das Verhältnis des Fixierten zum Nichtfixierten ist ein Beispiel des Verhältnisses des Gegebenen zum Tatsächlichen. Der seelische Ablauf ist tatsächlich auch ohne die Fixierung. Eine Erkenntnistheorie, die nur das ausdrücklich Erfasste gelten lässt, kann es aber nur als das Fixier*bare* annehmen. Nun haben wir die Stufe der unausdrücklichen Phänomenalität anerkannt. Das eigentlich Unbewusste mag sich zum unausdrücklich Erkannten ähnlich verhalten wie dies zum ausdrücklich Erkannten.

Alle diese Überlegungen führen mich dazu, als *Hypothese* auszusprechen, dass der Begriff des *unbewussten Phänomens* ein legitimer Begriff sei. Anders gesagt, dass Phänomenalität nicht der Bewusstheit bedarf, sondern das Bewusstsein nur eine bestimmte Weise der Steigerung und Koordination von Phänomenen ist. Ich nenne nunmehr das, was Phänomene haben kann, für das also etwas sein kann, einerlei ob die Phänomene bewusst oder unbewusst sind, *Seele*. Das Bewusstsein ist von der Seele nicht in der Weise der Fremdheit, sondern in der Weise der Prägnanz abgegrenzt.

Phänomenologisch verliert sich die Seele ins Unerforschte im Bereich des Unbewussten. Das ist kein Einwand, denn welches

Phänomen tauchte nicht aus dem Meer des Unbekannten wie ein Eisberg nur zum kleinsten Teile hervor? *Genetisch* verliert sich die Seele ebenso im Unerforschten in den Anfängen der Tierwelt.

Ich frage nun: Was weiß ich von der Seele, soweit sie mir nicht als Seele bekannt ist? Wenn sie mir nicht als etwas gegeben ist, was selbst Phänomene hat, kann sie mir nicht doch in irgendeiner Weise Phänomen sein? Ich wage nun die zweite, sehr viel kühnere und nur eine Denkrichtung vorschlagende Hypothese: Die Seele wird dem Bewusstsein außer ihrem Seele-sein Phänomen als *Körper*.

Ich berufe mich dafür darauf, dass wir mit den Worten „ich", „du", „Fritz", „Helene" stets den *ganzen* Menschen bezeichnen. Der Mitmensch ist dem mythischen Menschen durchaus und uns wenigstens im unausdrücklichen Bereich gegeben als beseelter Körper, dessen Ausdrucksbewegungen spontan verstanden werden. Den beseelten Körper, die durch Reflexion noch nicht getrennte Einheit Mensch, nenne ich *Leib*. Seele ist der Mensch, betrachtet unter dem Aspekt seiner Fähigkeit, Phänomene zu haben, Leib der Mensch, betrachtet unter dem Aspekt seiner Fähigkeit, Phänomen zu sein, Körper die Weise seines Phänomenseins, die durch Reflexion von der Seele (die sich ja auch selbst Phänomen werden kann) unterschieden worden ist.

Ich verfolge diese Fragen nicht weiter. Ich bemerke nur, dass die gemachte Annahme zur Folge hat, dass wir auch der so genannten unbelebten Materie zugestehen müssen, dass sie zu dem, was wir Seele nennen, wenigstens durch Vermittlung von Begriffen der Möglichkeit in einer Wesensverwandtschaft stehen kann. Dies mag uns daran erinnern, wie wenig die physikalischen Begriffe beanspruchen dürfen, alles, ja auch nur das Wichtigste über ihre Gegenstände auszusagen.

5. SPRACHE UND LOGIK

a. Sprache

Wissenschaft wird ausgesprochen und niedergeschrieben. Die Reflexion auf die gegebene Gestalt der Wissenschaft erfordert auch Reflexion auf die *Sprache*.

Sprache gehört wesentlich zum Menschsein. Nicht umsonst bezeichnet dasselbe Wort λόγος die alltägliche Rede, die allgemeine Vernunft und den Sohn Gottes. Ohne das Wort hätten wir die Sache nicht. Die Reflexion lehrt uns aber, dass das Wort nicht die Sache ist. Wie verhalten sie sich zueinander?

Wir beschränken uns auf die wissenschaftliche Funktion der Sprache. Wir nennen das Wort *Ausdruck* des Begriffs, den Satz Ausdruck des Urteils, umgekehrt den Begriff und das Urteil den *Sinn* des Worts und Satzes. Wie im unreflektierten Erkenntnisakt der Inhalt *schlicht* gegeben ist, ist im Ausdruck der Sinn schlicht gegeben. Daher entstehen in der unzureichend reflektierten Rede so viele Äquivokationen, indem z. B. unter „Satz" bald das Satzbild, bald der Sinn verstanden wird.

Die Lage werde durch einen Vergleich erläutert, der in einer Verwandtschaft der Probleme seinen Ursprung hat. „Ich" bin ursprünglich die unreflektierte Einheit dessen, was die Reflexion als meinen Körper und meine Seele unterscheidet. Ich nenne diese Einheit den Leib. Jede Handlung des täglichen Lebens ist eine Handlung des Leibes, sei es physische Arbeit, Hingehen zu einem Menschen, Ausdrucksbewegung, Sprechen. Diese Handlungen aber sind Voraussetzungen der Reflexion. Ich könnte also über den Unterschied von Körper und Seele nicht reflektieren, wenn ich nicht ihrer Einheit praktisch gewiss wäre. Trotzdem ist die Reflexion berechtigt, die Einheit auch praktisch nicht selbstverständlich. Der relative Zweifel muss nicht verdrängt, sondern im Vollzug überwunden werden. Die Ungebrochenheit des Leibes, für den Bronzezeitgermanen vielleicht selbstverständlich, ist für den Menschen des 20. Jahrhunderts eine unerfüllte Sehnsucht oder eine Lüge.

So ist auch das ursprüngliche Wort eine Einheit von Sinn und Ausdruck, ein Leib. Der relative Zweifel nötigt zur Definition. Diese ist ursprünglich eine Umschreibung des zweifelhaften Sinnes, mit anderen Worten, eine Eingrenzung. Später wird sie eine willkürliche Festsetzung. In beiden Fällen ist sie nur möglich, wenn andere Worte als schlicht verständlich vorausgesetzt wurden. Die heutige Stufe der Reflexion weiß, dass einerseits jedes Wort durch ein anderes ersetzt werden könnte – der Hinweis auf die Mehrheit der Sprachen genügt zum Beweis – und dass andererseits jede Verständigung mit dem Gebrauch von Worten in schlichter Bedeutung beginnt. Diese Lage ist weniger paradox, wenn wir sie vor dem Hintergrund der vorhin entwickelten Anschauung vom Bewusstsein betrachten.

Eine terminologische Festsetzung sei vorausgeschickt. Die Mehrdeutigkeit der Begriffe nötigt zu folgenden Unterscheidungen. Das Wort, unabhängig von seiner Ausdrucksfunktion, heiße *Wortkörper* oder *bloßes Wort*, das mit dem Wort Gemeinte *Wortsinn*, das Wort in seiner ausdrücklichen Funktion *Wortleib* oder *volles Wort*. Entsprechend für Sätze.

Der Wortkörper ist ein Schall, also ein physischer Vorgang. Er hat damit Anteil an dem Vorzug der leichten Auffassbarkeit, den das Physische vor dem Nichtphysischen hat. Er ist ferner vom Menschen hervorgebracht, also dem Willen unterworfen und reproduzierbar. Wenn Bewusstmachen ein Fixieren ist, so ist ein Wort leicht bewusst zu haben. Wenn und so weit es gelingt, dass ein Wort einem Phänomen in der Weise des Bedeutens fest zugeordnet wird, wird es also auch dieses Phänomen in den Lichtkreis des Bewusstseins bannen. Die Sprache ist das wichtigste Mittel der bewusstmachenden Fixierung.

Diese Betrachtung bedarf einiger Erläuterung.

Man könnte einwenden, gerade die ursprüngliche Sprache bezeichne Konkreta, die ebenso leicht auffassbar seien wie das Wort selbst. Dem ist zu entgegnen, dass diese Konkreta nicht in der Weise wie das Wort verfügbar sind (magische Bedeutung des Wortes). Ferner wird stets ein im Wechsel der Erscheinungen Invariantes bezeichnet, selbst durch Eigennamen, da ja auch das Ding von dieser Art ist.

b. Schrift

Die fixierende Funktion der Sprache wird iteriert in der *Schrift*. Wie kein allgemeines Bewusstsein hätte entstehen können ohne die Sprache, so kein theoretisches Bewusstsein ohne die Schrift. Der Übergang vom vergänglichen Schall zum dauerhaften räumlichen Schriftzeichen macht das Gedachte hantierbar. Die Schrift ist nicht möglich ohne die Sprache. Bilderschrift bezeichnet den Wortleib, Buchstabenschrift sogar nur den Wortkörper. Wo Bilderschrift sich von der gesprochenen Sprache löst, bedarf sie der sprachlichen Erläuterung.

c. Kalkül

Dieser letzte Weg mündet im mathematischen Formalismus, im *Kalkül*. Hier gehört es zur Verwendbarkeit der Zeichen, dass sie „an sich" bedeutungslos sind und nur diejenige Bedeutung tragen, die ihnen ausdrücklich verliehen wird. Der Kalkül setzt daher, um sinnvoll zu sein, stets eine „natürliche Sprache" voraus, in der seine Zeichen „gedeutet" werden. Seine Genauigkeit kann nicht größer sein als die Genauigkeit, mit der man sagen kann, was seine Zeichen bedeuten. Aber er gestattet, im Gegensatz zum „inhaltlichen Denken", diesen Genauigkeitsgrad ohne eigentlich denkerische Anstrengung, durch bloße Gewissenhaftigkeit im Ausführen einmal gegebener Regeln, durchzuhalten. Denkerische Anstrengung ist hingegen nötig, um in irgendeiner der Stufen des formalen Prozesses die jeweiligen Formeln wieder zu deuten.

d. Sinn der Logik

Logik und Mathematik gehören zu den Voraussetzungen der Physik, und wir wären daher verpflichtet, sie mit derselben Sorgfalt zu entwickeln wie nachher die auf ihnen aufbauende Physik. Dies ist im Augenblick nicht möglich. Der Verzicht ist praktisch möglich, obgleich theoretisch unerwünscht. Denn die Logik ist eine reflexive Wissenschaft: Auch wer sie nicht kennt, kann die von ihr untersuchten Denkverfahren im Allgemeinen richtig anwenden. Von der Mathematik gilt das nicht. Aber ich kann ihre Kenntnis voraussetzen und sie nur so weit besprechen, als sich grundsätzliche Probleme ergeben.

Wir wollen uns nun wenigstens im Umriss vergegenwärtigen, was Logik ist.

Die *klassische Logik* führt eine Reihe von Begriffen ein wie: Begriff, Urteil, Schluss, Gegenstand, Eigenschaft, und, oder, nicht, alle, es gibt. Sie spricht gewisse fundamentale Sätze aus, wie den Satz der Identität, des Widerspruchs, des ausgeschlossenen Dritten. Sie gipfelt in der Angabe von Verfahrensregeln, im Besonderen der Regeln des richtigen Schließens.

Die Neuzeit hat diese Logik in zwei Richtungen weiter entwickelt, die sich zueinander verhalten wie Zeichen und Sinn. Sie hat einerseits die klassische Logik als eine *formale* Logik gedeutet, auf einen Kalkül abgebildet, und den Umkreis der formalen Logik durch die allgemeine Untersuchung möglicher Kalküls erweitert. Auf der anderen Seite hat die Frage nach der Bedeutung, der Herkunft, des Anwendungsbereiches und der Erweiterung der klassischen Logik zu einer unscharf abgegrenzten *philosophischen* Logik geführt.

Als Teil einer philosophischen Logik könnte man viele der hier durchgeführten Überlegungen ansehen. Doch will ich diese Disziplin hier nicht als solche zum Thema machen. Hingegen soll auf den Sinn der klassischen Logik, soweit sie sich in die formale Logik hat überführen lassen, reflektiert werden. Wir wählen ein Beispiel.

Der *Satz vom Widerspruch* wird in der formalen Logik heute meist so formuliert: $\overline{p \wedge \overline{p}}$; in Worten: Eine Aussage kann nicht zugleich wahr und falsch sein. Ich will die Untersuchung nicht so weit treiben, nach dem Angemessensein gerade dieser Formulierung zu fragen, obwohl sich dabei wichtige Ergebnisse zeigen könnten. Ich frage aber: Worüber sagt der Satz, den wir in dieser Formulierung einmal hinnehmen, etwas aus?

Man sagt oft, logische Sätze sind Denkgesetze. Das könnte zweierlei heißen. Entweder: Sie sind Naturgesetze des Denkens, d. h. Gesetze, denen der wirkliche Denkablauf mit Notwendigkeit folgt oder: Sie sind Normgesetze des Denkens, d. h. Gesetze, denen das Denken folgen soll. Die erste Deutung ist empirisch falsch. Die Gesetze sind gerade deshalb ausdrücklich aufgestellt worden, weil die Menschen sich oft nicht an sie gehalten haben. Insofern ist die zweite Deutung richtig. Sie zeichnet aber die logischen Gesetze nicht vor denen der Mathematik, der Physik, der ethischen Reflexion usw. aus. Man kann auch fragen: Warum soll man denn den logischen Gesetzen folgen? Sind wir Moralisten?

Man wird antworten: Die logischen Gesetze sind Verfahrensregeln des Denkens, denen man folgen muss, wenn die Aussagen, die man macht, wahr sein sollen. Damit wären die logischen Gesetze als Gesetze des Wahrseins von Aussagen bezeichnet. Man muss aber noch genauer sein.

Der Satz vom Widerspruch, wie er oben formuliert wurde, ist ja gar keine Verfahrensregel, sondern eine Behauptung. Eine

Aussage *kann* nicht zugleich wahr und falsch *sein*. Sie könnte zwar dafür gehalten werden; deshalb ist der Satz kein Naturgesetz des Denkens. Man kann sie auch dafür ausgeben, wenn man Lust hat; insofern gibt der Satz gar keine Norm des menschlichen Verhaltens an. Aber was man dann behaupten würde, wäre nicht wahr. Der Satz vom Widerspruch drückt einen Sachverhalt aus. Nur weil dieser Sachverhalt besteht, kann man dann die konditionale Norm formulieren: Wer wahre Sätze aussprechen will, darf in sie keine Widersprüche einführen.

Insofern ist der Satz vom Widerspruch genau analog zum Gravitationsgesetz: Zwei Massen ziehen sich stets an, oder: „Sie *können* nicht sich nicht anziehen". Auch dies ist nicht ein Naturgesetz des Denkens und eine Norm nur für den, der wahre Sätze aussprechen will. Ein Unterschied liegt jedoch vor im Gegenstandsbereich, im Allgemeinheitsgrad und in der Begründung der Sätze.

Das Gravitationsgesetz spricht von Körpern und schreibt ihnen Kräfte zu. Der Satz vom Widerspruch spricht von intendierten Erkenntnissen und spricht ihnen Wahrheit oder Falschheit zu. Nun bezieht sich nicht jeder wissenschaftliche Satz auf Körper, aber jeder intendiert Erkenntnis; daher haben die aus dem Satz vom Widerspruch abgeleiteten Normen den größten Grad der Allgemeinheit unter allen wissenschaftlichen Normen. Erinnern wir uns an den Zusammenhang von Allgemeinheit und Möglichkeit, so können wir sagen: Der Satz vom Widerspruch ist ein Gesetz der Seinsmöglichkeit. „Die Sätze der Logik gelten in jeder möglichen Welt." (H. Scholz)

Bezüglich des Erkenntnisgrundes für den Satz vom Widerspruch muss ein vielleicht naheliegender Fehlschluss vermieden werden. Man könnte sagen, er sei schon deshalb a priori gültig, weil er eine Bedingung alles Seins und somit sicher auch aller

Erfahrung formuliere. Es handelt sich aber nicht darum, was er über jede mögliche Erfahrung aussagt, *wenn* er wahr ist, sondern ob und woher wir wissen, *dass* er wahr ist. Man könnte auch „falsche Bedingungen jeder möglichen Erfahrung" hypothetisch formulieren. Die Axiome der Mechanik sind, *da* sie richtig sind, de facto Bedingungen jeder möglichen Erfahrung von Materie; aber sie sind empirisch gefunden.

Der apriorische Charakter des Satzes vom Widerspruch gründet vielmehr darin, dass seine Wahrheit reflexiv eingesehen wird. Jeder Mensch verwendet naiv die Aufdeckung eines Widerspruchs als Argument gegen die Wahrheit einer Behauptung („Du widersprichst dir ja selbst!"), und sowie der allgemeine Satz formuliert ist, haben wir das Erlebnis der Evidenz.

Gemäß unserem methodischen Prinzip dürfen wir aber hieraus nicht auf eine schrankenlose Gewissheit des Satzes schließen. Allerdings kann ich innerhalb der Mathematik und Physik keinen Fall anführen, in dem die Vermutung der Fehlerhaftigkeit des auf Aussagen bezogenen Satzes vom Widerspruch Fruchtbarkeit bewiesen hätte; alle scheinbaren Widersprüche haben sich durch Fallunterscheidungen aufklären lassen. Es könnte aber sein, dass gewissen Grenzbereichen des menschlichen Denkens der Satz vom Widerspruch in der Tat unangemessen ist (siehe Dialektische Theologie). Doch die Logik besteht nicht aus dem Satz vom Widerspruch allein, und an anderen ihrer Bestandteile ist die Möglichkeit einer Revision mit Grund erörtert worden.

Ich wähle als Beispiel den *Satz vom ausgeschlossenen Dritten*. Er lautet: $p \vee \bar{p}$; in Worten: Eine Aussage ist entweder wahr oder falsch. Hieran ist zunächst die Bemerkung zu knüpfen, dass „Sätze" wie „und", „Thermometer", „Katzen kaum oder" keine Aussagen sind, gerade weil sie weder wahr noch falsch sind. Als Aussage wird nur ein Satzkörper angesehen, dem ein

Satz-Sinn entspricht, der also wahr oder falsch sein *kann*. Es ist nicht immer möglich, der grammatischen Form des Satzkörpers anzusehen, ob er eine Aussage darstellt, ja es kann eine wichtige Erkenntnis sein, dass ein bestimmter Satzkörper keine Aussage ist. Z. B. jeder Satz, in dem der bestimmte Artikel mit einem Wort verbunden wird, wenn nachgewiesen werden kann, dass entweder kein Ding oder mehrere Dinge durch das betreffende Wort bezeichnet werden. Diese Problematik der „sinnlosen Sätze" ist aber unabhängig vom Satz vom ausgeschlossenen Dritten, den man nun etwa so formulieren kann: „Ein Satz, der wahr sein kann, ist eine Aussage. Ist ein solcher Satz nicht wahr, so ist er falsch, und ist er nicht falsch, so ist er wahr. Tertium non datur."

Man kann nun, zunächst ohne Wahrheitsanspruch, eine Logik formulieren, in der das Tertium existiert, z. B. ein Satz außer „wahr" und „falsch" den dritten Wahrheitswert „möglich" hat. Sätze dieser Art sind z. B. in Bezug auf das Unendliche von der intuitionistischen Richtung in der Mathematik und in Bezug auf atomare Experimente in der Physik diskutiert worden. Wir werden diese Fragen an der ihnen zukommenden Stelle erörtern. Hier sollen sie nur zum Hinweis auf die Offenheit des logischen Bereiches für weitere Forschung dienen.

e. Logische Forschung

Eine Form dieser Forschung ist der Logikkalkül, die konsequente Durchführung des Programms einer formalen Logik. Was heißt hier formal?

Man bezeichnet Begriffe, Sätze usw. durch Symbole, die erst durch die ausdrückliche Definition einen Sinn erhalten. Den Regeln des logischen Schließens entsprechen dann Vorschriften für die Gewinnung neuer Ausdrücke aus alten ohne die Notwendigkeit einer ausdrücklichen Reflexion. Insofern ist die formale Logik nur eine Art, den Bestand der Logik deutlicher sichtbar zu machen. Schon hierin liegt aber eine eigentümliche Möglichkeit. Der Logikkalkül erforscht, nachdem die Zeichen einmal ihren Sinn und die Manipulationsvorschriften erhalten haben, nur noch die Möglichkeiten dieser Manipulation. Die Zeichen sind physische Gebilde, die Manipulation ist also menschliches Handeln in der Zeit mit physischen Gebilden nach bestimmten Regeln. Die Erforschung der Möglichkeiten solchen Handelns ist eine in gewissem Sinn der Geometrie ähnliche Wissenschaft. Wir fassen sie unter den im Augenblick nicht näher zu definierenden Oberbegriff der *Strukturforschung*. Da der Kalkül Schritt für Schritt gedeutet werden kann, bilden seine physischen Strukturen das ab, was man logische Struktur nennen kann. Wir haben hier also einen besonders deutlichen Fall der Erleichterung der Reflexion durch die Fixierung des Sinns des physischen Zeichens.

Treten nun in der inhaltlichen Logik Zweifelsfragen wie die über den Satz vom ausgeschlossenen Dritten auf, so können wir verschiedene Auffassungen jeweils auf einen Kalkül abbilden und ihre Konsequenzen untersuchen. Man kann schließlich Strukturforschung an Kalkülen vornehmen, ganz unabhängig von Entscheidungen über ihre Deutung. Die formale Logik erweist sich unter diesem Gesichtspunkt als ein Zweig der Mathematik.

Da auf der anderen Seite die Mathematik als deduktive Wissenschaft die Logik voraussetzt, scheint damit ein Zirkel vorzuliegen. Genaue Untersuchung würde zeigen, dass der Zirkel nicht bedenklicher ist als der fundamentale Zirkel zwischen dem Gegebenen und dem Tatsächlichen. Um seinen Inhalt mit vorläufigen Begriffen wenigstens anzudeuten, wollen wir verengernd die Logik als Lehre vom richtigen Schließen, die Mathematik als anschauliches Erfassen von Strukturen kennzeichnen.

Dann bedarf Logik der Mathematik zur Hilfe, sofern sich aus Schlussverfahren Strukturen bilden lassen, und Mathematik der Logik, sofern Strukturen durch Schlüsse gesichert werden. Die allgemeine Verwobenheit des Tatsächlichen bringt solche Verflechtungen hervor. Es ist demnach klar, dass weder Logik noch Mathematik ohne die andere der beiden Wissenschaften aufgebaut werden kann. Falsch ist nur die Hoffnung, man werde irgendeine Wissenschaft deduktiv von einem festen Punkt aus aufbauen können.

C. Mathematik

1. ZAHL

a. Menge

Das Tatsächliche ist *mannigfaltig*. Aus dem Mannigfaltigen kann man in verschiedener Weise *Bereiche* herausgreifen: Etwa raumzeitlich Zusammenhängendes und Abgrenzbares, oder alles zu einer Gattung gehörige, eine Eigenschaft besitzende, einem Gesetz unterliegende. Herausgreifen ist stets ein Akt, in dem *Begrifflichkeit* ins Spiel kommt. Begrifflichkeit umfasst das, was an Dinglichkeit und Allgemeinheit gemeinsam aufgefasst werden kann.

Oft unterscheiden wir in einem Bereich *Teilbereiche*, die mit sich *identisch* und *unterscheidbar* bleiben, z. B. die einzelnen Menschen einer Menschengruppe. Wir konstituieren etwa auch einen *Gesamtbereich* erst gedanklich als Inbegriff von vorher gegebenen Teilbereichen, z. B. die Äpfel, die ich im vergangenen Jahr gegessen habe. Nicht jeder Bereich bietet eine derartige Zerlegung als „natürlich" an. Wie will man das Wasser dieses Flusses, die Wolken am Himmel in mit sich identisch bleibende

Teilbereiche zerlegen? Selbst wenn es möglich ist, ist es mühsam und nicht naheliegend. Einen Bereich, der sich in dieser Weise nicht zur Zerlegung anbietet, nennen wir ein *Kontinuum*. (Diese Kennzeichnung soll nur eine vorläufige sein.) Einen Bereich, der sich zur Zerlegung anbietet, nennen wir eine *Menge*. Seine Teilbereiche heißen *Elemente* oder *Individuen* der Menge. Der Begriff des Individuums ist auf die jeweils betrachtete Menge bezogen. Er involviert nicht grundsätzliche Unteilbarkeit, sondern nur, dass die weitere Teilung in Bezug auf die betrachtete Menge keine Rolle spielt. So sind die Elemente einer Menschenmenge – die Einzelmenschen – grundsätzlich wohl teilbar, aber nur unter Verlust der charakteristischen Eigenschaften des Menschseins, womit auch die Bezeichnung Menschenmenge hinfällig würde.

Die Einteilung der Bereiche in Kontinua und Mengen ist also nicht willkürfrei und nicht scharf. Sie hängt von dem Gesichtspunkt ab, unter dem wir die Bereiche betrachten. Die Vermutung liegt nahe, dass bei hinreichender Sorgfalt der Betrachtung jedes Kontinuum auch als Menge, jede Menge auch als Kontinuum aufgefasst werden könnte. In der Tat ist das Aussondern eines Bereiches ein Erkenntnisakt, ein Akt der *Fixierung*. Das Ansprechen als Kontinuum bedeutet einen Verzicht auf eine bestimmte weitere Fixierung, das Ansprechen als Individuum aber ebenfalls. Beide Akte also dürften nicht letzte Wahrheiten ausdrücken, z. B. kann derselbe Bereich auf verschiedene Weise zerlegt werden. Zwei Dutzend Eier sind als Menge von Dutzenden und von Eiern verschiedene Mengen.

b. Phänomenologische Begründung der Zahl

Eine charakteristische Eigenschaft einer Menge ist die *Anzahl* ihrer Elemente. Zwei Früchte, zwei Worte, zwei Augenblicke haben etwas gemeinsam, was zwei Früchte mit einer Frucht oder drei Früchten nicht gemeinsam haben: zwei zu sein. Wie wir die Eigenschaft rot zu sein, wenn wir sie selbst zum Gegenstand der Erkenntnis machen wollen, mit dem substantivischen Namen „die Röte" belegen, reden wir von der Eigenschaft, zwei zu sein, als dem Gegenstand „die Zwei". Die *Ziffer* 2 ist ein *Zeichen* oder *Name* der *Zahl* „Zwei". Die Zahl ist die Bedeutung der Zeichenkörper „zwei" oder „2".

Wie die 2 konstatieren wir die 3, die 4, die 5 ... Von ihnen hebt sich nachträglich deutlich die 1 ab. Wir erkennen in ihnen eine Gattung von Eigenschaften, eben die Anzahl. Eine Anzahl ist Eigenschaft nicht eines Dings oder Bereiches, sondern einer Menge, d. h. eines in bekannter Weise in Individuen gegliederten Bereiches. Im Ausdruck „zwei Rosen" ist die Zwei nicht eine Eigenschaft von Rosen, sondern einer Menge von Rosen.

Durch Hinzufügen von Individuen zu einer Menge wird ihre Anzahl verändert. Diese Veränderung hängt nicht von der Art, sondern nur von der Anzahl der hinzugefügten Individuen ab. Wir betrachten insbesondere das Hinzufügen *eines* Individuums. Es führt von einer Zahl zur „nächsten". Wir nennen es *Weiterzählen*. Das Gelangen zu einer Anzahl von 1 aus durch fortgesetztes Weiterzählen heißt *Zählen*. Jede der Anzahlen, die wir an vorgelegten Mengen aufweisen können, kann durch Zählen erreicht werden. Bestimmt man die Anzahl einer Menge durch Zählen, indem man aus ihr durch Zuweisung immer neuer Individuen immer größere Teilmengen bildet, so erhält jedes Individuum eine *Nummer*: die Anzahl der ersten es enthaltenden Teilmenge. Hier tritt die Zahl als Eigenschaft eines Individuums auf. Man nennt sie in dieser Funktion *Ordinalzahl* und im Gegensatz dazu die Anzahl einer Menge *Kardinalzahl*.

Man hat gestritten, ob man in der Kardinalzahl oder der Ordinalzahl den ursprünglichen Sinn der Zahl findet. Der Sinn des Streits selbst ist zweifelhaft. Sicher ist die Zahl „zwei" als Anzahl anschaulich gegeben, die Zahl ($10^{16} - 10^{13} + 1$) nur durch den mathematisch analysierten Begriff des Zählens definiert, da wir keine Menge angeben können, deren Anzahl sie wäre. Man kann keine scharfe Grenze angeben, von der an letzteres der Fall wäre. In Wirklichkeit können wir uns klar machen, dass für beide Zahlsorten dieselben Gesetze gelten, dass also Aussagen über ihre Beziehungen untereinander davon unabhängig sind, als was wir sie auffassen; und für die Anwendung pflegt man sich über den jeweiligen Sinn im Klaren zu sein oder keine Gedanken zu machen.

c. Logisch-mengentheoretische Begründung des Zahlbegriffs

Soweit die Mathematik die Zahl als durch eine unmittelbare Anschauung gegeben ansieht und entweder als Hilfsmittel bei anderen Untersuchungen benützt oder Strukturuntersuchungen der gegenseitigen Beziehungen von Zahlen macht, kann sie von „den Zahlen" ohne Spezifikation reden. Man kann nun freilich die Gründe der Möglichkeit dieses Zahlbegriffs untersuchen. Man muss dann die oben ausgesprochenen allgemeinen Behauptungen prüfen und möglichst begründen. Man wird dann jedenfalls nicht die einzelnen Anzahlen, sondern nur das Zählen als anschauliche Gegebenheit für alle Zahlen gelten lassen. Untersuchungen wie die von Dedekind, Cantor und Frege sind darüber hinausgegangen und haben versucht, auch das Zählen nicht vorauszusetzen, sondern zu definieren, indem als Grundbegriffe nur Menge und Element sowie Zuordnung zwischen Elementen vorausgesetzt werden. Alle einander eineindeutig zuordenbaren Mengen gehören derselben Klasse an. Da zwischen den Klassen dieselben Beziehungen bestehen wie zwischen den Zahlen, identifiziert man die Klassen mit den Zahlen. Damit ist freilich die Zahlanschauung nicht überflüssig gemacht. Denn nur sie lehrt uns ja, dass zwischen den Klassen „dieselben" Beziehungen bestehen wie zwischen den Zahlen. Die mengentheoretische Begründung setzt also das phänomenologische Gegebensein der Zahl voraus. Die genannte Theorie ist also eine erklärende Theorie, welche die Phänomenologie der Zahl nicht ersetzt, sondern das Anschauliche durch das dahinterliegende Gegenständliche zu erklären sucht. Man kann nicht sagen, dass sie, selbst wenn sie glückt, die Mathematik „als Teil der Logik" erweist, sondern nur, dass sie die Gründe der Geltung der Mathematik logisch erforscht.

2. DAS UNENDLICHE

Man kann sich Mengen ausdenken, deren Anzahl, wenn sie eine solche haben, durch Zählen nicht erreicht werden kann. Man pflegt solche Mengen *unendlich* zu nennen. Das nächstliegende Beispiel ist die *Menge aller Zahlen*. (Zahl dabei stets im Sinne der bisherigen Betrachtung als „natürliche Zahl" verstanden.) In der Tat: Da die Operation des Zählens gestattet, zu jeder Zahl eine noch größere zu bilden, ist die Behauptung, n sei die Anzahl aller Zahlen, also die größte Ordinalzahl, für jedes n durch Weiterzählen zu $n+1$ widerlegbar.

Eine unendliche Menge lässt sich nicht durch Einzelaufweisung jedes ihrer Elemente vorlegen. Wie kann man denn überhaupt von ihrer Existenz wissen?

Der Begriff „die Menge aller Zahlen" setzt den Gattungsbegriff „Zahl" und den auf Allgemeinheit bezüglichen Begriff „alle" voraus. Unendliche Mengen werden wohl stets als die Mengen der unter einen Allgemeinbegriff fallenden Individuen gedacht. Der Begriff des Unendlichen hat den des Allgemeinen zur Voraussetzung. Die Unendlichkeit gehört also auch in den Problemkreis der Möglichkeit.

In unserem Beispiel ist der Zusammenhang zwischen Unendlichkeit und Möglichkeit so herzustellen: Die unendliche Menge wird dadurch zu einem mathematisch fassbaren Begriff, dass wir das *Gesetz* angeben, nach dem jedes ihrer Elemente aufgefunden oder hergestellt werden *kann*. Das Gesetz ist insofern jeweils mehr als alle angegebenen Elemente, als nie alle Elemente wirklich angegeben werden können, wohl aber jedes beliebige. So ist das Gesetz ein Gesetz der Möglichkeit.

Woher wissen wir, dass diese Möglichkeit besteht? Die Zahlenreihe ist ein Muster einer Begriffsbildung a priori. Ob es in der Wirklichkeit zu jeder Menge eine mit noch größerer Anzahl gibt, ist nie ausprobiert worden und kann nie empirisch verifiziert werden, da unter den Anzahlen aller schon ausprobierten Mengen eine die größte sein muss. Eine empirische Falsifizierung wäre wenigstens denkbar, indem nämlich eine Menge irgendwie als die schlechthin größte erkannt würde, z. B. vielleicht die Menge aller Elementarteilchen. Doch scheint die Möglichkeit, durch neue Definitionen immer neue Individuen aus der gegebenen Wirklichkeit abzugrenzen, auch dieser Vorstellung entgegenzustehen. Die Möglichkeit, weiterzuzählen, steht uns als „Urintuition" unmittelbar vor Augen. Das Hinzufügen der 1 zu n ist „offenbar" von dem besonderen Charakter dieses n nicht abhängig; hierin liegt die Allgemeinheit der Möglichkeit. Diese Allgemeinheit kann auch in der Tat mit einem Inhalt erfüllt werden: Zu jedem Begriff „kann man" in der Tat noch einen weiteren Begriff, z. B. den der Menge aller bisher bebildeten Begriffe, bilden. Diese Möglichkeit wird sinnfällig im Kalkül: Wir wissen, wenn n in Ziffern gegeben ist, nach einer allgemeinen Vorschrift, wie die Ziffernschreibweise von $n+1$ aussieht. Die Zahlenreihe ist geradezu eine schematische Darstellung des allgemeinen, jede gegebene Realisierung überschreitenden Begriffs der Möglichkeit. Die Intuition des Zählens ist eine Verwirklichung der Intuition der Möglichkeit. Wie die Möglichkeit selbst ist sie aus der jeweils vorliegenden Erfahrung nicht zu rechtfertigen, aber „Bedingung der Möglichkeit von Erfahrung".

Die Beziehung der Zahl auf die Möglichkeit ist auch das, was unter dem Namen der Beziehung der Zahl auf die Zeit behauptet und umstritten worden ist. Die einzelne Anzahl hat nicht mehr als jeder von Menschen gebildete Begriff mit der Zeit zu tun, das Zählen ist aber nicht nur de facto ein zeitlicher Akt, sondern es macht strukturell von der Zeitlichkeit des Denkens, eben in der Möglichkeit, Gebrauch.

Der hier geschilderten *potentialen* Auffassung des Unendlichen steht die *aktuale* gegenüber. Potential gesehen „gibt es" die Menge aller Zahlen nicht, sondern „man kann" zu jeder eine größere angeben; dies drückt der Satz „die Zahlenreihe ist unendlich" aus: Sie hat kein Ende, ist also kein vorzeigbares Ding, hat keine Anzahl. Aktual gesehen ist unendlich ein so ursprüngliches Anzahlprädikat wie „7" oder „<21", „die Zahlenreihe" ein so existentes Objekt wie „die Menge der Äpfel auf diesem Tisch", und das „man kann" eine bloße Konsequenz des „es gibt".

Wie vergewissern wir uns, dass es sich hier nicht um einen bloßen Streit um Worte handelt?

Phänomenologisch muss man die niedrigen Anzahlen, den Begriff des Zählens und den Begriff des Unendlichen unterscheiden. Die Reihenfolge ihrer Aufzählung hier dürfte auch eine Reihenfolge in der Unmittelbarkeit ihres Gegebenseins darstellen, wobei das jeweils Folgende im Vorausgehenden schon verwendet, aber erst später zur reflexiven Klarheit gebracht wird. Das Kind zählt, reflektiert aber nur auf die je schon gezählten Zahlen. Die Erkenntnis der Unbegrenztheit der Zahlenreihe ist älter als der Begriff der aktual unendlichen Menge. So liegt es phänomenologisch nahe, in letzterem eine gefährliche Hypostasierung zu sehen.

Andererseits hat aber erst der volle Begriff des Zählens die logische Anordnung der niedrigen Anzahlen durchsichtig gemacht. Es könnte also in erklärender Forschung sinnvoll sein, auch die Intuition des Zählens als unscharfe Approximation an einen Bereich aufzufassen, den scharf erst ein Anzahlbegriff fasst, der das Unendliche von vornherein mitenthält. Das tut der mengentheoretische Aufbau der Mathematik. Er legt den Begriff der elementaren Zuordnung zugrunde, definiert die unendlichen Mengen als solche, die einer ihrer echten Teilmengen zugeordnet werden können und die endlichen als die nicht unendlichen, (die also keiner ihrer Teilmengen zugeordnet werden können) und gewinnt den Begriff der Anzahl als den der Klasse aller zuordenbaren Mengen, wobei „Klasse" der Name für das Gemeinsame ist, was alle einander eineindeutig zuordenbare Mengen besitzen, „Klasse" und „Eigenschaft" also Korrelatbegriffe sind.

Dieses Verfahren ist jedenfalls eine lehrreiche Analyse der Hintergründe der Zahlintuition. Als Begründung sie zu ersetzen wird es vorläufig nicht fähig sein. Erstens, wie schon oben gesagt, weil die Feststellung, dass die so gewonnenen „Zahlen" die Eigenschaften haben, die wir normalerweise mit dem Begriff „Zahl" verbinden, die Zahlintuition als Phänomen voraussetzt. Zweitens aber, weil die Erklärung das ziemlich Durchsichtige auf ein noch recht Undurchsichtiges zurückführt. Denn der Begriff der Menge in der hier verwendeten „naiven" Weise hat sich als widerspruchsvoll erwiesen, indem z. B. Begriffsbildungen wie die Menge aller Mengen zu Widersprüchen führen. Und die Beweistheorie Hilberts, welche die Widerspruchsfreiheit einer gereinigten Mengenlehre beweisen will, setzt unter dem Namen des „finiten Standpunkts" das Operieren im Bereich der anschaulich gegebenen Zahlen schon voraus. Sie soll durch diese Betrachtung nicht entwertet, nur phänomenologisch richtig eingeordnet werden.

3. STRUKTUR

a. Beispiele

Worin besteht Mathematik? Traditionell bezeichnet man als ihre Gegenstände Zahl und Figur, oder: das Zählbare und Messbare, oder: das Quantitative. Alle diese Bezeichnungen sind ungenügend. Das Quantitative ist auch Gegenstand der Physik. Worin besteht die Reinheit, welche die Figur des Mathematikers auszeichnen soll? Ferner gibt es nichtquantitative Mathematik, z. B. Gruppentheorie und Topologie.

Ich vermag im Augenblick die Beantwortung nur bis zu dem Satz vorzutreiben: Mathematik ist *Strukturforschung*.

Was heißt *Struktur*?

Wir lassen die besondere Problematik der Geometrie noch beiseite und betrachten zwei Beispiele, eines aus der Arithmetik, eins aus der nichtquantitativen Mathematik.

Erstes Beispiel: Euklids Beweis des Nichtabbrechens der Primzahlreihe. Sei p eine Primzahl, so beweisen wir, dass es eine größere Primzahl als p gibt. Das Produkt aller Primzahlen $\leq p$ heiße q. Dann ist $q+1$ durch keine Primzahl $\leq p$ teilbar. Also ist $q+1$ entweder selber eine Primzahl oder teilbar durch eine Primzahl $> p$. Also gibt es eine Primzahl $> p$.

Hieraus kann man folgern, dass die Reihe der Primzahlen der der natürlichen Zahlen eineindeutig zugeordnet werden kann, d. h. beide Reihen haben dieselbe „Struktur".

Wesentlich für den Beweis ist, dass p eine *beliebige* Primzahl ist, d. h. die Allgemeinheit des Beweisverfahrens. Dies beruht darauf, dass keine individuelle Eigenschaft von p benutzt wird. Man könnte den Beweis sonst auch so führen:

1. $p = 2$, $\quad q = 2$, $\qquad\qquad q + 1 = 3$ Primzahl
2. $p = 3$, $\quad q = 2 \cdot 3 = 6$, $\qquad q + 1 = 7$ Primzahl
3. $p = 7$, $\quad q = 2 \cdot 3 \cdot 5 \cdot 7 = 210$, $\quad q + 1 = 211$ Primzahl usw.

Man wäre dann nicht sicher, ob das Verfahren einmal versagt. Die Allgemeinheit beruht auf der Einsicht, dass für die „logische Struktur" des Beweises nur wesentlich, das p Primzahl ist. Nicht eine individuelle Eigenschaft, sondern das den einzelnen Zahlen gemeinsame Strukturelement wird zum Gegenstand des Nachdenkens. Mit der Angabe des Bildungsgesetzes ist die Allgemeinheit des Verfahrens erkannt.

Der Satz liefert also eine „strukturelle" Behauptung, und sein Beweis beruht auf einer „strukturellen" Einsicht.

Zweites Beispiel: Grundbegriffe der Gruppentheorie. Folgende Postulate charakterisieren eine *Gruppe*.

1. Gegeben eine Menge von Elementen $M = \{S, T, U \ldots\}$ und eine Verknüpfung ST, bei der die Reihenfolge der Elemente wesentlich ist.
2. Jedes verknüpfte Paar ST bezeichnet wieder ein Element der Menge.
3. Es ist $(ST)U = S(TU)$
4. Es gibt ein Element E mit der Eigenschaft $ES = SE = S$
5. Zu jedem Element S gibt es ein Element S^{-1} der Eigenschaft $S S^{-1} = S^{-1} S = E$

Aus diesen Postulaten allein folgt eine Fülle von Sätzen. So definiert man Untergruppen einer Gruppe als Mengen, deren Elemente auch Elemente der ganzen Gruppe sind, aber zugleich für sich eine Gruppe bilden. Die „Ordnung" einer Gruppe ist die Anzahl ihrer Elemente. Nun kann man beweisen, dass die Ordnung einer Untergruppe stets ein Teiler der Ordnung der ganzen Gruppe ist. Daraus folgt, dass eine Gruppe, deren Ordnung eine Primzahl ist, keine Untergruppen hat, usw.

Zu all diesem braucht man nicht zu wissen, „was die Elemente eigentlich sind". Sie können Permutationen, räumliche Verschiebungen und Drehungen, Zahlen usw. sein. Die Verknüpfung kann bei Operationen „Nacheinanderausführen", bei Zahlen Addieren oder Multiplizieren usw. heißen. Gruppentheorie ist eine rein „strukturelle" Theorie.

Zu den beiden Beispielen sei nun als drittes hinzugefügt, dass man auch die Anzahl selbst, die wir als Eigenschaft einer Menge bezeichnet haben, genauer eine „strukturelle Eigenschaft" der Menge nennen kann.

b. Definition von Struktur

Was bedeutet nun in allen diesen Fällen der Begriff „Struktur"? Struktur ist ein Allgemeines. Eine Struktur ist eine Eigenschaft, die mehreren, im Übrigen verschiedenen Gegenständen, gemeinsam sein kann.

Ein Gegenstand, der eine Struktur haben kann, muss selbst ein Mannigfaltiges, ein Bereich, sein, und die Struktur drückt etwas an diesem Mannigfaltigen aus. „Rot" ist keine strukturelle Eigenschaft, denn es kann auch einem einfachen Gegenstand zukommen, bzw. um das Rotsein eines Gegenstandes zu erkennen, braucht man auf das Mannigfaltige in ihm nicht zu achten. Struktur hat ferner nichts damit zu tun, was die Teile, an denen ein Mannigfaltiges besteht, selbst sind, sondern nur mit ihren Beziehungen untereinander. An diesen Beziehungen wiederum nicht mit dem, was sich ändert, wenn man die Teile durch andere ersetzt.

Eine unzureichende Definition, aber die genaueste, die ich im Augenblick geben kann, ist: Die Struktur eines Mannigfaltigen ist das Ganze derjenigen Beziehungen seiner Teile untereinander, welche es gemeinsam hat mit einem andern Mannigfaltigen, dessen Teile andersartig sind, aber untereinander, soweit dies möglich ist, in denselben Beziehungen stehen.

Struktur ist demnach relativ auf die willkürliche Definition des „Teils". In der Tat ist die Struktur Europas anders bezüglich der Beziehungen zwischen seinen Staaten als bezüglich der Beziehungen zwischen seinen Einzelmenschen.

Die Schwäche der Definition liegt aber in dem Begriff „dieselben" Beziehungen. Doch ist Struktur wohl auch relativ auf die Definition dieses Begriffs. Vergleiche ich zwei Fünfecke und bezeichne die Ecken als ihre „Teile", so kann ich die relative Lage der Ecken als ihre Beziehung ansehen; dann sind nur kongruente Fünfecke strukturgleich. Oder ich sehe die Winkel als Beziehung an; dann sind ähnliche Fünfecke strukturgleich. Oder das Faktum der Verbundenheit durch Seiten; dann sind alle Fünfecke strukturgleich. Oder die bloße Zählbarkeit; dann ist das Fünfeck strukturgleich mit meiner Hand.

Vielleicht kann man sagen: Struktur ist jede Eigenschaft eines Relationsgefüges, welche dieses mit einem Relationsgefüge zwischen anderen Gegenständen gemeinsam haben kann.

c. Der Erkenntnisgehalt der Mathematik

Man darf aber nicht behaupten, dass jede Struktur in diesem Sinn ein möglicher Gegenstand der Mathematik sei. Mathematik beschränkt sich vielmehr, soviel ich sehe, praktisch auf solche Strukturen, die sich auch an räumlichen Gebilden und den mit diesen durchführbaren Operationen aufweisen lassen. Jeder Kalkül ist ja ein System von Zeichen und Operationen. Die praktische Möglichkeit der Mathematik beruht auf der Wahrnehmbarkeit abstrakter Strukturen an dem Zeichensystem, auf das die abstrakte Struktur abgebildet ist. Wir wollen dies noch etwas breiter darlegen: „Operation" besagt, dass an einem definierten System wahrnehmbarer und wiedererkennbarer Gebilde nach bestimmter Regel Handlungen vorgenommen werden können (z. B. Umordnungen), die wieder wahrnehmbare und wiedererkennbare Gebilde ergeben. Das räumliche Gebilde kann entweder als solches Gegenstand der Untersuchung sein (Geometrie) oder als Zeichen für etwas anderes stehen (symbolische Mathematik). In der Tat beruht die Algebra und alle symbolische Mathematik auf dem Algorithmus, d. h. der Angabe solcher räumlich herstellbarer Gebilde, welche dieselbe Struktur haben wie die eigentlich gemeinten abstrakten Gegenstände.

Dies scheint mir der Sinn des Satzes zu sein, dass Mathematik auf reiner Anschauung beruhe. Anschauung darf hier ganz wörtlich als räumliche Anschauung verstanden werden. Rein aber ist die Anschauung, sofern das Physische als solches dabei nicht untersucht wird, sondern das, was es mit Nichträumlichem gemeinsam hat, nämlich die Struktur. Die Bedeutung des Räumlichen liegt in seiner Fasslichkeit, es gestattet uns, Strukturen zu *fixieren*. Mathematik ist nur möglich, weil wir Strukturen *wahrnehmen* können. Diese Wahrnehmung ist nicht notwendig räumlich, denn sonst könnten wir nicht die Gleichheit der Struktur des gemeinten Bereiches und seiner räumlichen Zeichen damit konstatieren. Die Fixierung aber ist räumlich leichter, wegen der physischen Dauerhaftigkeit und der Übersehbarkeit der räumlichen Zeichen und deshalb wird ein gewisser Komplikationsgrad zur Schranke der Erkenntnis aller nicht aufs Räumliche abgebildeten Strukturen.

Welche Rolle spielt in dieser Auffassung die Tätigkeit, die vielfach als kennzeichnend für die Mathematik gilt, das *Beweisen*?

Sofern Mathematik das Bestehen von Strukturen in Sätzen ausdrückt, entsteht die Frage der Verträglichkeit und Ableitbarkeit dieser Sätze. Gerade der strukturelle Charakter der Mathematik bringt es mit sich, dass ihre Sätze von einer relativ kleinen Zahl von Gegenständen handeln und daher in hohem Maß voneinander abhängig sind. Die logische Deduktion, die an sich in vielen Gebieten möglich ist, hat daher hier ihr reichstes Anwendungsfeld. Nun aber hat die Deduktion in doppelter Weise wieder mit Strukturen zu tun. Einerseits besteht eine mathematische Schlusskette aus Sätzen, deren jeder eine Aussage über Strukturen ist. Der Beweis ist also selbst eine *Aufweisung* von Strukturen, welche die in der Behauptung ausgesprochene Struktur mit vorausgesetzten Grundstrukturen verknüpft. Der „inhaltliche" Beweis ist also lediglich eine Struktureinsicht mehr, welche zur vermuteten Struktureinsicht der Behauptung hinzukommt und sie stützt. Der „formale" Beweis, dessen Glieder man sich nicht „anschaulich macht", ist selbst nur das strukturgleiche Abbild eines möglichen inhaltlichen Beweises. Insofern ist Beweisen andererseits stets, gerade wenn es nur formal gehandhabt wird, das ausdrückliche *Herstellen* einer Struktur, eben derjenigen der Beweisfigur; in diesem Sinne ist jedes formale Beweisen in jedem Fach, jedes Verfahren „more geometrico", ein Strukturaufweisen. *Diese* Struktur findet ihre rein formale Gestalt erst im Logikkalkül.

Ein Problem bleibt die Bedeutung der Grundstrukturen, wie sie die „Urintuition" des Zählens bietet, oder wie sie in den Axiomen Euklids formuliert sind. Für die inhaltliche Mathematik sind sie selbst Struktureinsichten. Die rein logische Auffassung der Mathematik hat sie zu bloßen Vordergliedern hypothetischer Sätze machen wollen. Für diese Ansicht bestünde der Strukturgehalt der Mathematik nur in der formalen Gestalt ihrer Sätze und der Beweisfiguren, wäre also im Logikkalkül vollständig ausgedrückt, ohne dass die verwendeten Symbole (außer den logischen) eine inhaltliche Deutung erhielten. Man braucht diesen Strukturgehalt der Mathematik nicht zu bestreiten, und kann doch auch den andern anerkennen: So wie uns z. B. die Zahl phänomenal gegeben ist, drücken die Grundsätze der Arithmetik (wie man sie auch formulieren möge) inhaltliche Wahrheiten aus. Man kann die Mathematik zwar unabhängig von dieser Bedeutung ihrer Grundsätze kalkülmäßig entwickeln, kann aber nachträglich doch fragen, ob die Grundformeln des Kalküls bei dieser oder jener Deutung inhaltliche, und zwar auf Strukturen bezügliche Wahrheiten aussprechen.

Was aber der Arithmetik recht ist, ist der Geometrie billig. Man betrachtet heute in der Mathematik meist die Geometrie nicht als auf einer Urintuition beruhend wie die Arithmetik, weil es möglich gewesen ist, die Geometrie logisch auf Arithmetik abzubilden. Doch dürfte es hiermit wie mit der Abbildung der Zahl auf rein logisch aufgebaute Gebilde stehen: Man muss den Sinn der geometrischen Sätze phänomenologisch schon verstanden haben, um einzusehen, dass das, was hier auf arithmetische Sätze abgebildet wird, wirklich Sätze über „den Raum" oder über „räumliche Gebilde" sind. Es gibt eben geometrisch „evidente" Sätze vor aller Arithmetisierung. Erkenntnis ist sowohl die Einsicht in einen Sachverhalt, der anschaulich gegeben sein mag, wie die Einsicht in den Zusammenhang der Strukturen untereinander.

Man ist aus der phänomenologisch fundierten Geometrie in die Arithmetik geflüchtet, weil die Aussagen über den Raum vielfach fließend und strittig waren. Phänomenalität ist aber eben nicht gleichbedeutend mit Eindeutigkeit. Man entgeht den Problemen dadurch nicht, dass man sie aus Problemen der Fundierung einer in sich ruhenden Geometrie in solche der Deutung und Auswahl eines Kalküls umwandelt. Der Kalkül mag wiederum als erklärende Theorie wertvoll sein, suspendiert aber nicht die Notwendigkeit geometrischer Phänomenologie.

4. KONTINUUM

a. Phänomenologie des linearen Kontinuums

Die wichtigste Eigenschaft geometrischer Gegenstände ist die *Kontinuität*. Wir betrachten das einfachste Beispiel eines Kontinuums, eine *Strecke*.

Die Strecke ist ein unmittelbar anschaulich gegebenes *Ganzes*. Das Ganze ist hier früher gegeben als die Teile; darin drückt sich etwas von Dingcharakter aus. Bei schärferer Fixierung aber kann man auch hier Teile unterscheiden. Die Teile sind wiederum Strecken. Die Grenze eines Teils einer Strecke oder einer ganzen Strecke ist ein anderes anschauliches Datum: der *Punkt*.

Wie viel Teile hat eine Strecke? Auf diese Frage haben wir keine Antwort. Zu jeder Menge gegebener Einteilungen einer Strecke lässt sich noch eine weitere Einteilung denken. Insbesondere kann man jeden Teil noch weiter teilen. Einen Teil der nicht weiter geteilt werden kann, nennen wir einen *letzten Teil*. Ein Ganzes, an dem keine letzten Teile zu erkennen sind, nennen wir ein *Kontinuum*. Die Eigenschaft, ein Kontinuum zu sein, heißt Kontinuität. Wir gehen damit über den unter 1a (Menge) gegebenen Vorbegriff von Kontinuum hinaus.

Ist Kontinuität eine Gegebenheit der *Anschauung*? Mit unseren physischen Augen können wir Teile sehen, von denen wir keine weiteren Teile mehr sehen können. Aber diese „letzten Teile" sind selbst nicht scharf markiert; die Gesichtswahrnehmung *verschwimmt* im Kleinen. Die aktuelle Wahrnehmung bietet keinen Hinweis darauf, dass die kleinsten gesehenen Teile keine weiteren Teile hätten. Die unbegrenzte Teilbarkeit ist also durch die Wahrnehmung nicht ausgeschlossen, sie ist aber auch kein Faktum der Wahrnehmung.

Sie kann das auch nicht sein, wenn man bedenkt, dass sie ein *Möglichkeitsurteil* enthält. Ein Möglichkeitsurteil kann nie durch Wahrnehmung adäquat erfüllt werden. Die Kontinuität könnte also höchstens als Faktum einer „reinen Anschauung" angesehen werden. Diesen Begriff haben wir aber nicht hinreichend präzisiert, um uns durch Hinweis auf ihn weitere Untersuchungen ersparen zu können.

Das Urteil: „diese Strecke ist ein Kontinuum" drückt zunächst die Möglichkeit einer *Handlung* aus, nämlich der fortgesetzten Teilung. Wie denkt man sich die Handlung ausgeführt? Will man physisch teilen, durch Zerschneiden, Zerreißen o. ä. so wird die Kontinuität ein Problem der Physik. Wir können dann nicht wissen, ob die Strecke jenseits der bereits erforschten Bereiche weiter teilbar ist. Diese Fragestellung werden wir in der modernsten Physik antreffen. Die klassische Physik aber arbeitet mit einer Mathematik, welche die Kontinuität voraussetzt. In ihr ist die Teilung ein *gedanklicher* Akt: Man stellt sich die Markierung eines Punktes auf der Strecke vor. Dieser Akt wird von uns als anschaulich angesprochen in *Analogie* zu dem wirklichen anschaulichen Markieren in größeren Dimensionen, weil wir keinen Grund sehen, warum es in kleinen Dimensionen anders sein sollte, als in großen.

Hierin steckt also eine nicht ausgesprochene Voraussetzung. Es könnte ja in der Tat in kleinen Dimensionen „anders sein", die Wahrheit geometrischer Sätze könnte von den absoluten Dimensionen abhängen, auf die sie sich beziehen. Die Voraussetzung, dies sei nicht der Fall, die wir das *Ähnlichkeitspostulat* nennen wollen, lässt sich auch so aussprechen: Man kann geometrische Gebilde verschiedener absoluter Größe aufeinander *abbilden*, so dass alle ihre Eigenschaften außer der absoluten Größe erhalten bleiben. Dies ist eine Strukturaussage. Sie stellt wohl die einfachste der bisher denkbaren Raumstrukturen dar; daher ist sie als einzige konsequent durchgeführt worden. Ist sie richtig, so kann man jeden geometrischen Prozess durch geeignete Abbildung so „vergrößern" oder „verkleinern", dass er sich im unmittelbar anschaulichen Bereich abspielt, und in diesem Sinn ist dann auch die unbegrenzte Teilbarkeit eine Gegebenheit der Anschauung.

Mit welchem Recht stellen wir aber das Ähnlichkeitspostulat auf? Ist es als eine Aussage über den „wirklichen" Raum gemeint, so müssen wir es wiederum der empirischen Prüfung unterwerfen. Geometrie in diesem Sinn ist ein Zweig der Physik. Als schlechthin gewiss können wir es so wenig anerkennen wie irgendeinen apriorischen Satz. Wir können es aber im Sinne der Hypothesis voraussetzen und seine Konsequenzen untersuchen. Dies ist dann Strukturforschung, also „reine Mathematik". Wir analysieren mögliche Strukturen, unabhängig von der Frage ihres Realisiertseins. In diesem Falle ist jedoch eine Geometrie, die auf das Ähnlichkeitspostulat verzichtet, ein ebenso zulässiger Forschungsgegenstand.

In dieser Spaltung der Geometrie in eine physikalische und eine strukturtheoretische Disziplin scheint für eine Geometrie der „reinen Anschauung" kein Raum zu sein. Doch lässt sich in der Tat Geometrie auch als Analyse des anschaulich Gegebenen ohne physikalische Experimente und ohne Hypothesis transintuitiver Prinzipien denken. Eine solche Geometrie könnte grundsätzlich nicht über Gegenstände wie „Strecke" und „Punkt" Aussagen machen, die unabhängig von der absoluten Größe volle Präzision haben. Es liegt im Wesen der Anschauung, unscharfe Randgebiete zu haben, und die begriffliche Präzision der klassischen Geometrie ist in sich selbst eine Überschreitung der Anschauung. Das Ähnlichkeitspostulat, das Parallelenaxiom usw. sind die wohl einfachsten transintuitiven Ergänzungen der anschaulichen Geometrie zu einem logisch geschlossenen System, sie sind aber jedenfalls nicht selbst anschaulich oder evident.

b. Zahlenkontinuum

Das wichtigste Hilfsmittel der strukturtheoretischen Geometrie ist der Begriff des *mengentheoretischen Kontinuums* oder *Zahlenkontinuums* geworden. Unter der Voraussetzung des Ähnlichkeitspostulats erweist sich die Menge aller der Punkte, die man auf einer Strecke markieren kann (welche dann notwendigerweise eine unendliche Menge ist), als strukturgleich derjenigen Menge der Gebilde, die wir die *reellen Zahlen* zwischen zwei bestimmten Grenzen nennen. Die reellen Zahlen sind aber nicht Gebilde, die uns „an sich" irgendwo gegeben wären, sondern sie sind selbst gedankliche Konstruktionen, die geschaffen wurden gerade zu dem Zweck, geometrische Sachverhalte abzubilden. Wir betrachten nur das Prinzipielle ihres Aufbaus.

Man sucht zunächst eine Zuordnung zwischen Strecken und *ganzen Zahlen* herzustellen durch den Begriff der *Messung*. Dieser setzt voraus den Begriff der *Gleichheit* von Strecken. Die Möglichkeit, dass die Gleichheit von Strecken konstatiert wird (etwa durch Transport, bei dem sie ihre Länge nicht ändern dürfen), heißt die *Vergleichbarkeit* von Strecken. Dass Vergleichbarkeit besteht, und dass die Resultate des Vergleichungsprozesses unabhängig von der Art sind, in der er vorgenommen wird, kann man als das *Vergleichbarkeitspostulat* bezeichnen. Wie alle geometrischen Grundgesetze kann es als Präzisierung des anschaulich ungefähr Gegebenen, als physikalische Hypothese oder als Voraussetzung innerhalb eines nur strukturanalytisch zu untersuchenden Satzsystems aufgefasst werden. Man misst nun eine Strecke a durch eine kleinere Strecke b, indem man *zählt*, in wie viele zu b gleiche Teile man a zerlegen kann.

Meist wird die Messung nicht *aufgehen*, d.h. wenn man möglichst viele zu b gleiche Teile von a gebildet hat, wird ein Teil übrig bleiben, der kleiner ist als b. Man bildet den Begriff der *Rationalzahl*, indem man ein *gemeinsames Maß* von a und

b aufsucht, d. h. eine Strecke c, durch welche a und b so gemessen werden, dass beide Mengen aufgehen. Sei a das α-fache, b das β-fache von c, so sagt man dann, a sei das $\frac{\alpha}{\beta}$-fache von b. Man kann das gemeinsame Maß definieren, ohne $\frac{\alpha}{\beta}$ als eine Zahl zu bezeichnen. Dies ist der Weg der griechischen Geometrie. Es ist eine willkürliche, aber zweckmäßige Konvention, dass man $\frac{\alpha}{\beta}$ eine Zahl nennt. Die Berechtigung liegt in der Persistenz der Rechenregeln der ganzen Zahlen bei ihrer Anwendung auf die Symbole $\frac{\alpha}{\beta}$. Indem man beweist, dass alle $\frac{\alpha}{\beta}$ durch die Relation „größer als" geordnet werden können und für sie die für natürliche Zahlen geltenden Regeln bei sinngemäßer Definition der Operationen ebenfalls gelten, hat man die Möglichkeit (aber natürlich nicht die Notwendigkeit) dieser Konvention bewiesen.

Wir übergehen hier die durch die Entdeckung des Irrationalen veranlassten weiteren Schritte, die bis zur reellen Zahl führen. Hingegen fragen wir noch etwas genauer nach dem *Sinn* derartiger Definitionen.

Die *Anzahl* ist uns zunächst durch eine, wie auch immer ungeklärte, *Intuition* gegeben. Für das so Gegebene führen wir in der Ziffer ein *Zeichen* ein. Nun haben wir ein Zeichen, nämlich „$\frac{\alpha}{\beta}$" oder „π", eingeführt, und verabredet, wie wir mit ihm operieren wollen, und fragen nachträglich nach seinem Sinn. Eine mögliche Deutung ist die konservativ-geometrische: Die neuen Zeichen bezeichnen *Längenverhältnisse*. Diese Deutung bleibt bis zu den reellen Zahlen immer möglich. Sie scheint mir aber zu eng aus drei Gründen. Erstens überschreiten die Aussagen über reelle Zahlen alles, was die Anschauung uns je über Längenverhältnisse lehren kann; die reelle Zahl formuliert also jedenfalls schon eine transintuitive Geometrie. Zweitens kann man auch vieles Andere – Zeiten, Kräfte, Temperaturen, Wahrscheinlichkeiten – mit den unganzen Zahlen messen. Drittens ist der Übergang zur komplexen und hyperkomplexen Zahl formal von dem zur reellen nicht verschieden, lässt aber keine Deutung als Aussage über Längenverhältnisse zu. Die Gaußsche Zahlenebene ist eine Veranschaulichung der komplexen Zahl, nachdem sie formal eingeführt ist, mit Hilfe der von der reellen Zahl beherrschten Geometrie und nicht eine kalkülmäßige Deutung gegebener geometrischer Sachverhalte; daher gibt es auch für hyperkomplexe Systeme nicht notwendig eine ihr entsprechende geometrische Deutung.

Andererseits würde der Satz, die reelle oder komplexe Zahl sei eine „willkürliche Erfindung", einen wesentlichen Sachverhalt verschleiern. Erforschung der Gesetze dieser „künstlichen Zahlen" ist jedenfalls Strukturforschung. Strukturforschung aber ist *Forschung*, Forschung im Bereich gedachter, nicht nur ausgedachter Strukturen. Es gibt hier nicht nur etwas willkürlich zu erfinden, sondern zu entdecken. Aussagen über Möglichkeiten sind objektive Aussagen. Dass die differenzierbaren Funktionen einer komplexen Variablen sehr viel einfachere Eigenschaften haben als die differenzierbaren einer reellen Variablen, ist eine strukturelle Wahrheit. Dies ist ein unabgrenzbares platonisches Forschungsgebiet (Forschung im „Idealen"). Man muss durchaus mit der Möglichkeit rechnen, dass das intuitiv Gegebene nicht das an sich Grundlegende ist. Diese Bemerkung bezieht sich mindestens auf die Geometrie des Anschauungsraumes, es besteht aber kein Grund a priori, sie nicht sogar auf Begriffe wie Anzahl und Menge auszudehnen. Auch der Zusammenhang desjenigen „Hintergrunds" der Erscheinungen, den die mathematische Strukturforschung untersucht, mit demjenigen, den die Physik oder die Psychologie erforscht, ist dunkel. So notwendig Phänomenologie als Anfang ist, so wenig dürfen wir erwarten, dass sie das letzte Wort auch nur über die Phänomene sagt. Der Schlüssel zum Bekannten liegt oft im Unbekannten. In seiner „ersten Anzeige über die biquadratischen Reste" sagt Gauß: „Diese wunderbare Verkettung der Wahrheiten ist es vorzüglich, was, wie man schon oft bemerkt hat, der höheren Arithmetik einen so eigentümlichen Reiz gibt."

Nur diese Sachlage macht die Existenz der Mathematik als einer selbstständigen Wissenschaft verständlich. Sie wird verdeutlicht durch die Bemerkung, dass es „empirische Mathematik" gibt. Z. B. hat Gauß viele zahlentheoretische Sätze durch Probieren gefunden, deren Beweis zu finden dann sehr viel schwerer war.

c. Physikalische Kontinua

Es gibt Bereiche, in denen eine *Anordnung*, eine *Teilbarkeit* und eine *Messbarkeit* so definiert werden können, dass sie der Strecke oder den reellen Zahlen als strukturgleich gelten dürfen. Die Zeit, die physikalischen Intensitätsgrößen, die Wahrscheinlichkeit gehören zu ihnen. Wir betrachten als Paradigma die Zeit.

In den einleitenden Begriffen über die Zeitlichkeit definierten wir die Begriffe des Vorgangs und des Ereignisses. Wir charakterisierten die Eigenschaft der Zeitlichkeit durch einige Merkmale: den Ablauf und den Unterschied der drei Modi Vergangenheit, Gegenwart, Zukunft. Zeitlichsein ist eine Eigenschaft von Sachverhalten, die eben dadurch als Vorgänge oder Ereignisse charakterisiert werden. „Die Zeit" ist der substantivische Name der Eigenschaft, zeitlich zu sein.

Der Ablauf der Zeit gestattet es, in einem Vorgang verschiedene Teilvorgänge zu unterscheiden, deren Grenzen Ereignisse genannt werden dürfen. Man hat damit den Vorgang bezüglich der Anordnung und der Teilbarkeit strukturell wie eine Strecke behandelt. Die Möglichkeit dieses Verfahrens ist offensichtlich an vergangenen Vorgängen, die wir in der Erinnerung übersehen. Es gehört zu dem im Begriff der Zukunft enthaltenen strukturellen Wissen, dass dasselbe auch für zukünftige Vorgänge erwartet werden darf.

Die Messbarkeit der Zeit beruht auf der Vergleichbarkeit von Vorgängen bezüglich des Zeitlich-Seins. Es gibt zunächst die *Gleichzeitigkeit* von verschiedenen Vorgängen. Sie gestattet, als ein mehreren Vorgängen gemeinsames zeitliches Prädikat die von ihnen erfüllte *Zeitspanne* einzuführen. Es gibt ferner die *Wiederholung* gleichartiger Vorgänge. Diese gestattet, verschiedene Zeitspannen als *gleich* anzusprechen. Hierdurch wird *die Zeit* ein von Vorgängen unabhängiger Gegenstand. Die eigentliche Zeitmessung beruht dann auf einer Abbildung der Zeit auf den Raum durch das Zifferblatt der Uhr. Soweit diese Abbildung möglich ist, erweist sie, dass die Zeit dieselbe Struktur hat, wie ein lineares räumliches Kontinuum.

Wird diese Darstellung der Wirklichkeit der Zeit gerecht? Sie enthält Hypothesen. Z. B. könnten die Strukturen von Raum und Zeit jenseits der Wahrnehmungsschwelle verschieden sein. Davon ist allerdings bisher nichts bekannt. Sie lässt aber ferner eine Fülle von Bestimmungsstücken der Zeit: den Ablauf, die Unterschiede ihrer Modi, kurz: ihre Geschichtlichkeit, fort. Sie ist also zu *arm*. Falsch dürfte man sie nur nennen, wenn sie beansprucht, die Zeit erschöpfend darzustellen. Jede Strukturanalyse eines Phänomens lässt Züge, vielleicht wesentliche Züge dieses Phänomens weg. Sie ist darum nicht zu verwerfen. Die wirkliche Zeit hat *auch*, aber nicht *nur* die in dieser Deutung erfassten Züge.

Andere Kontinua werden wir besprechen, wenn sie als Gegenstände der Physik an der Reihe sind. Hier sei nur bemerkt, dass die Tendenz der Physik, alle Experimente schließlich in eine *Skalenablesung* münden zu lassen, ebenfalls auf der strukturellen Zuordnung aller Kontinua zum Raume beruht. Auch hier wird die Zuordnung teils hypothetisch, teils richtig, aber zu arm sein. Abgebildet werden nur immer die zur Struktur des Raumes isomorphen Züge der einzelnen Gegenstände.

d. Wahrscheinlichkeit

Ein Kontinuum, welches ohne den Umweg über den Raum direkt auf die Zahlen (und zwar streng genommen wohl auf die rationalen Zahlen) abzubilden ist, bilden die *Wahrscheinlichkeiten*. Wahrscheinlichkeit ist die quantitative Fassung des Möglichkeitsbegriffs. Sie gibt den Grad der Erwartung des Eintretens eines bestimmten Ereignisses an. Auf Ereignisse angewandt, die nicht oder nicht nur von unserem Willen abhängen, für welche also die Definition von Möglichkeit nicht in dem Satz liegt: „Ich kann, wenn ich will", sondern in dem Satz: „Es kann eintreten oder auch nicht", ist nämlich der bloße Begriff der Möglichkeit zu unbestimmt. Es gibt unter den möglichen Ereignissen fast sichere, fast unmögliche und alle Zwischenstufen.

Empirisch nachprüfbar wird eine Aussage über Wahrscheinlichkeit, indem man dieselbe Situation mehrmals herstellt und die *relative Häufigkeit* des Eintreffens des betreffenden Ereignisses feststellt. Die relative Häufigkeit *ist* also nicht die Wahrscheinlichkeit, sondern sie ist das Mittel, der Wahrscheinlichkeit einen nachprüfbaren quantitativen Wert zuzuschreiben; genau wie die Ziffer, auf welche der Uhrzeiger weist, nicht die Tagesstunde *ist*, sondern einen Winkel (im Maß 12 Einheiten = 2π) angibt, der geeignet ist, als nachprüfbares Maß und insofern als Name der Tagesstunde zu dienen. Empirisch kann die relative Häufigkeit, als das Verhältnis zweier Anzahlen, nur eine rationale Zahl sein. Eine Theorie kann natürlich für eine Wahrscheinlichkeit auch eine irrationale Zahl ergeben, der sich dann die empirischen Rationalzahlen bei Erhöhung der Zahl der Fälle unbegrenzt nähern müßten. Relative Häufigkeit hat immer nur

Wahrnehmungsberichte zur Grundlage. Die Wahrscheinlichkeit macht Möglichkeitsaussagen bezüglich der Zukunft, ist also ein Allgemeines.

Die Messung der Wahrscheinlichkeit durch die häufige Herstellung „derselben" Sachlage setzt die Möglichkeit dieser Herstellung voraus. Woher wissen wir, dass es dieselbe Sachlage ist? Oft prüft man in der Physik die Gleichheit zweier Sachlagen dadurch, dass Gleiches aus ihnen folgt. Hier aber soll gerade Verschiedenes folgen, denn sonst wäre die Wahrscheinlichkeit der Folge 1. Oft wäre das auch der Fall, wenn wir nur alle Bestimmungsstücke der Sachlage kennten. Die Wahrscheinlichkeitsaussage ist dann überhaupt nur sinnvoll, *weil* wir einiges nicht wissen. Wahrscheinlichkeit ist immer relativ zu unserem Wissen. Verändert sich unser Wissen, verändert sich auch die Wahrscheinlichkeit. Sie ist trotzdem nicht nur eine Aussage über unser Wissen, sondern über objektive Sachverhalte. Sie ist so zu interpretieren: Wenn man einen Zustand auf eine bestimmte Weise herstellt oder entstehen lässt, so tritt das fragliche Ereignis in einem bestimmten Bruchteil aller Fälle ein. Wenn man z. B. einen genauen Würfel im Becher lange schüttelt, so liegt nachher beim Würfeln im sechsten Teil aller Fälle die 5 oben. Hier wird das Nichtwissen durch eine genau geschilderte Handlung (langes Schütteln) planmäßig hergestellt. Die Atomphysik ist ein Fall, in dem bestimmte Zustände überhaupt nur so hergestellt werden können, dass man einige Voraussagen nur mit Wahrscheinlichkeit machen kann.

Wahrscheinlichkeitsaussagen sind empirischer Prüfung unterworfen, auch solche, die aus „unmittelbar einleuchtenden" Grundsätzen der Wahrscheinlichkeitsrechnung folgen. Dass man überhaupt „dieselbe" Sachlage herstellen kann, dass also die relativen Häufigkeiten bei großer Zahl von Versuchen festen, reproduzierbaren Grenzwerten zustreben, ist ein Beispiel der Naturgesetzlichkeit, das so wenig wie irgendein Naturgesetz a priori als Naturgesetz erwiesen werden kann. Auch in der Wahrscheinlichkeitsrechnung begegnet uns das „Wunder des Allgemeinen". In den Bereich empirischer Modifikation ist die Wahrscheinlichkeitsrechnung durch die Quantentheorie getreten, welche mit der „Wahrscheinlichkeitsamplitude" z. B. eine neue Art der Verknüpfung der Wahrscheinlichkeiten verschiedener Ereignisse eingeführt hat.

Setzt man die bloße Existenz der Wahrscheinlichkeit als eines Grenzwerts der relativen Häufigkeit in endlichen Versuchsreihen voraus, so ist damit ein Realisierungsmodell der vollen Gesamtheit der rationalen (oder reellen) Zahlen gegeben, dessen physikalischer Sinn unmittelbarer einleuchtend erscheint, als im Falle der räumlichen Strecke. Dass die Teilbarkeit einer Strecke Grenzen hat, scheint eher möglich als dass es zwischen zwei bestimmten Wahrscheinlichkeiten nicht noch eine weitere geben sollte. Man habe etwa für einen nicht genauen Würfel die Wahrscheinlichkeit a_1 für das Erscheinen der 1 und a_2 für das der 2 gefunden. Dann ist $\frac{a_1+a_2}{2}$ die Wahrscheinlichkeit, dass man bei immer abwechselnder Benutzung dieses und eines keine Ziffern tragenden Würfels beim einzelnen Wurf die 1 oder die 2 erhält. Es liegt aber stets $\frac{a_1+a_2}{2}$ zwischen a_1 und a_2.

e. Geometrie und Analysis

Wir verfolgen den Aufbau der Mathematik nicht im Einzelnen, sondern greifen nur ein paar wichtige Einzelheiten heraus.

Dinge sind *Körper*, d. h. kompliziertere Kontinua als die Strecke, die selbst eine Idealisierung ist. Der Begriff der *Mehrdimensionalität* gestattet, Körper zu beschreiben.

Zwei Körper können ohne Gestaltveränderung ihre gegenseitige Lage durch Verschiebung ändern. Sie können die Plätze tauschen. Die Tatsache, dass an der gleichen Stelle (nacheinander) verschiedene Körper sein können, gestattet den vom Körper erfüllten *Raum* von dem Körper selbst zu unterscheiden, so wie wir die Zeit vom Vorgang unterscheiden.

Für alle geometrischen Grundsätze treten ähnliche Fragen auf wie für das Ähnlichkeitspostulat. Zuerst wurden sie erkannt beim euklidischen *Parallelenaxiom*. Dieses Axiom formuliert die wohl zunächst naheliegendste transintuitive Präzision des anschaulich Gegebenen. Freilich zeigte sich, dass es nicht denknotwendig ist. Die nichteuklidischen Geometrien widersprechen in den Dimensionen, in denen sie realisiert sein könnten, der Anschauung nicht. Weder ein euklidisches noch ein nichteuklidisches Universum ist anschaulich. Bei beliebiger Verkleinerung wird ein nichteuklidischer Raum allerdings unanschaulich, d. h. das transintuitive Ähnlichkeitspostulat versagt hier in Bezug auf unsere Anschauung.

Ein Einwand sei erörtert. Auf die Behauptung, die Gültigkeit der euklidischen Geometrie im wirklichen Raum sei eine empirische Frage, wird gelegentlich erwidert: Wenn man z. B. in einem Lichtstrahlendreieck eine Winkelsumme ungleich 180° findet, ist nicht die euklidische Geometrie falsch, sondern Lichtstrahlen sind keine Geraden.

Ohne nähere Kenntnis des Sachverhalts lässt sich gegen eine derartige Auffassung nichts einwenden. Es ist denkbar, dass eine Gruppe von Vorgängen mehrere Deutungen formal gleich gut erlaubt. Man gerät hier in die Mehrdeutigkeit der *Präzisierung* hinein. Die geometrischen Begriffe haben in der unmittelbaren Anschauung nur einen approximativen Sinn. Die Anschauung gibt nicht unter allen Umständen an, wie sie im Transintuitiven präzisiert werden müssen. Der Grad der Vieldeutigkeit werde durch die „Hohlwelttheorie" erläutert.

Diese Theorie behauptet, wir lebten auf der Innenfläche einer Hohlkugel, in deren Innern sich der gesamte Kosmos befindet.

Diese dem natürlichen Bewusstsein so absurd erscheinende Vorstellung wird tatsächlich unwiderlegbar, wenn nur sämtliche Naturgesetze mit der Transformation der Spiegelung an der Inversionskugel behandelt werden, wobei als Inversionskugel die Erdoberfläche dient. Dann gehen z. B. sämtliche Geraden in Kreise über. Die Konsequenzen sind freilich so monströs, dass jeder vernünftige Mensch diese Theorie nicht ernst nehmen wird. Selbst ihre Verfasser hatten nicht den Mut, sie bis in die äußersten Konsequenzen zu verfolgen, weswegen sie sich dann auch in Widersprüche verwickeln mussten.

An solchen Theorien muss man vor allem ihre Willkürlichkeit kritisieren. Sie greifen einige Vorstellungen heraus, die um jeden Preis geändert werden, während alles andere undiskutiert hingenommen wird. Warum spiegelt man an der Erdoberfläche, warum nicht am Jupiter oder an der Sonne? Mit gleichem Recht könnte man tausend andere Theorien aufstellen. Demgegenüber erwartet der in der lebendigen Forschung tätige Physiker, *eine* Beschreibung sei die *richtige*. Dies ist ein Akt des *Glaubens*; in dem Sinne, in dem jedes Leben und Erkennen Glauben voraussetzt. Die Vieldeutigkeit kann durch eine bloß methodische Vorschrift nie behoben werden, so wenig uns eine strenge Vorschrift zwingen kann, die vielfältigen „Aspekte" in der Behauptung der Existenz eines Dings zusammenzuschließen. Der Glaube an die Eindeutigkeit der Theorie pflegt sich aber dort, wo sich uns ein vertrauter Umgang mit dem Tatsächlichen erschließt, ebenso durch die Einfachheit und Fruchtbarkeit zu bewähren, wie der Glaube an das Ding. Im selben Sinn ist zu erwarten, dass die Frage, ob die euklidische Geometrie oder die Geradlinigkeit der Lichtstrahlen aufzugeben sei, durch Vertrautwerden mit der Fülle der Phänomene entschieden werden kann. Unter der Fülle der möglichen Theorien gibt es immer nur eine, die zwanglos die Phänomene erklärt, während alle übrigen für jedes Phänomen einen besonderen Zug enthalten müssen. Doch sei bemerkt, dass auch der Glaube an die Eindeutigkeit der Beschreibung nicht a priori gewiss ist. Man könnte auch auf uneliminierbare Mehrdeutigkeiten stoßen. Solche Vorfälle diskutiert man aber zweckmäßigerweise erst, wenn sie eintreten.

Die *Analysis* baut auf Begriffen wie *Funktion, Grenzwert* usw. auf. Es sei hier nur bemerkt, dass die Definition der Funktion durch die Zuordnung und die Definition des Grenzwertes stets Möglichkeitsbegriffe enthalten.

D. Allgemeine Mechanik

1. BEWEGUNG

a. Kinematische Grundbegriffe

Kinematik ist die Lehre von der Bewegung. Bewegung ist als Änderung ein *Vorgang*; ein Vorgang, ein zeitlicher Sachverhalt. Bei Aristoteles heißt noch jede Änderung κίνησις. Wir verstehen unter Bewegung genauer *Ortsveränderung*. Hier ist dreierlei zu unterscheiden: der *Ort*, die *Änderung*, und das, was den Ort ändert, der *Körper*. Alle Orte sind im *Raum*, alle Änderungen in der *Zeit*. Alle Körper sind *Materie*.

Phänomenologisch sind diese Begriffe Resultate einer *analysierenden Reflexion*. Unmittelbar fassen wir meist das Ganze der Bewegung auf: Ein Vogel fliegt. Seine Flugbahn *kenne* ich als ein Ganzes *ausdrücklich*, ihre Teile nur *unausdrücklich*; auf sie muss ich reflektieren. Einen geworfenen Ball braucht man nur im Scheitelpunkt der Bahn zu sehen, um ihn fangen zu können. Das Ganze ist mir hier bereits durch eines seiner charakteristischen Merkmale gegeben. Fasst man die Bahn als solche ins Auge, so *kann* man auf ihr Orte markieren. Sie bilden ein eindimensionales räumliches Kontinuum. Dann sagt man: der Ball „durchläuft" alle Orte, die Bahn ist die „Folge der Orte".

Phänomenologisch gewinnen wir Raum und Zeit durch Abstraktion. Nunmehr stelle ich mich auf den üblichen *aktualen* Standpunkt und entwickle seine Konsequenzen, d. h. es wird ausdrücklich die Punktualisierung von Raum und Zeit vorausgesetzt. Ihre Elemente sind dann *Raumpunkt* und *Zeitpunkt*. Körper erfüllen Raum, Teile eines Körpers Teile des vom ganzen Körper erfüllten Raumes. Dem Raumpunkt entsprechend kann vom *materiellen* Punkt geredet werden. Man kann ihn als Grenzwert eines Grenzüberganges zu beliebig kleinen Materiestückchen auffassen. Damit behauptet man, dass Körper sich bezüglich des Attributs der Räumlichkeit nach der aktualen Auffassung des Raumkontinuums behandeln lassen. Dass Körper ein Kontinuum materieller Punkte bilden, ist eine Hypothese, die über das anschaulich Erfasste hinausgeht. Entscheidend ist die Vermutung, der Grenzübergang sei *ausführbar*. Hier wie stets wird zunächst nicht darauf reflektiert, ob gedanklich oder physisch – und wenn physisch, durch welche Mittel – er ausführbar sein soll. (Nebenher sei nur bemerkt, dass seit der Antike die Atomhypothese diese Möglichkeit abstreitet.)

Nachdem solche Abstraktionen geschaffen sind, gewinnen die unmittelbaren Gegebenheiten den Charakter von Naturgesetzen, in denen sich in gedanklicher Präzision darstellen muss, was phänomenal evident ist. Ein Beispiel genüge: die einfachste Form des Gesetzes der *Erhaltung* der *Materie*.

Ich schließe mich hier den Formulierungen von Hermes (Scholzsche Schule) an. Ein Körper bewegt sich. Jeder seiner materiellen Punkte befindet sich in jedem Zeitpunkt an einem Raumpunkt. Die letzte Gegebenheit für die Analyse ist so der *momentane materielle Punkt*. Derselbe materielle Punkt ist in verschiedenen Zeitpunkten an verschiedenen Raumpunkten. In der Sprechweise des momentanen materiellen Punktes kann man sagen: Jedem momentanen materiellen Punkt ist ein momentaner materieller Punkt zu anderer Zeit eindeutig zugeordnet als „materiell derselbe". Sie sind nicht logisch „identisch", da ja verschiedene momentane materielle Punkte. Sie werden „materiell identifiziert" und mögen *genidentisch* heißen. Dass diese Identifizierung für jeden momentanen materiellen Punkt möglich sei, ist nicht selbstverständlich, sondern muss der Nachprüfung unterzogen werden. In das Postulat der Identifizierbarkeit gehen zwei Voraussetzungen ein: die zeitliche *Konstanz* des materiellen Punktes und seine raumzeitliche *Verfolgbarkeit*. Beides kann in der Atomphysik nicht mehr als durchgehend richtig angesehen werden; so können z. B. Teilchen entstehen und vernichtet werden, und eine Bahnkurve in Raum und Zeit ist nicht streng bestimmbar. Aber die ganze Begriffsbildung entstand nur, weil sie sich im Bereich der phänomenal gegebenen Körper gut bewährt hat. Wie weit sie sinnvoll bleibt, kann nur die Erfahrung zeigen. Auch der Begriff des momentanen materiellen Punktes, der in der Natur so ungefähr realisiert sein mag, ist so wenig selbstverständlich wie das Erhaltungsgesetz.

Der Ort eines momentanen materiellen Punktes kann relativ zu einem gegebenen Koordinatensystem charakterisiert werden durch drei Zahlen. Sie bilden einen *Vektor*, den Ortsvektor. Vektoren sind definiert durch bestimmte Transformationseigenschaften bei Drehung und Zusammensetzung, d. h. durch *Invarianz*. Ein Vektor drückt „Dingliches" aus. Der Ort eines momentanen materiellen Punktes ist demnach bezüglich verschiedener Relativkoordinaten wegen genannter Transformationseigenschaften eindeutig gegeben.

Um die Bewegung in ihrem raumzeitlichen Ablauf quantitativ präzise zu fassen, bildet man die Begriffe Geschwindigkeit und Beschleunigung. Als *Geschwindigkeit* bezeichnet man den Differentialquotienten des Ortsvektors nach der Zeit; sie ist ein Maß der Änderung des Orts mit der Zeit. Als *Beschleunigung* bezeichnet man den Differentialquotient des Geschwindigkeitsvektors nach der Zeit; sie ist das Maß der Änderung der Geschwindigkeit mit der Zeit. Geschwindigkeit wie Beschleunigung sind Vektoren mit den genannten Transformationseigenschaften wie z. B. der vektoriellen Addition, die sich aus der Addition der Komponenten ergibt.

b. Relative und absolute Bewegung

Gegenstände sind räumlich. Aus diesem Sachverhalt gewinnt man durch Abstraktion den Begriff des Raumes, indem man die Verschiebbarkeit von verschiedenen Dingen auf denselben Ort ins Auge fasst. Derselbe Ort? In Bezug worauf „derselbe" wird man wohl fragen müssen? „Ort" erscheint nun als *Relationsbegriff*. Genügt das für die Physik? Oder bezeichnet Raum gerade nicht etwas, das unabhängig von allen Körpern ist und geradezu den Rahmen darstellt, in dem Körper überhaupt erscheinen können? Dann wäre er ein *Absolutes*, d. h. es müsste ein *ausgezeichnetes* Koordinatensystem geben, unabhängig von allen Körpern, nämlich dasjenige, welches im absoluten Raum ruht. Damit haben wir bereits zwei der wichtigsten Fragen aus diesem Problemkreis gestellt. Wir wollen nunmehr die historische Entwicklung der Fragestellung verfolgen und werden dabei auch vertrauter werden mit ihrem Inhalt.

Für den naiven Menschen ist die Erde das „natürliche" Bezugssystem. Ruhe oder Bewegung sind auf sie bezogen. In der frühen Antike stellte man sich die Erde als flache Scheibe vor, so wie die Phänomene es zu zeigen scheinen. Dann gibt es eindeutig ein „Oben" und „Unten". Dieser Raum ist *anisotrop*. Die unmittelbare Wahrnehmung sagt, dass Körper nach unten streben. Der Raum besitzt physikalische Eigenschaften. Wie unmittelbar gegeben dies alles ist, zeigt sich darin, dass wir noch heute z.B. vom *Auf*gang und *Unter*gang der Sonne reden. Mit der Entdeckung der Kugelgestalt der Erde muss dieser unreflektierte Begriff von oben und unten einer zentrischen Betrachtung weichen. „Oben" heißt jetzt „vom Erdmittelpunkt weg", „unten" „dem Erdmittelpunkt zu". Aber innerhalb der neuen Definition bleibt oben und unten absolut, denn die Erde ruht als das Zentrum der Welt. Im aristotelischen Weltbild gibt es Raum als Rahmenbegriff in unserem Sinne noch nicht. Es gibt nur Ort eines Körpers ($τόπος$). Der natürliche Ort schwerer Körper ist unten. Befinden sie sich nicht unten, so haben sie das Bestreben, dahin zu gelangen: sie fallen. Ein geworfener Stein strebt zwar zunächst nach oben, aber nur weil eine Kraft auf ihn wirkt. Wirken keine Kräfte, ruht er im natürlichen Ort, nämlich auf der Erde. Der natürliche Ort des Feuers ist oben, der Himmel; dorthin steigt es auf. Dieses System ist eng an die Wahrnehmung angeschlossen wie alles, was Aristoteles tat. Den Vorwurf der Neuzeit (Galilei erhob ihn schon) es sei „metaphysische Spekulation" gegenüber dem so „natürlichen" Standpunkt unserer Physik, kann man fast umkehren. Aristoteles fasste in Begriffe was jeder sieht. Unsere Physik dagegen wagt Sachverhalte zu behaupten, die noch keiner gesehen hat und voraussichtlich auch nie jemand sehen wird. Sie ist nicht „natürlicher", sondern richtiger, weil sie die neuen Erfahrungen einheitlich erklärt, was in der aristotelischen Physik, die diese Erfahrungen nicht kannte und deshalb nicht auf sie gemünzt wurde, nicht möglich ist.

Für die Griechen ist der Kosmos endlich. Ort aber gibt es nur, wo Körper sein können. Der Raum hat unmittelbar Anteil an der Überschaubarkeit der Welt. Das ptolemäische Weltbild besitzt während des ganzen Mittelalters uneingeschränkte Gültigkeit. Auf der Wende zur Neuzeit steht Kopernikus. Er rückt in seinem System die Sonne in den Weltmittelpunkt. Absolut ist die Bewegung nun relativ zur Sonne. Das aristotelische auf die Erde bezogene „Oben" und „Unten" wird durch den Raum transportiert. Die Konturen der bisherigen Vorstellungen beginnen sich langsam zu verschieben. Noch aber hat die Welt eine ruhende Mitte. Ihre wohlgeordnete Endlichkeit ist allgemeiner Glaube. – Schon in der Mitte des 15. Jahrhunderts spricht der Cusaner vom *unendlichen* Raum als dem Symbol des unendlichen Gottes. Giordano Bruno deutet die Unendlichkeit der Welt pantheistisch. Wie man auch immer diese Metaphysik verstehen mag, für die Bewegung folgt daraus, dass sie lediglich in Bezug auf andere Körper definiert werden kann. Absolut ruhende Körper gibt es nicht mehr. Im Leibnizschen Denken wird „Ort" zum Relationsbegriff.

Diese Auffassung hat sich jedoch nicht gehalten, sondern es setzte sich die Newtonsche Ansicht durch. Für Newton sind Raum und Zeit *absolut*, d. h. unabhängig von allen Gegenständen, die sie erfüllen. Es hat also einen Sinn von Bewegung zu sprechen, auch wenn keine Vergleichskörper zur Verfügung stehen. Die Aufstellung dieser These ist durch zwei Motive begründet. Erstens ein philosophisch-theologisches: Newton hat seine Schüler nicht gehindert, vom absoluten Raum als dem „Sensorium Gottes" zu reden. Der zweite Grund ist ein physikalischer: Rotation muss als absolute Bewegung angesehen werden, denn sie ist feststellbar ohne Vergleichskörper. Newton hat hierzu einen regelrechten Versuch gemacht. Er hing einen mit Wasser gefüllten Eimer an einem Seil auf und ließ ihn rotieren. Wie jeder weiß, beobachtet man, dass der Flüssigkeitsspiegel eben bleibt, solange die Flüssigkeit an der Rotation des Eimers nicht teilnimmt. Erst wenn durch Reibung die Flüssigkeit mitgenommen wird, stellt sich eine paraboloidische Oberfläche ein. Newton argumentierte nun so: Wenn Rotation eine Relativbewegung zur Umgebung ist, durfte die Rotationsfigur der Flüssigkeitsoberfläche sich nicht gerade dann voll ausgebildet haben, wenn Wasser und Eimerwände die gleiche Winkelgeschwindigkeit haben, also relativ zu einander ruhen. Gegen diese Beweisführung sind später Bedenken erhoben worden. Was heißt Umgebung? Spielen die dünnen Blechwände des Eimers eine so große Rolle? Vielleicht kommt es auf eine Relativbewegung zur großen Masse der Erde an. Diese Ansicht wurde durch die Versuche Foucaults widerlegt. Foucault zeigte, dass die Schwingungsebene eines Pendels sich relativ zur Erde dreht, am Pol um 360° in einem Tag. Die Erde rotiert, aber rotiert sie absolut? Mach wandte ein, sie könnte doch relativ zu fernen Massen rotieren. Als solche Massen könnte man heutzutage die Fixsterne des galaktischen Systems auffassen. Auch diese Meinung trifft nicht zu, denn die Geschwindigkeitsverteilung der Sterne lässt sich nur verstehen, wenn man annimmt, dass das ganze System rotiert. Rotiert es relativ zum System der Spiralnebel? Vorerst sagt uns die Erfahrung darüber nichts. So bleibt die Frage, ob der Raum ein von aller Erfülltheit durch Gegenstände Unabhängiges sei oder nur ein Relationsbegriff in einer gegenständlichen Welt, von der Erfahrung her ungelöst.

In der allgemeinen Relativitätstheorie ist der Newtonsche Raum durch das mit der Materie gekoppelte Gravitationsfeld ersetzt. Das metrische Feld bestimmt die Geometrie, sie wird zu einem Teilgebiet der Physik. Schwierig zu bestimmen sind die Randbedingungen des Feldes in großer Ferne von Materie. Da gibt es mehrere mögliche Lösungen. Die obige Frage kann bis jetzt aus der Relativitätstheorie nicht eindeutig beantwortet werden. Bemerkt sei nur noch, dass auch die Relativitätstheorie ein Bezugssystem auszeichnet, nämlich dasjenige, was mit dem Feld verknüpft ist. Man sollte sie daher besser allgemeine Invarianztheorie nennen.

Ähnlich ist die Problemlage bei der Zeit. Die spezielle Relativitätstheorie verknüpft die Zeit eng mit dem Raum, sodass man beide Probleme als einen Komplex wird auffassen müssen.

2. URSACHE

a. Aristotelische causae

Das Prinzip, das wir Kausalität nennen, ist im Verständnis eng verknüpft mit dem Fortschritt der Mechanik. Wir werden ihm im Laufe der Behandlung der Physik noch mehrmals begegnen und es hinsichtlich seiner Bedeutung klären und seiner Gültigkeit eingrenzen müssen.

Jetzt wollen wir vorerst die Frage nach seinem Ursprung und seiner Legitimität stellen. Eine kurze begriffsgeschichtliche Betrachtung soll uns zurückführen bis Aristoteles. Er spricht von ἀρχή, im Mittelalter *causa* genannt, was man mit Anfang, Ursprung, schließlich „Ursache" übersetzen kann und meint damit alles, worauf etwas zurückgeführt werden kann. Aristoteles unterscheidet viererlei causae: causa *materialis*, causa *formalis*, causa *efficiens*, causa *finalis*. Der causa materialis stehen gegenüber die drei letzten als Formursachen. Was bezeichnen diese vier Begriffe in der Wirklichkeit? Ihren praktischen Gebrauch mag uns ein vereinfachendes Beispiel zeigen. Betrachten wir etwa ein Weinglas. Seine causa materialis ist der Stoff, aus dem es gemacht wurde: das Glas. Seine causa formalis besteht, das ist jedenfalls das Einfachste, in seiner Gestalt: der Kelchform. Es kann ein Ding nur geben, weil eine bestimmte Gestalt möglich ist. Bei der causa efficiens wird nach dem „Wie" der Entstehung des Dings gefragt. Sie ist das, was das Glas hervorgebracht hat: die Hand und der Atem des Glasbläsers. Seine causa finalis ist sein Zweck: dass man aus ihm Wein trinke. Zweck ist Ursache, denn er zeigt ein Bedürfnis an und erklärt daher die Existenz. Dasselbe Ding hat also im Allgemeinen zugleich alle vier Ursachen; sie machen einander nicht Konkurrenz, sondern geben die verschiedenen Gesichtspunkte an, mit deren Hilfe man verstehen kann, wieso es dieses Ding gibt.

Die Neuzeit nennt demgegenüber eine Realität nur dann, wenn sie außerhalb des Dings liegt, seine Ursache. Dadurch fallen zunächst die beiden ersten causae fort, die nur im Ding selbst gegenwärtig sind. Das Material und die Form findet man am Weinglas vor. Stoff und Form sind nach dieser Ansicht Wesensbestimmungen des Dings, aber nicht seine Ursachen. Die causa finalis wurde nicht so schnell eliminiert. In der Physik des 18. Jahrhunderts spielten die Extremalprinzipien eine große Rolle, weil sie eine teleologische Deutung zu involvieren scheinen (Fermatsches Prinzip). Philosophisch gingen finale Betrachtungsweisen vor allem in die Leibnizsche Theodizee ein, wo mit ihnen der Begriff der Vollkommenheit als einer optimalen Eigenschaft formuliert wurde. In der Biologie sind sie noch heute durchaus legitim. Der Satz: „Die Hand ist zum Greifen da", sagt mir etwas Wichtiges aus über die Hand. Freilich weiß ich daraus noch nicht, warum es eine Hand überhaupt geben kann und wie sie entsteht. Im Sinne der neuzeitlichen Naturwissenschaft besitzt die Finalität einen zu geringen „Erklärungswert", weswegen sie auch in der Biologie durch die Frage nach den wirkenden Ursachen nach und nach verdrängt wird. Das Verhältnis der Kausalität zur Finalität soll später noch ausführlich behandelt werden.

Es drängt sich nun die Frage auf, warum allein die causa efficiens übrig blieb. Ein Grund liegt in der Wendung der Neuzeit zum *instrumentalen* Denken in der Naturwissenschaft. Am imposantesten kommt dieser Zug in der modernen Technik zum

Ausdruck. Die alte Denkweise *schaute* die Dinge bewundernd an, die neue will die Welt auch materiell beherrschen. Wenn Wissen Macht ist, so muss es vor allem die Mittel kennen, die Dinge und Erscheinungen selbst zu machen oder doch zu beeinflussen; es muss zu jeder Sache ihre causa efficiens wissen. Die technische Fragestellung: Mit welchen Mitteln kann man bestimmte Zwecke erreichen? kennzeichnet die moderne Situation. Nun ist jede echte Wissenschaft aber davon überzeugt, dass ihren Gedankengebäuden objektive Sachverhalte korrespondieren und dass sie nicht nur Produkte geistesgeschichtlicher Konstellationen sind. Wir werden der Wahrheit demnach nur nahe kommen, wenn wir zugeben, dass unter bestimmten geistesgeschichtlichen Voraussetzungen, die sich gerade in der Neuzeit erfüllten, in der Anwendbarkeit der causa efficiens auf eine ungeheure Fülle von Naturvorgängen, eine objektive Möglichkeit des erklärenden Denkens von großer Tragfähigkeit *entdeckt* worden ist.

b. Materielle Kausalvorstellung

Die causa efficiens ist zu einem der Hauptelemente der physikalischen Erkenntnis geworden. Wo und wie weist man sie auf, und was besagt sie?

Ich mache etwas. Ich – bin in diesem Fall die causa efficiens. Nun gibt es aber Vorgänge, die unabhängig von mir sind, für sich ablaufen. Was ist da, das sie macht? Wir wollen uns klar darüber sein, dass schon diese Fragestellung keine selbstverständliche ist. Muss denn alles was es gibt, in dieser Weise bestimmt sein? Vielleicht gibt es Ereignisse, die sich nicht auf eine wirkende Ursache zurückführen lassen, die spontan eintreten. Die Frage nach den Ursachen des Geschehens ist eine spezifische Frage des abendländischen Denkens. Andere Kulturen haben sie nicht oder zumindest nicht so prinzipiell gestellt. Wie weit man mit ihr kommt, soll im weiteren Verlauf der Vorlesung dargelegt werden.

Ich werfe z. B. einem Anderen einen Ball zu. Ich werfe ihn so, dass der Partner ihn fangen kann. Woher weiß ich, dass er es kann? Weil ich zielen kann und mir der ganze Bewegungsablauf, der noch in der Zukunft liegt, im gegenwärtigen Akt des Abwerfens so gegeben ist, dass ich weiß (meist unausdrücklich) wie ich werfen muss, um ein bestimmtes Ziel zu treffen. Indem ich den zukünftigen Teil des Vorgangs vorwegnehme, setze ich unausdrücklich seine Notwendigkeit voraus. Der frühere Teil „macht" den späteren.

Doch was macht die Bewegung wirklich? Nicht notwendig die früheren Phasen der Bewegung. Die Ursache der Bewegung ist nicht die Bewegung selbst. Bei Aristoteles ist die Ursache des Fallens schwerer Körper nicht das vorangegangene Fallen, sondern das Streben nach dem natürlichen Ort. In der modernen Physik führt man den *Kraftbegriff* als Ursache ein. Wenn ich einen Ball werfe, muss ich Kraft aufwenden. Was geschieht, wenn keine Kraft wirkt? In der aristotelischen Physik ruht dann der Körper im natürlichen Ort. In der Newtonschen Mechanik befindet er sich in relativer Ruhe oder linear gleichförmiger Bewegung. Jede andere Bewegung muss dann kraftbedingt sein.

Was aber ist *Kraft*? Im 17. und 18. Jahrhundert versuchte man den Kraftbegriff zu ersetzen, weil man fürchtete, mit ihm wieder eine „okkulte" Ursache in die Physik einzuführen. Als etwas unmittelbar Fassliches galt die Bewegung. Zusammen mit dem Postulat der Undurchdringlichkeit der Körper formte man daraus die These von Druck und Stoß als dem eigentlichen Elementargeschehen, das allen Phänomenen zugrunde liegen soll. Die Vorstellung von Druck und Stoß ist sinnlich plausibel. Der Unterschied zwischen beiden scheint mir nur in der zeitlichen

Dauer zu liegen. Diese These führte jedoch zu gänzlich unphänomenologischen Konsequenzen. Als einzige Qualität der Körper ließ die mechanistische Physik ihre Raumausfüllung gelten, alle anderen Eigenschaften sollten kinematisch bedingt sein seitens der kleinsten Teilchen. Es herrschte also die Tendenz, jede Bewegung wiederum aus Bewegung abzuleiten. Um aber die Theorie von Druck und Stoß quantitativ durchzuführen, bedarf man anderer Größen wie Masse und Kraft, die offensichtlich auf erstere nicht zurückzuführen sind. In der Atomphysik gehören Druck und Stoß überhaupt nicht zu den Grundbegriffen, sondern sind selbst erst aus anderen, nicht mechanistisch deutbaren Begriffen aufgebaut; so ist z. B. die Undurchdringlichkeit der Materie eine Folge des Pauliprinzips.

Man muss daher wohl sagen, dass der Versuch gescheitert ist, dem Kausalgesetz eine *inhaltliche* Füllung zu geben, in dem Sinne, dass man ein allgemeines Modell für das „Wie" des Wirkens der Ursache angibt.

c. Formale Kausalvorstellung

Gegenüber der älteren materialen Auffassung der Kausalität steht die neuere *formale*. Man reflektiert nur noch auf den bloß formalen Zusammenhang. Es bleibt die Überzeugung der Notwendigkeit eines Vorganges, die in der Form des Gesetzes, dem er gehorcht, ausgedrückt ist, ohne dass über die inhaltliche Erfüllung, über das Wie des Zustandekommens, allgemeine Aussagen gemacht werden.

Wir haben schon früher gesehen, wie man die physikalischen Gegebenheiten auf das mathematische Kontinuum der reellen Zahlen abgebildet hat, um die Begriffe zu präzisieren und mit den neuen Größen rechnen zu können. Die schärfste Fassung des Kausalbegriffs erhält man nun, indem alles Geschehen in Punktereignisse aufgelöst wird und auf jedes die jeweils dort zuständige *Differentialgleichung* angewandt wird. Die Differentialgleichung ist die eigentlich präzise Formulierung der Kausalität in der Physik. Sie drückt den zeitlichen Differentialquotienten der Größen, die den Zustand eines Dings charakterisieren, durch diese Größen selbst aus: Der Zustand determiniert von Augenblick zu Augenblick selbst seine zeitliche Veränderung. Kenne ich also den Zustand eines Systems zu einem beliebigen Zeitpunkt, so kann ich den Zustand zu jedem anderen Zeitpunkt mit Sicherheit vollständig bestimmen. Dieses kann man auch so ausdrücken: „Alles was geschieht, hat eine Ursache, die es vollständig bestimmt." Das ist die These des totalen *Determinismus*. Das Kriterium dafür, dass man die causa efficiens wirklich kennt, besteht darin, dass man das von ihr bewirkte Ereignis richtig vorhersagen kann. Dass dieses prinzipiell immer und überall möglich sein soll, ist ein Glaube, und steht nicht a priori fest. In der Physik hat sich dieser Glaube weitgehend bewährt.

Die inhaltliche Ausfüllung des allgemeinen Schemas des Determinismus sind die einzelnen *Naturgesetze*, die empirisch gefunden werden. Das 19. Jahrhundert hielt das allgemeine Schema für ganz gewiss und sah das Finden der Gesetze für die eigentliche Aufgabe der Physik an.

Die mathematischen Naturgesetze kommen der alten causa formalis nahe. Sie beschreiben abstrakt Vorgänge als *zeitliche Gestalten*. Die moderne Kausalvorstellung konstituiert eine zeitliche Morphologie.

Die geschichtliche Bewegung des Denkens von der inhaltlich unmittelbar vorgestellten Kausalität als Druck und Stoß zur formal-strukturellen Deutung als Gesetz ist eingeleitet worden von Hume, der erkannte, dass das Kausalgesetz inhaltlich nicht *notwendig* ist. Kant glaubte, das Kausalgesetz sei ein Prinzip unseres Denkens, unter dessen apriorischer Geltung überhaupt nur Erfahrung gemacht werden könne. Auch diese Ansicht lässt sich nicht uneingeschränkt halten. Das Apriori ist nicht unkorrigierbar. Kants Erkenntnistheorie involvierte jedoch bei den Physikern die Haltung, die nicht mehr wagt, das Kausalgesetz als Aussage über Seiendes zu bezeichnen, sondern nur als Aussage über Möglichkeiten eines denkenden Wesens, das die Zukunft berechnen kann oder will. Die „an sich" seiende Natur wird kaum noch in diesem Zusammenhang genannt. Heute wird man am besten sagen: Das Kausalgesetz bezieht sich auf *Sachverhalte*, deren Kenntnis durch die allgemeinen Gesetze und die Anfangsbedingungen gegeben ist.

3. KRAFT

a. Trägheit

Die Eigenschaft der Körper träge zu sein, findet ihre präzise Definition im Newtonschen *Trägheitsgesetz*: Körper, die nicht unter dem Einfluss einer Kraft stehen, verharren im Zustand der relativen Ruhe oder gradlinig gleichförmigen Bewegung. Diesen Sachverhalt hat wohl schon Galilei gewusst, wenn er ihn auch nicht ausgesprochen hat. Woher haben wir die Überzeugung der Richtigkeit dieser Behauptung? Einerseits ist das Trägheitsgesetz, wie Newton es formulierte, ein empirisches Faktum und nicht ein Satz a priori. In der aristotelischen Physik z. B. gilt es nicht. Ein Körper am natürlichen Ort ruht und bewegt sich nur, wenn ständig eine Kraft auf ihn wirkt. Es wird eine Trägheit des Ortes angenommen. Unser Gesetz behauptet eine Trägheit der Geschwindigkeit. Dass die Trägheit in Konstanz der Geschwindigkeit besteht, ist empirisch richtig, aber nicht a priori evident. Rein vom Denken her könnte ja auch die zweite Ableitung des Ortes nach der Zeit beim Fehlen äußerer Kräfte konstant sein. Alle Versuche, das Trägheitsgesetz in seiner heutigen Fassung apriorisch zu begründen, stecken das, was bewiesen werden soll, heimlich in die Argumentation bereits hinein. So, wenn z.B. Spinoza sagt, es fehle jede Ursache für eine Änderung der Bewegung, wenn auf einen sich bewegenden Körper keine Kraft wirke.

Das Trägheitsgesetz ist nun aber kein empirischer Satz im Sinne eines wahrgenommenen Sachverhalts. Eine reine Trägheitsbewegung hat noch niemand gesehen, denn sie stellt eine Abstraktion dar, weil von jeglichen äußeren Kräften abgesehen wird. In der wirklichen Welt aber sind die äußeren Kräfte allgegenwärtig. Wahrnehmungsmäßig ist der aristotelische Standpunkt der näherliegende. Wir *sehen*, dass jeder bewegte Körper nach endlicher Zeit zur Ruhe kommt (unsere Physik sagt: durch Reibung d.h. Verwandlung kinetischer Energie in Wärme) und man ständig Kraft aufwenden muss, um die Bewegung aufrechtzuerhalten. So geht das Trägheitsgesetz wie jedes Allgemeine über die Erfahrung hinaus, wäre jedoch ohne das messende Experimentieren nicht gefunden worden. Ich möchte es nennen: eine die Fakten durchleuchtende Hypothese.

b. Kraft und Masse

Von Statik will ich nicht reden. Newton führt eine Größe $m \cdot v$ ein, die er Bewegungsgröße nennt, heute meist als *Impuls* bezeichnet. Es soll nun die Kraft proportional der zeitlichen Änderung der Bewegungsgröße sein. m sei eine Konstante. Dann ist: $K = \frac{d(mv)}{dt} = mb$.

Gibt man den Ort durch den Ortsvektor r an, so heißt die Gleichung: $m\ddot{r} = k$. b bzw. $\ddot{r}$ nennt man Beschleunigung. Was besagt die Gleichung? Zunächst bemerken wir, dass gleichzeitig *zwei* Begriffe eingeführt worden sind: die *Kraft* als Produkt von Masse und Beschleunigung, die *Masse m* als Proportionalitätsfaktor der linken Seite der Gleichung. Der eine scheint jeweils durch den anderen definiert. Dennoch ist damit die physikalische Erkenntnis ein Stück vorangekommen, denn es sind einige herumschwirrende ungenaue Begriffe zueinander in Beziehung gesetzt und dadurch schärfer ausgedrückt worden. Die Newtonsche Definitionsgleichung ist ein typisches Beispiel des Bohrschen Gläserwaschens. Dass dies Verfahren legitim ist, beweist der Erfolg der Physik.

Welche Begriffsbestimmung von Masse und Kraft ist nun eigentlich die richtige? Der Sinn der Frage ist zweifelhaft. Es gibt nicht „die" richtige Einführung eines Begriffs. Einführung heißt immer Weg zu...; und zur Erkenntnis des Wirklichen führen verschiedene Wege. Der Weg nach Indien war nur so lange ein Problem, als man noch nicht die Erdkugel als Ganzes überblicken konnte. Seitdem wir genaue Erdkarten haben, ist es trivial, dass viele Wege nach Indien führen.

Ich will beide Begriffe einmal folgendermaßen einführen. Ich habe viele Körper, die ich in viele verschiedene Situationen bringen kann. Dann kann man zu jedem Körper ein m und zu jeder Situation eines Körpers ein k so definieren, dass die Gleichung gilt und k aus der Situation auf einfache Weise abzulesen ist. m und k sind definiert durch ihre Invarianz bei Variation der anderen Größe. Die Beschleunigung stellt das Bindeglied dar. Die Gleichung ist also einerseits eine Definition von m und k, andererseits ein Gesetz: Nur so sind m und k *sinnvoll* zu definieren. Das Gesetz sagt eine allgemeine Eigenschaft aller bekannten Körper aus, nämlich die Invarianz je eines bestimmten m für je einen von ihnen in allen Situationen; ferner eine allgemeine Eigenschaft aller bekannten Bewegungsursachen, nämlich ihre Proportionalität zu Beschleunigung und Masse. m gilt für alle verschiedene Arten von Kräften. Die Gleichung $m\ddot{r} = k$ ist allgemein gültig und unabhängig vom speziellen Zustandekommen der Bewegung. Jede Ursache einer Bewegungsänderung wird durch dies Gesetz umfasst. Hierdurch sondert es ein Gebiet aus, das sonst gar nicht bestimmt werden könnte: die „allgemeine Dynamik".

c. Parallelogramm der Kräfte

Da m ein Skalar ist, $\ddot{r}$ ein Vektor, ist $m\ddot{r} = k$ ebenfalls ein Vektor. Wenn mehrere Kräfte zusammenwirken, addieren sie sich wie Vektoren. D. h. die von ihnen erzeugten Beschleunigungen superponieren sich unabhängig. Auch dies ist empirisches Faktum, an dem sich indessen zeigt, dass die Vektorrechnung, die anhand der Probleme der Mechanik angeregt wurde, ein zweckmäßiges mathematisches Modell für die Formulierung von Naturgesetzen ist.

4. ENERGIE

a. Impuls und kinetische Energie

Für die Ausdrücke, $m \cdot v$ und $\frac{m \cdot v^2}{2} = T$, Impuls und *kinetische Energie*, gelten *Erhaltungssätze*. Solche Sätze spielen in der heutigen Physik eine besondere Rolle. Sie sind die wohl allgemeinsten Naturgesetze, die wir kennen, und sind bisher nirgendwo eingeschränkt worden. Jede neue Hypothese wird zuerst daraufhin geprüft, ob sie mit den Erhaltungssätzen vereinbar ist. Die Erhaltungssätze bezeichnen die zeitliche Invarianz einer Größe. Das, was invariant bleibt, gewinnt dinglichen Charakter. Bei der Trägheitsbewegung bleiben Impuls und Energie selbstredend erhalten.

Die Bedeutung der Energie rührt daher, dass sie das Wegintegral der Kraft ist:

$$A = \int_1^2 k\, dr = \int k\, \dot{r}\, dt = m \int \ddot{r}\, \dot{r}\, dt = \frac{m}{2} \int d(\dot{r}^2) = \frac{m \cdot \dot{r}^2}{2}\Big|_1^2 = \frac{m}{2}(v_2^2 - v_1^2)$$

b. Konservative Kräfte

Es sei der Fall realisiert, dass das Wegintegral der Kraft zwischen zwei Punkten unabhängig vom durchlaufenden Weg wird. Diese Bedingung wird nur von besonderen Kraftfeldern erfüllt. Dann kann man schreiben: $k = -grad\ U$, wo U die potentielle Energie zwischen den beiden Punkten bedeutet, die man gewinnt bzw. aufbringen muss, wenn man von einem zum anderen übergeht. Es gilt dann der folgende Energieerhaltungssatz der Mechanik: $T + U = const$. Hier ist durch ein Invarianzprinzip ein Wirkliches charakterisiert. Es gibt konservative Kräfte.

Kommen Kräfte, deren Wegintegral von der Gestalt des Weges abhängt, ins Spiel, gilt der Energieerhaltungssatz der Mechanik nicht mehr. Darin liegt eine Aufforderung, einen noch allgemeineren Erhaltungssatz der Energie zu suchen.

c. Actio = Reactio

Dieses von Newton ausgesprochene allgemeine Prinzip über Kräfte zwischen verschiedenen Körpern stellt eine besondere Form des Energiesatzes dar. Als anschauliches Beispiel wählen wir die Erde und einen auf ihr liegenden Stein. Wenn der Stein die Erde nicht mit der gleichen Kraft anzieht, mit der die Erde ihn anzieht, sodass beide Kräfte also entgegengesetzt gleich sind, würde der Schwerpunkt des Systems in einer sogar beliebigen Richtung weggedrückt werden, und es könnte unbegrenzt viel kinetische Energie gewonnen werden.

II. REGIONALE DISZIPLINEN

A. Klassische Physik

1. EINTEILUNGSPRINZIPIEN

a. Überblick

In unserer Fakultät gibt es im Vorlesungsverzeichnis für das Sommersemester 1948 folgende fettgedruckten Überschriften:

Allgemeine Grundlagen und historische Entwicklung der Naturwissenschaften
Mathematik
Experimentelle und theoretische Physik
Angewandte Physik
Geologie und Meteorologie
Astrophysik und Astronomie
Physikalische Chemie
Metallkunde
Organische und anorganische Chemie
Mineralogie und Petrographie
Geologie und Paläontologie
Geographie
Botanik
Zoologie
Mikrobiologie

Wir lassen die erste Überschrift, als nicht inhaltliche Naturwissenschaft, sondern reden über ihr Entstehen, beiseite.

Ein Stück für sich ist ferner die Mathematik als Strukturforschung. Sie untersucht nicht das tatsächlich Vorkommende.

Im Übrigen hat die Physik den Namen geerbt, der ursprünglich das ganze Gebiet umfasste. Physis mögen wir mit Natur übersetzen, und dann ist Physik Naturwissenschaft. Erst in neuerer Zeit ist der Begriff eingeengt worden.

Man kann heute die Physik von den anderen Fächern am ehesten durch ihre *Allgemeinheit* absetzen. Sie handelt von allgemeinen Naturgesetzen, die immer und überall gelten. Demgegenüber sind ausgesprochene Wissenschaften von bestimmten konkreten Objekten, z. B. Meteorologie, Astronomie, Metallkunde, Mineralogie, Geologie, Geographie und die biologischen Wissenschaften.

Doch ist diese Abgrenzung unscharf. Chemie z. B. handelt von Speziellem, nämlich Stoffen. Aber diese Stoffe gibt es überall. Man sollte insofern lieber Physik und Chemie zusammenziehen und als allgemeine Naturwissenschaft den speziellen gegenüberstellen. In den speziellen spielt dabei die allgemeine eine wesentliche Rolle, besonders dann, wenn sie vom beschreibenden zum erklärenden Stadium übergehen; Ausdrücke wie Astrophysik, Biochemie erinnern daran.

Nun handelt auch die Physik von besonderen Phänomenen: Wärme, Licht, Schall. Es sind zweierlei Spezialisierungen zu unterscheiden: die raumzeitliche (Sterne, Erdgeschichte) und die phänomenale. Doch überlappen auch diese, denn bestimmte Phänomene (etwa Metalle) gibt es nur an bestimmten Stellen.

Man soll nicht versuchen, diesem Fluktuieren eine starre Ordnung aufzupressen. Unser Ziel ist nicht ein Katalog-Prinzip, sondern eine ordnende sachliche Einsicht, die uns für jeden Einzelfall die Gesichtspunkte der Einordnung liefern kann.

Hierfür soll zunächst der Unterschied der raumzeitlichen und der phänomenalen Spezialisierung dienen. Unter A soll von den phänomenal definierten Regionen (außer der Chemie) die Rede sein, unter B von den raumzeitlich definierten (und der Chemie), unter C von der wichtigsten phänomenal *und* raumzeitlich ausgesonderten Wirklichkeit, dem organischen Leben.

Wie sollen wir nun die Physik einteilen? Wir finden etwa die folgende Einteilung vor:

Mechanik mit Akustik
Wärmelehre
Elektrizität und Magnetismus
Optik
Relativitätstheorie
Atomphysik

Diese Einteilung ist unscharf. Die Statistik ist teils Wärmelehre teils Mechanik. Die Optik kann der Elektrik eingegliedert werden, die spezielle Relativitätstheorie der Mechanik, Elektrik und Optik, die allgemeine Relativitätstheorie der Geometrie und Mechanik, usw.

In der Einteilung gehen durcheinander Sinnesgebiete (Akustik, Wärme, Optik), allgemeine Gesetzlichkeiten (Mechanik, Relativitätstheorie), Gegenstandsbereiche (Elektrizität, Magnetismus, Atomphysik). Es ist also kein Wunder, wenn die Gebiete überlappen.

Die erscheinenden Gegenstände sind uns früher bekannt als die angemessenen Einteilungsprinzipien. Das gilt sowohl für die Wissenschaften (die Mathematik nimmt eine Sonderstellung ein), in denen die axiomatische Deduktion immer eine späte Stufe ist, wie auch für die alltägliche Wahrnehmung, in der uns ihr Inhalt unmittelbar gegeben wird, während das Wissen um die Wahrnehmung selbst der Reflexion bedarf.

Gemäß der Zweispitzigkeit der Physik kann die Einteilung von elementaren Gegebenheiten und von elementaren Gegenständen her gesucht werden. Letztere wird auf die Dauer die fruchtbarere sein, wir müssen aber auch die erste beurteilen können.

b. Einteilung nach elementaren Gegebenheiten

Es liegt zunächst nahe, die Einteilung nach Sinnesgebieten zu versuchen. Wir kommen damit nicht sehr weit. Etwa:

Gesicht: Optik	Geruch	Chemie
Gehör: Akustik	Geschmack	
Tastsinn: Mechanik?	Wärmesinn: Wärmelehre	

Die Mechanik ist eigentlich eine die Sinnesgebiete umgreifende Disziplin. Elektrik, Atomphysik kommen gar nicht vor.

Das Ungenügen dieser Einteilung tritt aber erst ganz hervor, wenn wir bedenken, dass nicht die Empfindung, sondern das Ding das leitende Interesse der Physik ist. Ich sehe Dinge. Insofern ist dem Gesicht jedes sichtbare Ding zugeordnet und nicht nur das Licht, welches nur das *Mittel* des Sehens ist. Wir müssen schon eine gegenständliche Vorstellung von der Natur haben, um die Sinnesgebiete so einzuteilen, wie es oben geschah: Auge, Ohr, Zunge, Nase, Haut als *Dinge* prägen die Vorstellung von den fünf Sinnen. Der Unterschied von Tast- und Wärmesinn zeigt, wie fadenscheinig die Einteilung phänomenologisch ist. Niemand kann wohl sagen, wie viel Sinne es geben mag. Beim Stehen habe ich das besondere Gefühl zu stehen; doch selbst wenn ich darauf achte, gelingt es nicht, dieses zu lokalisieren. Man hat daher hierfür keinen Namen, obwohl die Fähigkeit sich der Beschaffenheit des Bodens anzupassen, außerordentlich wichtig für uns ist.

So hat der Gesichtssinn ebenso wie der Tastsinn zum Gegenstand die Körper, also zunächst die Mechanik. Außerdem aber kann auch die besondere Weise der *Übermittlung* des dinglichen Sachverhalts an das Bewusstsein zum Gegenstand der Untersuchung werden und die Aufmerksamkeit auf bestimmte andere physikalische Sachverhalte lenken, die uns sonst länger entgangen wären, so Licht, Schall, Wärme. Es gibt aber auch Sachverhalte, die sich unseren Sinnen nicht direkt zeigen wie Elektrizität und Magnetismus. Von den Sinnen her ist deshalb eine Einteilung nicht zu gewinnen.

c. Einteilung nach elementaren Gegenständen

Diese Einteilung nimmt die Ergebnisse, die ich noch darstellen werde, voraus. Es gibt eben keine Einteilung der Wissenschaft vor der Wissenschaft selbst; die Sachen selbst belehren uns erst über die Einteilung. Ich skizziere jetzt eine derartige Einteilung nach dem heutigen Stand.

Es gibt „elementare Gegenstände". Sie treten unter dem Doppelaspekt von Welle und Teilchen auf und haben daher je zwei Namen, von denen aber oft nur der eine gebräuchlich ist. Ohne Anspruch darauf, auch sie systematisch zu ordnen, seien die heute bekannten oder vermuteten in der Tabelle auf S. 148 angegeben. Grundsätzlich bleibt jedoch zu bedenken, dass die Reihe der als elementar angesehenen Gegenstände zumindest heute nicht abgeschlossen ist und dass die jeweiligen elementaren Gegenstände eigentlich nur die Front der Forschung kennzeichnen und morgen vielleicht nicht mehr elementar genannt werden.

Die Liste ist sicherlich nicht vollständig. Das gilt aber wohl nur in Bezug auf die instabilen „Teilchen", die nur in der Atomphysik eine Rolle spielen und aus denen keine makroskopischen Körper oder Felder aufgebaut werden. Von ihnen reden wir zunächst nicht. Die anderen sind zu drei großen Komplexen zusammenzufassen:

„*Materie*":	Proton, Neutron, Elektron
„*Elektromagnetismus*":	Elektromagnetisches Feld
„*Gravitation*":	Schwerefeld

Teilchen	Feld	Ort des Auftretens	Stabilität	Ladung
Proton	Nukleonenfeld (Heisenberg)	Atomkerne	ja	+
Neutron		„	nur in Kernen	0
Elektron	Elektronenfeld (Dirac)	Atomhülle	ja	–
Positron		Höhenstrahlung und künstlich	nur im Vakuum	+
Neutrino	Neutrinofeld (Pauli)	β-Strahlung	?	0
Lichtquant	Elektromagnetisches Feld (Maxwell)	überall	nur im Vakuum	0
Meson (mehrere Sorten)	Mesonfeld (Yukawa)	Höhenstrahlung und künstlich	nein	+, –
Neutretto		„	nein	0
Gravitationsquant	Schwerefeld oder metrisches Feld (Einstein)	überall	ja?	0

Dass die Materie als „Teilchen", Elektromagnetismus und Gravitation als „Feld" auftreten, liegt an einer besonderen atomphysikalischen Eigenschaft: Die Materie-Elementarteilchen genügen der Fermi-Statistik, die anderen der Bose-Statistik. Diese Begriffe können erst in der Atomphysik erläutert werden. Teilchen, welche dem Paulischen Ausschließungsverbot, das der Fermi-Statistik zugrunde liegt, gehorchen, können nicht beliebig zusammengedrängt werden; für die übrigen Teilchen gibt es diese Beschränkung nicht. Dies hat zur Folge, dass Materie stets einen bestimmten Raum erfüllt. Materie ist „undurchdringlich", „körperlich", Gravitationsfeld und elektromagnetisches Feld sind es nicht.

Der kleinste für sich existenzfähige aus Materie bestehende Körper ist das *Atom*. Das Atom ist nicht direkt sichtbar. Man nennt es „mikroskopisch" (was streng genommen auch nicht stimmt). Aus Atomen besteht alle direkt wahrnehmbare „makroskopische" Materie. Die klassische Physik hat es immer mit vielen Atomen zu tun und behandelt nur die Wechselwirkung makroskopischer Körper. Je nach ihrer Zusammensetzung sind die Atome selbst verschieden. Dies gibt den Unterschied der *chemischen Elemente*. Die Chemie befasst sich mit den individuellen Eigenschaften der Elemente und den Möglichkeiten ihrer Verbindung. Es gibt ferner allgemeine Eigenschaften der Materie, die nur aus ihrer Körperlichkeit hervorgehen. Die *allgemeine Mechanik* lehrt die Gesetze der Bewegung von Körpern. Insofern Bewegung durch Kräfte ausgelöst wird, gibt sie das Mittel an die Hand, andere Realitäten als Materie, die „*Kraftfelder*", nachzuweisen. Dies führt zu den Theorien des Elektromagnetismus und der Gravitation. Andererseits kann man bestimmte Kräfte einfach voraussetzen und zusehen, wie dann die Bewegung erfolgt. Das ist dann *spezielle Mechanik*. Ein besonderer Zweig ist die summarische „statistische" Beschreibung von Bewegungen der kleinen Teile größerer Körper. Diese Bewegungen treten als *Turbulenz* und als *Wärme* in Erscheinung. Schließlich zeigt sich, dass *Raum* und *Zeit* selbst, als Rahmen des Gegebenenseins von elementaren Gegenständen, nicht problemlos sind. Es gibt Theorien ihres Zusammenhangs mit bestimmten Feldern: dem Elektromagnetismus in der speziellen Relativitätstheorie und der Gravitation in der allgemeinen Relativitätstheorie. Materie, Elektromagnetismus und Gravitation sind bisher nicht aufeinander zurückführbar. Im „Makroaspekt" treten sie jedenfalls deutlich getrennt auf.

Neben diesen „allgemeinen Disziplinen" stehen dann die auch raumzeitlich regionalen „Nachbarwissenschaften", die meist im Detail erst durch die Atomphysik „verstanden" und ins System eingefügt werden können. Davon unter II B.

2. SPEZIELLE MECHANIK

a. Massenpunkt

In der allgemeinen Mechanik haben wir die Grundgesetze der Bewegung von Körpern behandelt. Um zu präzisen Aussagen zu gelangen, war der naheliegendste Weg, den Körper als ein Kontinuum aufzufassen, welches auf das Raumkontinuum bzw. auf das Kontinuum der reellen Zahlen abgebildet werden kann. Wir gelangten so zur Vorstellung des Massenpunktes. Dies ist nicht nur eine Redeweise, sondern es könnten Massenpunkte durchaus realisiert sein. Die Materie wäre dann punkthaft konzentriert, und ihre Ausgedehntheit wäre nur ein Resultat des Wirkens von Kräften zwischen Massenpunkten. Die Mechanik des Massenpunktes ist jedoch unabhängig davon, ob es Massenpunkte wirklich gibt, sondern ist eine mögliche Idealisierung. Man kann Körper so behandeln, als wäre ihre Masse im Schwerpunkt vereinigt. In der Astronomie stellt diese Idealisierung eine gute Näherung an die wirklichen Verhältnisse dar, denn die Ausdehnung der Himmelskörper ist immer sehr klein gegenüber ihren Abständen.

In der allgemeinen Mechanik zeigte sich, dass für Massenpunkte die Newtonschen Grundgesetze gelten. Von den möglichen Typen der Kraft haben die *Zentralkräfte* eine besonders große Bedeutung. Newton führte sie als Erster ein. Er gelangte dadurch zu einer exakten physikalischen Theorie der Bewegungen im Planetensystem. Zur Verfügung standen die drei Gesetze Keplers. Sie beschreiben die Bewegung der Planeten. Newton fand nun die physikalische Erklärung, *warum* diese Gesetze gelten: Die Sonne zieht die Planeten an, sie ist die Quelle eines Kraftfeldes, unter dessen Einfluss die Planeten die Keplerschen Gesetze befolgen müssen. Ganz allgemein gilt, dass zwei Körper sich mit der Kraft $K = \gamma m_1 \cdot m_2 \cdot r^{-2}$ anziehen. Dies ist das *Gravi-*

tationsgesetz. m_1 und m_2 bezeichnet man als die *schweren* Massen der Körper. Dass die schwere Masse proportional der trägen Masse ist, ist ein empirischer Befund und steht nicht von vornherein fest. Die Proportionalität ist bisher, soweit man sie messtechnisch verfolgen kann, streng gewahrt.

Durch die Einführung von „Kraftfeldern" kam zum ersten Mal ein „Etwas" in die Physik hinein, was nicht Materie ist. Das Feld wird durch die Wirkung definiert, die es auf die Bewegung der Materie ausübt. Mit einem Probekörper kann man es ausloten. Es erfüllt unbegrenzt den Raum, seine Quelle ist die Materie. Man kann nun weiter fragen, in welcher Weise denn weit voneinander entfernte Körper aufeinander Schwerewirkung ausüben, vor allem, ob die Wirkung immer nur von Punkt zu Punkt übertragen wird (Nahewirkung), oder ob sie „einfach da ist", als Fernwirkung. Für eine Nahewirkung ist eine endliche Ausbreitungsgeschwindigkeit plausibel. Newton fasst die Gravitation als Fernwirkung auf, die zwischen zwei Körpern eben vorhanden ist. Sonne und Erde ziehen sich an, zwischen beiden aber ist leerer Raum. Wie kann er überbrückt werden? Diese Frage hat Newton bewegt, doch fand er keine Antwort. Er gesteht, dass er mit Hilfe der Gravitation zwar Keplers Gesetze verstehe, die Ursache der Gravitation selbst aber nicht wisse „et hypotheses non fingo". An dieser Stelle steht der berühmte Satz, der nicht die Hypothese in unserem Sinne, sondern die phantasierende Spekulation verwirft. Newtons Gravitationstheorie erweckte, da sie Fernwirkungskräfte zu involvieren schien, bei seinen Zeitgenossen Unbehagen. Man hatte den Verdacht, solche Kräfte seien vielleicht doch recht „metaphysisch", während Nahewirkungskräfte, die aus der Theorie von Druck und Stoß unmittelbar verständlich schienen, etwas anschaulich Fassliches seien. Aber die Gravitationstheorie bewährte sich in der Erfahrung, und später hatte man sich an die Vorstellung von

Fernwirkungen so gewöhnt, dass Wilhelm Weber sie in seiner Theorie der Elektrizität bewusst anwandte. Maxwell schuf dann eine Nahewirkungstheorie der Elektrizität, in der die Lichtgeschwindigkeit eine maßgebende Konstante ist. In der allgemeinen Relativitätstheorie hat Einstein auch die Gravitation als Nahewirkung dargestellt.

Newtons Gesetz folgt aus einem Potential der Form $U \sim \frac{1}{r}$ und genügt somit der Laplaceschen Differentialgleichung: $\Delta U = O$. Diese formale Auffassung des Gravitationsgesetzes besagt, dass es eine im ganzen Raum ausgedehnte Größe gibt, die der angegebenen Differentialgleichung genügt. Die Differentialschreibweise legt die Auffassung nahe, dass die sich von Ort zu Ort übertragende Wirkung eine endliche Ausbreitungsgeschwindigkeit habe.

b. Punktsysteme

In der Himmelsmechanik idealisiert man die Planeten zu Massenpunkten, das Planetensystem zu einem *System* von Massenpunkten. Nun wirkt jeder Massenpunkt auf jeden anderen. Die Mechanik von Mehrkörperproblemen wird sehr verwickelt und der allgemeine Fall ist nicht mehr streng lösbar. Im 3-Körper-Problem braucht man $6n = 18$ Integrale. Von diesen sind nur 10 angebbar, für die übrigen gibt es keine geschlossenen Ausdrücke. Die 10 bestehenden Integrale sind die allgemeinen Erhaltungssätze: 3 Impulssätze, 3 Drehimpulssätze, 3 Schwerpunktsätze und der Energiesatz. Energie- und Impulssatz haben wir schon in der allgemeinen Mechanik besprochen. Als *Drehimpuls* bezeichnet man in formaler Analogie zum Impuls den Ausdruck $\omega \cdot \Theta$, wo $\omega = \dot{\varphi}$ die Winkelgeschwindigkeit der Rotation, Θ das Trägheitsmoment $\int dm\, r^2$ der rotierenden Massen bedeutet. Der *Schwerpunktsatz* besagt, dass der Schwerpunkt eines abgeschlossenen Systems durch systeminnere Kräfte nicht bewegt werden kann. In der Mechanik des Planetensystems kann man nun freilich wegen der großen Massenüberlegenheit der Sonne gegenüber den Planeten mit dem 2-Körperproblem rechnen und die Wechselwirkungen der Planeten unter sich als zusätzliche kleine Störungen einführen, die näherungsweise bestimmt werden.

Aus der Mechanik der Punktsysteme ergibt sich jedoch noch eine in mancher Beziehung sehr aufschlussreiche Alternative. Sie beruht auf der Möglichkeit, dieselbe Bewegung als *Integralprinzip* wie als *Differentialgleichung* zu formulieren. Betrachten wir z. B. die Bahn eines Massenpunktes. Ist der Anfangszustand zur Zeit t_0 bekannt, so ist jeder folgende und auch der als Endzustand betrachtete Zustand zur Zeit t_1 eindeutig durch eine Differentialgleichung bestimmt. Dieselbe Bewegung kann jedoch auch durch das Hamiltonsche Integralprinzip beschrieben werden. Es verlangt, dass man für einen bestimmten Punkt des Raumes die potentielle und kinetische Energie berechnet und den Lagrangeschen Ausdruck $L = T - U$ bildet, der eine Funktion des Ortes ist. Mit dieser Funktion belege man den ganzen Raum x, y, z. Dann wird das Integral $\int_{t_0}^{t_1} L\, dt$ ein Extremum für diejenige Bahn, die der Massenpunkt tatsächlich durchläuft. Unter allen möglichen Bahnen „wählt" der Massenpunkt gerade die aus, die dieser Forderung genügt. Als mögliche Bahnen gelten alle geometrisch denkbaren Verbindungslinien des Anfangspunktes mit dem Endpunkt.

Natürlich ergibt sich nun die Frage, wie die differentielle, von Punkt zu Punkt wirkende Determination des Massenpunkts durch die wirkenden Kräfte mit dem finalen Integralprinzip, welches das Ziel voraussetzt, zu vereinen ist. Der einer Differentialgleichung gehorchende Massenpunkt „weiß" nicht wohin er kommt, das Integralprinzip fordert eine auf das Ziel gerichtete Bewegung.

Es ist eine entscheidende, viel zu wenig ins Allgemeinbewusstsein gedrungene Erkenntnis der neuzeitlichen Mathematik, dass dieser Gegensatz zwischen kausaler und finaler Determination des Geschehens in Wahrheit gar nicht existiert, wenigstens nicht, so lange es erlaubt ist, das Prinzip der Kausalität durch Differentialgleichungen und dasjenige der Finalität durch Extremalprinzipien zu präzisieren. Die Bedingung, dass das Integral ein Extremum wird, ist die Eulersche Differentialgleichung der Variationsrechnung, die sich als äquivalent zur Newtonschen $m\ddot{r} = k$ erweist. Wie ist dies möglich?

In einer Differentialgleichung beschreibe ich nur die nächste Umgebung, ohne das Ziel zu kennen. Im kausalen Denken determiniert die Beschaffenheit des Augenblicks die Zukunft. Das Integralprinzip setzt umgekehrt die Kenntnis des Ziels voraus. Sind Anfangs- und Endzustand bekannt, so sind auch alle Zwischenzustände gegeben. Die Differentialgleichung gibt nun die Zusammenhänge an, die im Kleinen (von Ort zu Ort) herrschen müssen, damit im Großen der im Extremalprinzip geforderte Effekt erreicht werden kann. So kann man nach der Differentialgleichung ausrechnen, welchen Endpunkt ein Massenpunkt erreichen wird, der in einer bestimmten Richtung abgegangen ist; dieser Ort ist gerade so bestimmt, dass der Massenpunkt, um das Hamiltonsche Prinzip zu erfüllen, die Richtung einschlagen musste, die er tatsächlich eingeschlagen hat. Das finale „Ziel" und das kausale „Gesetz" sind also nur verschiedene Weisen, dasselbe Prinzip auszudrücken. Die kausale Forderung der Differentialgleichung ist die Bedingung der Möglichkeit der finalen Forderung; und umgekehrt gibt die finale Forderung an, welches Ziel man als notwendige Folge der kausalen erreicht. Der Vorgriff auf die Zukunft, der in der Vorstellung eines Ziels ausdrücklich ausgesprochen ist, liegt unausdrücklich ebenso in der Erwartung, dass das Gesetz immer und überall gelten werde. Gerade der strenge Determinismus lässt den Schluss vom Zukünftigen auf das Vergangene ebenso zu, wie den vom Vergangenen auf das Zukünftige. Beide Prinzipien widersprechen sich also nicht, sondern sind geradezu aneinander gebunden und bestehen nur zusammen. Entweder hat man beide oder keines. Sie schließen sich gleichsam zu einem höheren Prinzip zusammen, das mit der alten causa formalis eine gewisse Verwandtschaft zeigt. Wir können den Extremalprinzipien keine unmittelbar teleologische Deutung geben, da wir kein in der Natur schaffendes Bewusstsein erkennen können, das sich diese Zwecke setzt. Für die Kausalität aber gilt, dass gerade die mathematische Formulierung der Naturgesetze die grob mechanische Tendenz der neuzeitlichen Physik schließlich überwunden und unseren Kausalvorstellungen erst einen präzisen Inhalt gegeben hat. Die mathematische Form, in der Tat eine Art causa formalis, bleibt in der Physik als letzter fassbarer Gehalt unserer alten Kausalbegriffe übrig. Dabei wird der Begriff der Form auf den zeitlichen Ablauf ausgedehnt. Differentialgleichungen und Extremalprinzipien besagen, dass ein physikalischer Ablauf zeitlich ein Ganzes, eine Gestalt darstellt; Kausalanalyse erweist sich in diesem Sinne als die höchste Stufe der Morphologie.

Wir haben soeben den mathematischen Hintergrund der Leibnizschen Lehre von der prästabilierten Harmonie betrachtet. Ein Uhrmacher beurteilt sein Werk in der Tat im selben Akt final und kausal; er richtet seine Räder gerade so ein, dass sie kraft ihrer mechanischen Eigenschaften den ihnen gesetzten Zweck von selbst erfüllen. Für uns Heutige ist freilich auch diese Konstruktion nur in einem gewissen Bereich legitim. Physikalisch hat uns die Atomphysik gerade den Determinismus, die Grundlage der ganzen Konstruktion, aus der Hand genommen. Zwar wird auch die Atomphysik von Differentialgleichungen und Extremalprinzipien beherrscht, aber die Größen, die diesen Relationen genügen, sind nicht mehr objektive Eigenschaften seiender Dinge, sondern bloße Hilfsgrößen, aus denen Wahrscheinlichkeiten von Messresultaten berechnet werden können. In Fortführung Leibnizscher Gedanken wird man sagen dürfen: Die Auszeichnung der Welt, in der Extremalprinzipien gelten, besteht darin, dass sie mit dem einfachsten, für den Geist durchsichtigsten Gesetz den größten Reichtum an Erscheinungen zusammenfasst.

c. Starrer Körper

Eine wichtige Gruppe von Gegenständen der Physik sind die *festen* Körper. Anhand von Experimenten (Fallgesetz) und Beobachtungen (Planetenbewegung) an festen Körpern ist die klassische Physik entstanden. Bei den betreffenden Vorgängen ändert sich die Gestalt der Körper nicht. Da man weiß, dass feste Körper nur unter mehr oder weniger großem Kraftaufwand deformiert werden können, schuf man die Abstraktion des *starren* Körpers. Man denkt ihn sich aus Massenpunkten aufgebaut, die gegeneinander nicht verschiebbar sind. Diese Idealisierung ist in der Relativitätstheorie nicht mehr zulässig, da Wirkungen sich höchstens nur mit Lichtgeschwindigkeit fortpflanzen können. Bei einem Stoß z. B. müsste eine Deformationswelle durch den Körper laufen.

d. Deformierbarer Körper

Die wirklichen Festkörper sind nun keineswegs ideal starr, sondern Kräfte lösen an ihnen Deformationen aus. Der Deformation wirken *quasielastische* rücktreibende Kräfte entgegen (von plastischer Verformung soll nicht die Rede sein). Sie sollen linear zur Verrückung angesetzt werden, was in erster Näherung recht gut stimmt, so lange nur kleine Amplituden vorkommen. Dann ist $U \sim x^2$. Quasielastische Kräfte sind keine Grundkräfte nach Art der Gravitation; heute sind sie als Kräfte hauptsächlich elektrischer Natur zwischen Atomen erkannt. Aber man kann Elastizitätstheorie betreiben, ohne über das Zustandekommen dieser Kräfte etwas zu wissen. Sie sind lediglich das erste Glied einer Reihe, in die man die Kraft nach Potenzen der Ortskoordinaten entwickelt:

$$K = c_0 + c_1 x + c_2 x^2 + \ldots$$

Als ein Teilgebiet der Elastizitätstheorie im Sinne mechanischer Schwingungen hoher Frequenzen kann man die *Akustik* auffassen.

Regt man einen Körper zu elastischen Schwingungen an, so werden diese im Innern des Körpers hin und her reflektiert werden. Sind die Schwingungen nicht streng harmonisch, was im Allgemeinen erfüllt sein wird, so ändern sie ihre Wellenlänge. Es wird dabei stets Energie in die Form höherer Frequenzen übergehen, es werden immer kürzere Wellen angeregt. Schließlich wird die gesamte Energie von hörbaren und sichtbaren Schwingungen in nicht mehr wahrnehmbare überführt werden. Mit dieser Argumentation verteidigte Boltzmann seine kinetische Wärmetheorie gegen Mach, der sie wegen der Verwendung unphänomenologischer, „metaphysischer" Vorstellungen ablehnte.

e. Flüssigkeit und Gas

In der Elastizitätstheorie stellt man die Deformation des elastischen Kontinuums mathematisch als *Vektorfeld* dar. Formal gleich behandelt man *Strömungsfelder* in der Hydrodynamik. Die Flüssigkeit wird als ein Kontinuum betrachtet, dessen Punkte gegeneinander beliebig verschiebbar sind. Jedem Punkt ordnet man einen Geschwindigkeitsvektor zu. Ihre Gesamtheit konstituiert das Geschwindigkeitsfeld. Das Strömungsfeld wird von

Kräften beeinflusst. Unter Zugrundelegung der Inkompressibilität der Flüssigkeit kann man nun die Grundgleichungen von zwei verschiedenen Standpunkten aus formulieren. Man kann einmal das Geschwindigkeitsfeld als Funktion des Ortes auffassen, die so genannte *lokale* Auffassung (Euler), oder man kann auch das Geschwindigkeitsfeld als Funktion der Koordinaten eines Massenpunktes, den man verfolgt, betrachten, die *substantiale* Auffassung (Lagrange). Die lokale Auffassung ist analog zu anderen Feldern. In der substantialen wird die Tatsache ausgenutzt, dass man es mit lokalisierbaren Teilchen zu tun hat.

Sämtliche Strömungen können in zwei Klassen eingeteilt werden, die sich schon rein phänomenologisch deutlich unterscheiden, nämlich in *laminare* und *turbulente* Strömungen. Laminare Strömungen sind mathematisch zu charakterisieren als glatte Funktionen von Ort und Zeit. Eine turbulente Strömung kann man als Überlagerung einer laminaren Hauptströmung durch zahlreiche unregelmäßige Zusatzbewegungen beschreiben. Laminare Strömungen sind nur beständig bzw. bilden sich aus bei hoher Zähigkeit der Flüssigkeit oder kleinem Rohrdurchmesser. Die Flüssigkeitsteilchen behindern dann einander und legen geometrisch ähnliche Bahnen zurück. Wird die Wechselwirkung zwischen ihnen klein, wie etwa bei geringer Zähigkeit, kommen die unbegrenzt vielen Freiheitsgrade des Kontinuums zur Auswirkung. Turbulenz ist im Falle geringer Zähigkeit die stabile Bewegungsform. Sobald die physikalischen Bedingungen es erlauben, treten die Freiheitsgrade in Erscheinung. Das heißt jede geometrisch überhaupt nur mögliche Bewegung tritt auf, wenn sie kann. Die Stabilität der Turbulenz ist eine Frage der *Wahrscheinlichkeit*. Es gibt eben neben der einen sehr speziellen hochgeordneten Bewegung der laminaren Strömung ungeheuer viel ungeordnete, die alle die gleiche Möglichkeit des Realisiertwerdens haben. Wurde also erst einmal Turbulenz angeregt, ist es hoffnungslos unwahrscheinlich, dass die laminare Ausgangsströmung von selbst wiederhergestellt wird, sondern es ist zu erwarten, dass die Turbulenz sich auf sämtliche physikalisch möglichen Größenordnungen ausdehnt.

3. WÄRME UND STATISTIK

a. Phänomenologische Thermodynamik

α. Temperatur

Der Ausgangspunkt der Wärmetheorie ist das sinnliche Phänomen der *Wärme*. Physikalisch wird die Wärmeempfindung ausgedrückt und quantitativ gefasst im Begriff der *Temperatur*. Diese begriffliche Präzision übersteigt jedoch die phänomenale Aufweisbarkeit. Die Temperatur ist nicht ein zuverlässiges Maß der Empfindung. Der Zusammenhang zwischen beiden ist kompliziert und noch ziemlich ungeklärt. Seine Kenntnis kann nur durch eine detaillierte Theorie des Zustandekommens der Empfindung als Naturvorgang erlangt werden. Sie wäre genauso wichtig und erforschenswert wie die Physik, die von den Phänomenen ausgeht, welche uns in der Wahrnehmung erscheinen. Das Funktionieren unseres Sinnessystems ist zwar die Voraussetzung jeglicher Physik, Sinnesphysiologie kann man aber nur treiben, wenn man die Physik schon weitgehend kennt. Von diesem umfangreichen Gebiet wollen wir hier nicht reden. Wir kehren daher zur Physik zurück und fragen, wie denn die Temperatur definiert ist und wie man sie misst. Die Thermometrie beruht auf dem Bestehen einer bestimmten *Zustandsgleichung* für die Thermometersubstanz. Für das Gasthermometer gilt die Zustandsgleichung: $pV = nRT$.

Durch diese Gleichung ist das „ideale Gas" definiert. In welchem Sinne kann man eine derartige Gleichung als Ausdruck von Erfahrungen bezeichnen? Für nicht zu tiefe Temperaturen stellt sie eine gute Annäherung an das wirkliche Verhalten von Gasen dar. Diese Annäherung wird aber überhaupt erst nachprüfbar durch eine scharfe Definition des Begriffs der Temperatur, der mit dem Buchstaben T in der Gleichung bezeichnet ist. Eine erste Annäherung an eine solche Definition liefert die Gleichung selbst. Es ist eine empirische Tatsache, dass man für alle Gase bei hinreichend hoher Temperatur die Größen p und V durch eine Gleichung der angegebenen Form verknüpfen kann und dass dabei für zwei Gase, die miteinander lange genug in Wärmekontakt gestanden haben, stets dieselbe Größe T auftritt. Diese Definition von T ist methodisch ähnlich derjenigen der Masse und der Kraft in der Newtonschen Grundgleichung. Anhand des zweiten Hauptsatzes lässt sich dann eine noch allgemeinere Temperaturdefinition aufstellen. Von dieser letzteren aus gesehen ist dann unsere Zustandsgleichung des idealen Gases überhaupt nicht mehr Definitionsgleichung von T, sondern nur noch eine bestimmte Idealisierung rein empirischer Sachverhalte.

p und V sind aus der Mechanik bekannte Größen. V ist geometrisch definiert, p als Kraft pro Flächeneinheit. Im Gegensatz zum Newtonschen $m \cdot \ddot{r} = k$ wird hier nur *eine* Grundgröße neu eingeführt. Die Temperatur ist immer positiv, sie hat einen Nullpunkt aber keine obere Grenze.

β. Energie

Der Energiesatz der Mechnik bezeichnet etwas *Dauerndes* im Wechsel der Erscheinungen. Doch gilt er nur für konservative Kräfte. Reibung scheint Energie zu vernichten. Man wusste allerdings schon lange, dass beim Verschwinden mechanischer Arbeit in Reibungsvorgängen zusätzlich Wärme auftritt. Um die Mitte des 19. Jahrhunderts schlug Robert Mayer vor, die Energieinvarianz auf die Umwandelbarkeit der mechanischen Energie in Wärme auszudehnen. Es leitete ihn dabei eine besondere Auffassung des Kausalprinzips. Er nahm den alten Satz ‚causa aequat effectum' sehr ernst und wandte ihn auf die Umwandlung der Energie in verschiedene Formen an. Wichtig daran ist das Herausstellen des Substanzcharakters der Energie, die ja zunächst nur als eine Möglichkeit, die Fähigkeit zu Arbeitsleistung, definiert war.

Den allgemeinen Energieerhaltungssatz kann man in vielerlei Weisen aussprechen. Ich will die wählen, in der er die Unmöglichkeit des *Perpetuum mobile I. Art* behauptet. Bestritten wird, dass es jemals eine Vorrichtung geben könne, die ständig Arbeit leistet, ohne dass Energie hineingesteckt werden muss. Der Satz behauptet, ein Vorgang könne *nicht* stattfinden. Eine solche negative Formulierung wird durch ein einziges Gegenbeispiel widerlegt. Zur Beleuchtung der Situation mag ein historisches Beispiel dienen. Im Anfang des 19. Jahrhunderts wollte die Pariser Akademie keine Arbeiten mehr über zwei Themen annehmen: das Perpetuum mobile und dass Steine vom Himmel fallen. Das Perpetuum mobile gilt heute noch als unmöglich. Dass Steine aber tatsächlich vom Himmel fallen, weiß heute jeder. Hieran mag uns die Kühnheit der negativen Formulierung deutlich werden. Sie ist aber auch nicht kühner als die positive Behauptung eines Gesetzes, das ebenfalls beansprucht, für *alle* Fälle zu gelten. Es könnte allerdings sein, dass bei neuen Erfahrungen der Energiesatz nicht gültig bliebe. Dann müsste man den Bereich, in dem er gilt, abgrenzen. Er hätte dann nur mehr relative Geltung.

γ. Entropie

Alle um uns herum ablaufenden Vorgänge sind streng genommen *unumkehrbar*, d.h. sie können nicht in der zur wirklichen Zeitrichtung entgegengesetzten Richtung ablaufen. Die Gesetze der Mechanik enthalten die Unumkehrbarkeit *nicht*. Wenn eine Funktion *x(t)* die Gleichung $m\ddot{x} = K$ erfüllt, so erfüllt auch *x(−t)* die Gleichung. Genau so invariant gegen Vertauschung der Zeitrichtung sind die Maxwellschen Gleichungen, die Gleichungen der Atomphysik und selbstredend der erste Hauptsatz der Thermodynamik. Die einzige Stelle in unserer heutigen Physik, in der sich einer der wichtigsten Züge der Struktur der wirklichen Zeit, ihre Geschichtlichkeit, ausdrückt, ist der *zweite Hauptsatz* der Wärmelehre. Man kann ihn dahingehend aussprechen, dass ein *Perpetuum mobile II. Art*, welches Arbeit lediglich durch Abkühlung eines Wärmereservoirs leistet, ohne dass sich irgendetwas anderes in der Welt ändert, unmöglich ist. Es zeigt sich vielmehr, dass nur *Temperaturdifferenzen* zu Arbeitsleistung ausgenützt werden können. Die in einem Wärmereservoir der tiefsten vorhandenen Temperatur steckende Wärmeenergie ist als solche für die Leistung mechanischer Arbeit verloren. Man definiert nun eine Größe $S = \int \frac{dQ}{T}$, die, als *Entropie* bezeichnet (griech. „nach innen gewandt"), ein Maß für die in Form von Wärme für die Arbeitsleistung verlorene Energie darstellt. ($U-TS$ = freie Energie). Der zweite Hauptsatz besagt dann: In einem abgeschlossenen System nimmt die Entropie im Laufe der Zeit zu oder bleibt höchstens konstant, aber nimmt nicht ab. Genau wie die Energie ist die Entropie zunächst nur bis auf eine additive Konstante bestimmt. Ihre absolute Berechnung gestattet das Theorem von Nernst (auch 3. Hauptsatz genannt). Es fordert ganz allgemein, dass am absoluten Nullpunkt der Temperatur $S = O$ sein soll. Man kann das Theorem auch in der Form aussprechen, dass es unmöglich ist, einen Körper bis zum absoluten Nullpunkt abzukühlen.

b. Statistik

α. Kinetische Gastheorie

Die phänomenologische Thermodynamik machte keine Aussage darüber, ob und in welcher Weise ihre Gesetzlichkeiten durch Elementarvorgänge im Kleinen bestimmt werden. Sie ist keine in unserem Sinne eigentlich erklärende Theorie. Erklären heißt, ein Faktum auf ein anderes zurückführen. In unserer heutigen Lage bedeutet dies, dass ein Phänomen nur dann als erklärt gilt, wenn es von der Atomphysik her verständlich wird. Die Wärmelehre hat ihre im Sinne dieser Forderung erklärende Grundlage in der *kinetischen Gastheorie* gefunden. Die Vorstellung von der atomistischen Struktur der Materie erweckte schon in David Bernoulli den Gedanken, es handle sich bei der Wärme um die ungeordnete Bewegung der Atome. Diese These kam dem Bestreben entgegen, alles auf Mechanik zurückzuführen. Sie hat sich gegen die älteren Theorien, die in der Wärme einen Stoff sahen, auf die Dauer durchgesetzt. (Jene Theorien, welche der Wärme Substanzcharakter zusprachen, stützten sich auf diejenigen Phänomene, bei denen Wärme „strömt" (Wärmeleitung); sie versagten jedoch bei allen Vorgängen, in denen Wärme in andere Formen der Energie verwandelt wird.) Im 19. Jahrhundert wurde die kinetische Wärmetheorie von Clausius, Maxwell und Boltzmann ausgebaut und so gut wie abgeschlossen. Auch für die Wärme gilt, dass die gegenständliche Erklärung die Phänomene selbst auf etwas hinter ihnen Liegendes zurückführt, was von ihnen völlig verschieden ist. Der Positivismus des ausgehenden 19. Jahrhunderts wollte die gegenständliche Erklärung nicht anerkennen; nachdem man aber die Temperaturbewegung der Atome und Moleküle auch experimentell direkt aufweisen konnte (Brownsche Molekularbewegung, Gerlachs Atomstrahlversuche), mussten die Gegner des Atomismus sich bekehren.

Vernachlässigt man die Wechselwirkung der Moleküle untereinander, was bei kleinen Gasdichten in erster Näherung erlaubt ist, d. h. sieht man die Bewegung der Moleküle als voneinander unabhängig an, ergibt sich genau die Zustandsgleichung des idealen Gases. Der auf die Gefäßwände ausgeübte Druck ist das Zeitintegral der von den elastisch reflektierten Molekülen auf die Wand übertragenen Impulse. Dann muss $pV = nRT$ so gelesen werden, dass die Temperatur T ein Maß für die mittlere kinetische Energie eines Moleküls bedeutet: $\frac{\overline{m \cdot v^2}}{2} = \frac{3}{2} kT$, $k = \frac{R}{N}$.

Denn bei konstantem Volumen ist der Druck proportional der Temperatur; da der Impuls des einzelnen Teilchens proportional der Geschwindigkeit ist, desgleichen auch die Zahl der auftreffenden Teilchen, muss der Druck also proportional der Energie sein.

Eine Temperatur ist nur für einen Gleichgewichtszustand streng definiert. Welche Geschwindigkeitsverteilung stellt sich nun beim Temperaturgleichgewicht ein? Im Impulsintervall

$[p_x, p_x+dp_x]$, $[p_y, p_y+dp_y]$, $[p_z, p_z+dp_z]$

lautet die Verteilungsfunktion:

$$f(p_x, p_y, p_z)\, dp_x\, dp_y\, dp_z = \text{const.}\ e^{-\frac{p_x^2+p_y^2+p_z^2}{2mkT}}\, dp_x\, dp_y\, dp_z$$

Diese so genannte Maxwellverteilung ist mathematisch ein Spezialfall der Gaußschen Fehlerfunktion, welche die Statistik der Abweichungen von einem Mittelwert auf Grund kleiner im einzelnen nicht bekannter Ursachen angibt.

Wir betrachten nun ein System, das sich weit weg vom Gleichgewichtszustand befindet. Wie wird es sich weiter entwickeln?

Boltzmann definiert eine bestimmte Funktion der Verteilungsfunktion f und bezeichnet sie mit dem Buchstaben H. Für diese Funktion beweist er, dass $\dot{H}$ stets größer oder gleich Null ist. Dieser Satz, das so genannte H-Theorem, drückt also die Irreversibilität der Vorgänge im Gas aus. H befindet sich entweder in einem Maximum oder strebt einem solchen zu. In der Maxwellverteilung hat H den maximalen Wert, und daher ist sie die stabile Verteilung. Da f eine statistische Verteilung ist, ist auch die Irreversibilität der Entwicklung von H eine statistische Tatsache; die Aussage ist eine Aussage über Mittelwerte.

Es zeigt sich, dass H bis auf einen Faktor mit der Entropie identisch ist. Boltzmann verallgemeinerte die Maxwellverteilung zu $f(T) \sim e^{-E/kT}$, wo E auch die potentielle Energie umfasst. Das H-Theorem behauptet dann: Jedes im thermodynamischen Gleichgewicht gestörte System strebt der Boltzmannverteilung zu und verharrt in ihr. Der Vorgang ist irreversibel im Sinne des zweiten Hauptsatzes.

Welche Vorgänge spielen für die Irreversibilität von H eine Rolle? Vorgänge zwischen Molekülen gleicher mittlerer Energie sind nicht wichtig. Hier verändern sich nach den Gesetzen der Mechanik nur die Stoßrichtungen. Stöße zwischen Teilchen sehr verschiedener Energie führen jedoch zu einer Energiedissipation. Schießt man z. B. ein α-Teilchen in einen Gasraum hinein, so wird es abgebremst, und seine ganze kinetische Energie verwandelt sich in ungeordnete Wärmebewegung der Moleküle. Die Entropie des aus α-Teilchen + Gas bestehenden Systems ist größer geworden. Man kann fragen, ob der umgekehrte Fall, dass das Gas sich abkühlt und die gesamte freiwerdende Energie auf ein Teilchen überträgt, nicht auch vorkommt. Nach der Mechanik ist das möglich und das H-Theorem, das nur über Mittelwerte Aussagen macht, verbietet es nicht, behauptet aber, der Vorgang werde *eminent selten* sein. Um dies näher zu erläutern, müssen wir nunmehr die Begriffsprache der Statistik einführen. Wir haben bisher ohnehin schon die Annahme stillschweigend vorausgesetzt, die Molekularbewegung solle ungeordnet und alle geometrisch möglichen Bewegungen zugelassen sein. Wie sind dann die Gleichgewichtsverteilung und das *H*-Theorem zu verstehen?

β. Statistische Deutung des zweiten Hauptsatzes
Der Übergang von kinetischer Energie beobachtbarer Bewegungen in Wärme ist der Übergang von *geordneter in ungeordnete* Bewegung. Der zweite Hauptsatz besagt in dieser Sprache, dass geordnete Bewegung vollständig in ungeordnete, ungeordnete Bewegung hingegen nicht vollständig in geordnete überführt werden kann. Um diesen Satz zu beweisen, müssen wir den Begriff der Unordnung mathematisch fassen. Das geschieht durch die Unterscheidung von *Makro-* und *Mikrozuständen*. Der Makrozustand eines Systems wird gekennzeichnet durch seine unmittelbar messbaren thermodynamischen Bestimmungsstücke wie Druck, Volumen, Temperatur, Materiedichte usw. Sind diese Größen bekannt, ist der Makrozustand wohldefiniert. Ein Mikrozustand desselben Systems hingegen wird durch die Angabe des Orts und der Geschwindigkeit jedes einzelnen Atoms charakterisiert (also durch einen Punkt im $6n$-dimensionalen Phasenraum). Die Mikrozustände kann man praktisch nie genau kennen, man kann sie nur statistisch erfassen. Zu diesem Zweck ordnet man sie gewissen Makrozuständen zu. Jedem Mikrozustand entspricht ja ein bestimmter Makrozustand. Umgekehrt gibt es sehr viel mehr verschiedene Mikrozustände als Makrozustände, denn ein Mittelwert kann auf sehr viele Weisen aus einzelnen kleinen Werten zusammengesetzt werden.

Als eines der Bestimmungsstücke eines Makrozustandes kann man nun gerade die *Anzahl* verschiedener Mikrozustände einführen, welche ihm zugehören. Diese Anzahl nennt man die *thermodynamische Wahrscheinlichkeit* des betreffenden Makrozustandes. Diese Bezeichnung setzt voraus, dass alle Mikrozustände (im Kontinuum: gleiche Volumina im Phasenraum) *gleich* wahrscheinlich sind. Physikalisch heißt dies, dass die Wahrscheinlichkeit, ein in einem festen Makrozustand befindliches System zu irgendeiner Zeit in einem bestimmten Mikrozustand anzutreffen, für alle bei den gegebenen Bedingungen möglichen Mikrozustände gleich groß ist.

Da nun ganz allgemein die Wahrscheinlichkeit eines Resultats geliefert wird durch das Verhältnis der Anzahl der gleich wahrscheinlichen Fälle, die das Resultat herbeiführen, zu der Anzahl möglicher gleich wahrscheinlicher Fälle überhaupt, so liegt es nahe, die Wahrscheinlichkeit eines Makrozustandes durch die Anzahl der zu ihm gehörenden Mikrozustände zu definieren. Je mehr Mikrozustände einem bestimmten Makrozustand zugeordnet sind, d. h. auf je mehr atomar verschiedene Weisen er realisiert sein kann, desto häufiger wird man ihn ceteris paribus antreffen. Nun hat die Gleichgewichtsverteilung eine überragende thermodynamische Wahrscheinlichkeit, d. h. fast jeder Mikrozustand eines Gases entspricht der Maxwellverteilung. Die thermodynamische Wahrscheinlichkeit ist das gesuchte Maß der Unordnung. Bei einer Bewegung, die nur aus einer gemeinsamen Translation aller Atome eines Systems besteht, existiert zum Makrozustand nur ein Mikrozustand; die Bewegung ist hochgeordnet. Beim thermodynamischen Gleichgewicht jedoch gibt der Makrozustand so gut wie keine Kenntnis über den Bewegungszustand der Atome; das Maximum der Unordnung ist erreicht.

Der zweite Hauptsatz folgt nun durch eine Wahrscheinlichkeitsüberlegung. Ein System sei in einem bestimmten Augenblick in einem Makrozustand *A* mit geringer thermodynamischer Wahrscheinlichkeit, kurz in einem „unwahrscheinlichen" Zustand. Wie wird sein Zustand sich weiter entwickeln? Das

System wird in irgendeinen anderen Mikrozustand übergehen, von dem man a priori nichts weiß, als dass er einer der möglichen Nachbarzustände von A ist. Unter diesen Nachbarzuständen werden solche mit größerer und solche mit kleinerer thermodynamischer Wahrscheinlichkeit als A sein. Das Wahrscheinlichste ist nun offenbar, dass das System in einen Zustand mit größerer Wahrscheinlichkeit übergeht. Dies wird so weitergehen, bis das Gleichgewicht erreicht ist. In diesem wird das System verharren.

Es hat sich gezeigt, dass die Entropie eine Funktion der thermodynamischen Wahrscheinlichkeit ist: $S = k\,ln\,W$.

Der zweite Hauptsatz behauptete, dass $\dot{S} \geqq O$. Nach der eben angestellten Überlegung gilt dies nur mit Wahrscheinlichkeit; freilich ist die Wahrscheinlichkeit des Anwachsens der Entropie für umfangreiche Systeme so groß, dass der zweite Hauptsatz praktisch streng gilt. Auf Gebilde aus wenigen Atomen ist er allerdings nicht anwendbar, da dort die relativen Schwankungen zu groß werden. Je umfangreicher ein System jedoch ist, desto genauer gilt er.

In der Schule Bohrs wurde die statistische Deutung des zweiten Hauptsatzes durch folgendes vielleicht etwas wunderlich anmutende Gleichnis veranschaulicht. Man denke sich eine große Wüste, in der Araber kreuz und quer auf Kamelen reiten, und in der Wüste einen Hügel. Für jeden Araber definieren wir einen „Mikrozustand" durch eine genaue Angabe des Ortes, an dem er sich gerade befindet. Als „Makrozustand" hingegen soll die Angabe zählen, ob er auf dem Hügel ist oder nicht. Der Makrozustand „nicht auf dem Hügel" ist sehr viel wahrscheinlicher als der „auf dem Hügel", denn die Fläche des Hügels ist klein verglichen mit der ganzen Wüste. Ist der Araber heute auf dem Hügel, so kann ich praktisch mit Sicherheit prophezeien, dass er morgen nicht auf dem Hügel sein wird. Ist er heute nicht auf dem Hügel, so folgt fast mit derselben Sicherheit, dass er es morgen auch nicht sein wird. Die Entropie nimmt den höchsten möglichen Wert an, wenn sie ihn bisher nicht hat, und behält ihn, wenn sie ihn hat. Dass alle Araber zufällig auf dem Hügel zusammentreffen, ist so gut wie unmöglich. Wenn sie aber einmal alle dort versammelt waren (etwa auf Verabredung), so werden sie bald nachher alle in der Wüste verstreut sein. Dies ist die Wahrscheinlichkeit des Anwachsens der Unordnung.

Es ist schwer zu sehen, unter welchen Umständen die statistische Begründung des zweiten Hauptsatzes falsch werden sollte. Im Grunde stecken in diesem Satz weniger empirische Elemente als in irgendeinem andern Satz der Physik.

Sehr lehrreich ist es nun, eine der Stellen der Physik zu betrachten, in denen die Anwendung der klassischen Statistik zu empirisch falschen Konsequenzen führt. Im Gleichgewicht ist die Energie gleichmäßig auf sämtliche Freiheitsgrade verteilt. Der Gleichverteilungssatz der klassischen statistischen Mechanik besagt, dass im Mittel auf einen rotatorischen oder translatorischen Freiheitsgrad die Energie $kT/2$ entfällt, auf jeden oszillatorischen kT. Wendet man ihn nur auf Translationsfreiheitsgrade an, führt er im Bereich hoher Temperaturen zu keinen Diskrepanzen mit der Erfahrung. Die empirische Nachprüfung geschieht durch Bestimmung der spezifischen Wärme. Die spezifische Wärme sollte nun der Anzahl der Freiheitsgrade des einzelnen Atoms proportional sein. Auf Grund von Messungen bei normalen Temperaturen ergibt sich aber folgendes Bild: Ein einatomiges Molekül hat nur die drei Freiheitsgrade der Translation. Ein zweiatomiges Hantelmolekül besitzt außer den drei Translationsfreiheitsgraden noch zwei Rotationsfreiheitsgrade, die auch mögliche Rotation um die Längsachse und die Schwingung der beiden Atome gegeneinander sind *nicht* angeregt. Ein dreiatomiges Molekül besitzt die sechs Freiheitsgrade des starren Körpers, die zahlreichen möglichen inneren Schwingungen treten in der spezifischen Wärme nicht in Erscheinung. Der Gleichverteilungssatz versagt also, obwohl nur die klassische Mechanik und die Wahrscheinlichkeitsrechnung zu seiner Ableitung verwendet wurden. Darüber hinaus ist zu bemerken, dass die Atome nicht wie ein Festkörper in einer praktisch kontinuierlichen Mannigfaltigkeit von Freiheitsgraden schwingungsfähig sein dürfen, da sonst sämtliche Energie in diesen Freiheitsgraden versickern und ein selbst unendlicher Energieinhalt nicht weiter in Erscheinung treten würde. Die hier genannte Schwierigkeit steht in einer Linie mit einer Reihe von teilweise sehr berühmten Problemen der Physik, die alle aus der unendlichen Anzahl von Freiheitsgraden des Kontinuums hervorgehen: nämlich der Unmöglichkeit eines Gleichgewichts der Turbulenz im Falle reiner Hydrodynamik ohne Reibung, der „Ultraviolettkatastrophe" der Strahlungstheorie und der unendlichen Selbstenergie des Elektrons. In unserem Fall musste man das von der klassischen Physik her gesehen paradoxe Verhalten der Atome fast erwarten. Denn es ist, worauf Philosophen wie Leibniz und Kant schon früher hingewiesen haben, nicht anzunehmen, dass Atome, wenn sie ernstlich unteilbar sein sollen, analoge Eigenschaften zu denen der phänomenal gegebenen festen Körper haben.

Ich möchte noch einmal auf das H-Theorem zurückkommen. Die Voraussetzung dafür, dass es als allgemein bewiesen angesehen werden kann, ist die Lösung des *Ergodenproblems*. Der Ergodensatz sagt aus, dass im Phasenraum eine Energiefläche $E = const.$ gleichmäßig dicht mit Phasenpunkten belegt ist, die alle mit der Zeit von dem System durchlaufen werden, oder anders ausgedrückt: Das System nimmt im Laufe der Zeit sämtliche mit den makroskopischen Bedingungen verträglichen

Mikrozustände wirklich ein. Ein dem Ergodensatz hinreichend äquivalenter Satz lässt sich in der Quantenmechanik leichter als in der klassischen Physik beweisen.

Wir können damit für ein abgeschlossenes System eine Entropie definieren und wissen dann, dass jedes System, das sich gerade nicht im Entropiemaximum befindet, in jedem benachbarten Zeitpunkt mit überwiegender Wahrscheinlichkeit einen größeren Entropiewert besitzt. Das H-Theorem zeichnet in dieser Fassung keine Zeitrichtung aus und kann es auch seiner Herleitung nach gar nicht, da es außer der jeweils auf einen einzelnen Zeitpunkt sich beziehenden thermodynamischen Wahrscheinlichkeit nur die bezüglich der Zeitrichtung indifferente Mechanik voraussetzt. Ein vom Maximum abweichender Entropiewert eines Systems stellt also mit erdrückender Wahrscheinlichkeit gerade ein relatives zeitliches Minimum der Entropie dar und gehört nicht etwa einer Folge von monoton an- oder absteigenden Entropiewerten an. Die Irreversibilität des Naturgeschehens folgt also nicht unmittelbar aus dem H-Theorem. Sie ist nur dann mit ihm vereinbar, wenn nur die zukünftigen, aber nie die vergangenen Werte der Entropie nach dem H-Theorem ermittelt werden dürfen. Diese These hat wohl Gibbs zuerst ausgesprochen. Wir suchen sie nun zu begründen.

Wir behaupten zunächst: Bei allen von Menschen vorgenommenen Experimenten kann das H-Theorem nur zur Berechnung des zukünftigen Zustandes des Versuchsobjekts verwendet werden. Auf den vergangenen schließt man nicht mit Wahrscheinlichkeitsargumenten, denn man kennt ihn schon. In der Tat beginnt jedes Experiment, über dessen Ablauf der zweite Hauptsatz eine Aussage macht, in einem relativ unwahrscheinlichen Zustand, den man direkt oder indirekt künstlich herstellen muss. Man kennt somit den Weg seiner Entstehung und damit auch die Entropiekurve bis zum Beginn des Experiments. Nur die zukünftige Entropieänderung ist unbekannt; für ihre Voraussage ist das *H*-Theorem angemessen.

Dasselbe gilt von allen Vorgängen des täglichen Lebens, denn allgemein kann man das Vergangene in Erfahrung bringen, das Zukünftige aber nicht. Es wäre überflüssig zu fragen, wie wahrscheinlich es sei, dass die chemische Energie, die in diesem Stück Kohle steckt, schon vorgestern in ihm versammelt war, denn wir wissen schon, dass sie es war. Prinzipiell, wenn auch nicht praktisch, ist mir die Vorgeschichte der Kohle bis in die frühesten Zeiten zugänglich, sie besteht aus Fakten. Werfe ich die Kohle aber in den Ofen, so bin ich hinsichtlich ihres weiteren Schicksals aufs Prophezeien angewiesen.

Der zweite Hauptsatz geht jedoch insofern über die soeben aufgestellte Behauptung hinaus, als er eine positive Aussage über die Vergangenheit macht. Er fordert, dass in der Vergangenheit, sogar dort, wo sie weder durch mein Gedächtnis noch durch menschliche Überlieferung direkt bekannt ist, die Entropie eines früheren Zustandes kleiner (oder höchstens gleich) war als die eines späteren. Diese Erweiterung ist die Art der Verallgemeinerung, welche die Physik stets vollzieht. Man muss dem zweiten Hauptsatz also nicht das subjektive menschliche Wissen von vergangenen Ereignissen, sondern eine objektive und allgemeine Eigenschaft der Vergangenheit zugrunde legen. Der zu Anfang ausgesprochene Unterschied zwischen Vergangenheit und Zukunft ist dafür hinreichend. Vorerst aber wollen wir die einzige für die Begründung des zweiten Hauptsatzes hinreichende abweichende Formulierung über die Vergangenheit, die vorgeschlagen worden ist, prüfen. Sie stammt von Boltzmann und lautet in möglichst kurzen Worten: Der uns bekannte Teil der Welt hat sich vor sehr langer Zeit in einem statistisch sehr unwahrscheinlichen Zustand befunden. In der Näherung, in der man diesen Teil der Welt als ein abgeschlossenes System ansehen darf, folgt daraus unmittelbar das Anwachsen der Entropie für die ganze nachfolgende Zeit.

Ehe wir darauf eingehen, wollen wir auf einen eigenartigen Zusammenhang hinweisen. Der Begriff des *Dokuments* eines vergangenen Ereignisses zeigt, dass wir weit über die Grenzen unseres Gedächtnisses hinaus mehr von der Vergangenheit als von der Zukunft wissen. Z. B. kann der Historiker aus einer alten Urkunde schließen, dass vor tausend Jahren Menschen mit bestimmten Eigenschaften gelebt haben; eine Versteinerung beweist, dass einmal lebende Wesen bestimmter Gestalt existierten, und der Bleigehalt eines Uranerzes lässt uns das genaue Alter jenes Fossils auf Jahrmillionen berechnen. Entsprechende physikalische Dokumente für die Zukunft gibt es aber nicht. Lässt sich dies aus der Boltzmannschen Formulierung des zweiten Hauptsatzes verstehen? In der Tat ist die Fragestellung, die durch Dokumente beantwortet wird, dieselbe, die zum Begriff der Wahrscheinlichkeit führt. Ein Dokument ist stets etwas a priori Unwahrscheinliches, denn um Dokument sein zu können, muss es so spezielle Eigenschaften haben, dass es praktisch nicht „durch Zufall" entstanden sein kann. Ein unwahrscheinlicher Zustand ist nun nach dem zweiten Hauptsatz aus einem noch unwahrscheinlicheren hervorgegangen und wird in einen wahrscheinlicheren übergehen. Noch unwahrscheinlichere Zustände, aus denen er hervorgehen könnte, gibt es aber nur in geringer Zahl, daher folgt eine sehr spezielle Aussage über die Vergangenheit. Dagegen ist fast jeder andere Zustand, den man sich ausdenken kann, ein „wahrscheinlicherer", und daher ist über die Zukunft fast noch nichts behauptet.

Die Boltzmannsche Formulierung ohne weitere Begründung einfach hinzunehmen, wäre völlig unbefriedigend. Sie charakterisiert selbst jenen fernen Zustand der Welt als sehr unwahrscheinlich und fordert dadurch die Frage heraus: Wie ist es zugegangen, dass ein so unwahrscheinlicher Zustand realisiert wurde? Man fühlt sofort das Unangemessene dieser Frage, die von der Wahrscheinlichkeit eines unserer Kenntnis nach einmaligen Vorganges redet. Will man die Frage als sinnlos abweisen, so muss man eine Charakterisierung der Vergangenheit wählen, die den Begriff der Wahrscheinlichkeit gar nicht als Grundbegriff enthält. Dieser Weg scheint mir der richtige zu sein. Boltzmann hat aber einen anderen Weg gewählt, in welchem er versucht, jenen Anfangszustand aus der Statistik heraus abzuleiten. Er betrachtet die uns bekannte Welt („Einzelwelt" genannt) als eine reale Schwankungserscheinung in einem räumlich und zeitlich sehr viel ausgedehnteren Universum. „Ein Lebewesen, das sich in einer bestimmten Zeitphase einer solchen Einzelwelt befindet, wird die Zeitrichtung, welche zu unwahrscheinlicheren Zuständen hin führt, Vergangenheit und die, welche zu wahrscheinlicheren führt, Zukunft nennen. So wird eine Einzelwelt vermöge dieser Benennung zeitlich immer von einem unwahrscheinlichen Zustand herkommen."

Die konsequente Anwendung der Wahrscheinlichkeitsrechnung auf dieses Weltbild führt aber zu absurden Konsequenzen. Betrachten wir etwa einen Zustand unserer Einzelwelt, der nach unserer Zeitrechnung später liegt als der Zustand tiefster Entropie. Er ist nach dem H-Theorem schon sehr viel wahrscheinlicher als jener „Anfangszustand". Demnach muss es aber eine sehr viel größere Anzahl von Einzelwelten geben, deren „Anfang" eben dieser „spätere" Zustand (mit allen seinen Einzelheiten) ist. Allerdings enthält er zahlreiche „Dokumente" der zwischen dem „wahren Anfang" und ihm selbst vorgefallenen Ereignisse. Daraus folgt aber keineswegs, dass diese Ereignisse in allen Einzelwelten wirklich geschehen sein müssten. Denn es ist in der Tat statistisch sehr viel wahrscheinlicher, dass alle diese Dokumente durch eine Schwankung entstanden sind, als dass die vorhergehenden Zustände geringerer Entropie, auf die wir aus ihnen schließen, tatsächlich realisiert waren. Mit der weitaus größten Wahrscheinlichkeit ist gerade die Gegenwart das Entropieminimum und die Vergangenheit, auf die wir aus den vorhandenen Dokumenten schließen, eine Illusion. Die Absurdität dieser Konsequenz zeigt, dass in den Voraussetzungen ein Fehler steckt. Das Boltzmannsche hypothetische „Universum" leistet nicht, was es leisten soll.

Demgegenüber reicht zur Ableitung des zweiten Hauptsatzes folgende Voraussetzung hin: In jedem Augenblick ist alles Vergangene ein vollendetes Faktum, das grundsätzlich als bekannt zu betrachten ist; das Zukünftige hingegen ist noch unbestimmt und kann grundsätzlich mithilfe von statistischen Methoden mit dem diesen Methoden eigentümlichen Grad von Unsicherheit vorausgesagt werden. Daraus folgt zunächst das Anwachsen der Entropie für die Zukunft. Nun war aber jeder vergangene Augenblick einmal Gegenwart; daraus folgt das Anwachsen der Entropie für alles, was damals Zukunft war, also auch für die Zeiten, die heute vergangen sind.

Eine andere hinreichende Ableitung ist die Folgende: Man charakterisiert irgendeinen weit zurückliegenden Zustand der Welt durch bestimmte physikalische Bedingungen. Wenn diese überhaupt nur vom Wärmegleichgewicht abweichen, so ist damit der zweite Hauptsatz für die nachfolgende Zeit garantiert. Die Boltzmannsche Formulierung erscheint hier gleichsam als abgeleitetes Resultat; denn jede realisierte Tatsache ist nur eine von sehr vielen möglichen und dadurch a priori statistisch unwahrscheinlich.

Vielleicht wird man einmal einen bestimmten vergangenen Zustand der Welt durch besondere Bedingungen auszeichnen können. Z. B. liegt es im Sinne der modernen kosmologischen Spekulationen, nicht nur die Naturgesetze, sondern auch die

Anfangsbedingungen des Weltgeschehens durch die Forderung mathematischer Einfachheit einzuschränken. Dabei bleibt die Möglichkeit offen, dass diese Bedingungen für eine aller direkten Erfahrung entzogene Vergangenheit (und Zukunft) die Voraussetzungen für die Anwendung des uns geläufigen Zeitbegriffs aufheben. Für die uns zugängliche Zeitspanne hingegen ist die vorhin gekennzeichnete Struktur der Zeit unausweichlich.

γ. Zeitrichtung und Gestaltentwicklung
Wir müssen nun im Folgenden noch auf einen scheinbaren Widerspruch zum zweiten Hauptsatz eingehen, der sich auf sehr auffällige Phänomene stützt. Wir haben die statistische Deutung des zweiten Hauptsatzes im Anschluss an die kinetische Gastheorie behandelt. Der zweite Hauptsatz ist aber ein universaler Satz, der nicht nur für Prozesse gilt, bei denen Wärme entsteht, sondern ganz allgemein für alle Vorgänge, bei denen Strukturänderungen auftreten. So wächst die Entropie beispielsweise bei der Expansion des Systems der Spiralnebel wie auch bei der fortschreitenden Zerstreuung der von den Fixsternen ausgestrahlten Energie über den ganzen Raum. Allgemein behauptet der Entropiesatz, dass die Unordnung im Sinne der räumlichen und zeitlichen Energiegleichverteilung ständig im Wachsen begriffen ist.

Nun ist es aber eine sinnenfällige Tatsache, dass wir in einer hochgeordneten Umwelt leben. Die Lebewesen selber sind außerordentlich komplizierte Gebilde. Planetensystem und Spiralnebel zeigen uns, dass sich die Geordnetheit bis in kosmische Dimensionen erstreckt. Alle diese Gestalten sind aber einmal entstanden. Wie verträgt sich ihr Entstehen mit dem zweiten Hauptsatz?

Ich möchte diese Frage in zwei Schritten zu beantworten suchen. Zunächst behaupte ich, dass die Bildung von Gestalten dem zweiten Hauptsatz *nicht widerspricht*. Um dies einzusehen, muss man bedenken, dass die sichtbare Gestalt nicht die einzige Form der Ordnung ist. Eine räumlich scharf lokalisierte große Menge Energie z. B. ergibt bei ihrer Dispersion einen so gewaltigen Gewinn an thermodynamischer Wahrscheinlichkeit, dass daneben die Abnahme der thermodynamischen Wahrscheinlichkeit bei der Bildung einer geometrisch geordneten Gestalt nicht ins Gewicht fällt. Nun ist die Entstehung räumlicher Gestalten aber immer verbunden mit Energieumsetzung. So ist z. B. die Bildung eines Planetensystems mit der Teilung und Zerstreuung eines großen Teiles der rotierenden Gasmassen verbunden. Gleiches gilt für die anderen kosmischen Gestalten. Die lebenden Gestalten bauen sich auf und erhalten sich auf Kosten der Energie der Sonne, indem sie durch Absorption von Licht Energie chemisch binden und die betreffenden Stoffe dann unter Wärmeentwicklung abbauen. Gestalten hoher Ordnung stellen auch die Kristalle dar. Auch sie entstehen erst dann, wenn durch einen Abkühlungsprozess Energie zerstreut wird. Für alle diese Fälle gilt, dass die thermodynamische Wahrscheinlichkeit des Gesamtsystems zunimmt, obwohl sich dabei geometrisch hochkomplexe Gestalten bilden.

Ein einfaches Beispiel soll den eben erläuterten Gedankengang noch einmal anschaulich darstellen. Denken Sie sich auf einer Ebene einen kegelförmigen Hügel und auf seinem Gipfel eine Menge Kugeln. Bringt man die Kugeln zum Herabrollen, so werden sie schließlich ungefähr in einer Kreislinie um den Hügel herum liegen bleiben. Jeder, der diese Gestalt sieht, wird sie für außerordentlich unwahrscheinlich halten und sie als einen höheren Grad von Ordnung empfinden als den Anfangszustand. In Wahrheit ist der Anfangszustand statistisch noch unwahrscheinlicher, denn in ihm haben die Kugeln außer der geometrischen Ordnung noch die potentielle Energie der hohen Lage. Lagen die Kugeln stattdessen ursprünglich in der Ebene wahllos verteilt, so konnte es durch zufällige kleine Wirkungen vorkommen, dass sie in einer Kreislinie um den Hügel angeordnet wurden; dass aber auch nur eine von ihnen den Gipfel des Hügels erreichte, das konnte nicht vorkommen.

Bisher haben wir nur gezeigt, dass die Bildung von Gestalten mit dem zweiten Hauptsatz *vereinbar* ist. Dieses negative Argument genügt uns nicht. Wie alle allgemeinen Sätze gibt auch der zweite Hauptsatz nur den großen Rahmen der ganz allgemeinen Bedingungen an, unter denen alles Einzelgeschehen steht, ohne konkrete Aussagen über das Einzelgeschehen zu machen. Wenn wir daher fragen, ob sich die *Notwendigkeit* der Bildung von Gestalten verstehen lässt, werden wir nur antworten können, wenn wir die Bedingungen für das Geschehen durch zusätzliche Annahmen weiter einengen. Das soll im Folgenden versucht werden.

Was ist eine „Gestalt"? Unter einer Gestalt verstehen wir im Folgenden terminologisch nicht das Allgemeine, die Form, sondern das konkrete Ding, das die betreffende Form hat, die Einzelgestalt: *dieser* Kiesel, *dieses* Nilpferd. Wir wollen unter einer Gestalt ein materielles Gebilde verstehen, das sich durch seine räumliche und physikalische Beschaffenheit von seiner Umgebung deutlich abhebt. Spiralnebel, Minerale, Lebewesen, Buchstaben an der Tafel sind Gestalten. Die Zahl der einander ungleichen Einzelgestalten, die an einer Gestalt unterschieden werden können, nenne ich ihren Differenziertheitsgrad. Ein Haus ist differenzierter als ein erratischer Block, und dieser ist differenzierter als ein Kubikdekameter interstellaren Gases.

Als ziemlich einleuchtende Zusatzannahmen möchte ich nun folgende Axiome formulieren:

1. Das Prinzip der Kontinuität des Gestaltwandels. Gestalten können nur aus solchen Gestalten entstehen, deren Differenziertheitsgrad sich von dem ihren nicht allzu sehr unterscheidet.

Gestalten entstehen nicht „durch Zufall von selbst". Die Gestalten sind damit der Ausdruck der Geschichtlichkeit der Welt. Weil sie nicht „von selbst" entstehen, sind sie die besten Dokumente der Vergangenheit; sie sind Fakten, aus deren bloßem Dasein viele faktische Ereignisse der Vergangenheit geschlossen werden können. Dass man nicht in derselben Weise aus gegenwärtigen Gestalten auf die Zukunft schließen kann, hängt damit zusammen, dass man für die Zukunft nur prophezeien kann, dass etwas Wahrscheinlicheres da sein wird. Jede Art der Auflösung der Gestalt, ja ihr unverändertes Fortbestehen bei irreversiblen Änderungen der Umgebung schafft einen wahrscheinlicheren Zustand. Also fehlt dem Schluss auf die Zukunft jede Präzision. So hat schon die unbelebte Natur in objektiver, unbewusster Weise ein Gedächtnis für die Vergangenheit, aber nichts Analoges für die Zukunft.

2. Gestaltenarmut am Anfang. Damit ist gesagt, dass die Welt anfangs *arm* war an *aktueller* Gestalt, aber *reich* an *Möglichkeiten*. Es ist anfangs immer sehr viel mehr möglich als später realisiert wird. Was im Einzelnen alles möglich ist, zeigen erst die später in Erscheinung tretenden Gestalten. Wir wissen nicht, warum es eine so unerhörte Fülle von Gestalten gibt, und warum ihre Verwirklichung ein geschichtlicher Prozess mit einem leeren Anfang ist. Aber die Menschen haben stets zu der Vorstellung eines gestaltlosen Anfangs geneigt. „Die Erde war wüst und leer und der Geist Gottes schwebte über den Wassern." Wir stehen hier vor dem Wunder des Allgemeinen: Denn genauso wunderbar wie der schier unermessliche Reichtum an aktuellen Gestalten sind die Gesetze, die diesen Reichtum ermöglichen.

In der Denkweise der Statistik wird man nun sagen dürfen, immer wieder entstehe ab und zu eine Gestalt, die bisher noch nicht existierte. So wird die Menge der voneinander verschiedenen Gestalten zeitlich wachsen. Für eine bestimmte Klasse von Gestalten wird im Allgemeinen das Gesetz gelten, dass die Anzahl der Gestalten so lange zunimmt, bis sich zwischen Entstehen und Vergehen der Gestalten ein Gleichgewicht eingestellt hat. So gibt es als Beispiel für Gleichgewichte immer etwa gleich viele Wellen auf dem Meer und auch immer etwa gleich viele Pflanzen oder Tiere auf der Erde. Das Entstehen bestimmter Gestalten wird überwiegen, solange ihre Gesamtmenge klein ist, da die Menge der vergehenden Gestalten meist der Menge der vorhandenen proportional sein wird. Das Vergehen kann überwiegen, wenn Vorgänge ungewöhnlicher Art die Gestalten in abnorm großen Mengen zerstören.

Das Anwachsen des Gestaltreichtums kann nach dem zweiten Hauptsatz sich nicht ins Unendliche fortsetzen. Jeder endliche Teil der Welt hat nur eine endliche Anzahl deutlich voneinander unterscheidbarer Makrozustände. Da er jeden nur einmal durchlaufen kann, hat er auch nur einen endlichen Vorrat möglicher unterscheidbarer „Ereignisse". Wenn die Ereignisse mit endlicher Geschwindigkeit aufeinander folgen, müssen sie auch in endlicher Zeit abgewickelt sein. Daraus folgt, dass auf die Ereignisse nicht nur ein Ende im Wärmetod wartet, sondern dass sie auch einen Anfang in der Zeit gehabt haben müssen. Dabei ist ebenso wohl denkbar, dass die Ereignisse plötzlich begonnen haben wie dass sie aus einer unendlichen ereignislosen Zeit langsam herausgewachsen sind, so wie ja auch der Wärmetod im Allgemeinen asymptotisch erreicht wird. Wie weit es Sinn hat, auf ein ereignisloses Intervall den Begriff der Zeit noch anzuwenden, will ich offen lassen.

Aus dem Prinzip der Kontinuität des Gestaltwandels folgt, dass hochdifferenzierte Gestalten „spät" sind, weil es lange dauert, bis die Reihe der zu ihnen führenden Gestalten durchlaufen ist. So erklärt die Geschichtlichkeit der Zeit selbst das

Anwachsen des Differenziertheitsgrades der jeweils vorhandenen Gestalten. Eine hochdifferenzierte Gestalt kann jedoch in kurzer Zeit durch einen äußeren gewaltsamen Eingriff zerstört werden. Unterliegt sie keinem äußeren Einfluss, so ist das Ende nicht die Selbstauflösung, sondern die *Erstarrung*. Der Tod besteht darin, dass nichts mehr geschieht. Er bringt nur einen Leichnam hervor, dessen Auflösung bereits wieder Gestaltbildung auf niederer Stufe bedeutet.

Der Zustand der größten erreichbaren Entropie wird dann eine Welt sein, in der die Möglichkeiten des Anfangs nicht mehr bestehen, sondern teils verwirklicht, teils verpasst sind und die angefüllt ist mit den zuletzt aktualisierten Gestalten, die unveränderbar fortbestehen, weil keine Energie mehr umgesetzt wird, die sie zerstören könnte. Der hier geschilderte Zustand wird vermutlich nicht das theoretische Maximum der Entropie sein können, weil bestimmte an sich mögliche Energieumsetzungen unter den in diesem Zustand herrschenden Bedingungen nicht mehr ablaufen können. So sind z. B. auf der Erde große Mengen von Wasserstoff im Wasser gebunden. Wir wissen, dass die Hauptenergiequelle der Sonne in der Zusammenlagerung von Protonen zu Helium besteht. Aber der Prozess läuft nur bei Energien von vielen Millionen Grad ab. Da diese Bedingung auf der Erde nicht erfüllt ist, kann eine große Menge als Ruhemasse vorhandener an sich umwandelbarer Energie nicht umgesetzt werden.

4. ELEKTROMAGNETISCHES FELD

a. Strahlenoptik

Schon in der Mechanik stießen wir auf ein „Etwas", das nicht Materie ist, und das sich dennoch als eine allgegenwärtige physikalische Realität erweist: das Gravitationsfeld. Im Elektromagnetismus haben wir es nun abermals mit einem Feld zu tun. Genau wie das Gravitationsfeld gibt es das *elektromagnetische Feld* überall.

Phänomenal ist das elektromagnetische Feld den Menschen zuerst bekannt geworden als *Licht*. Die übrigen Aspekte des elektromagnetischen Feldes sind, mit Ausnahme der Wärmestrahlung, der direkten Wahrnehmung zunächst nicht zugänglich. Die physikalischen Eigenschaften des Lichts untersuchten schon die Griechen. Im Abendland hat die Optik im 17. Jahrhundert große Fortschritte gemacht. Man fand dabei die gradlinige Ausbreitung, die Spiegelung und Brechung des Lichts und die Auflösbarkeit des weißen Lichts in Farben.

Die Frage, was Licht eigentlich sei, fand bald zwei in ihren Grundannahmen entgegengesetzte Antworten, die *Korpuskel-* und die *Wellenhypothese*. Die erste Annahme verfocht Newton; Huyghens sprach etwa zur selben Zeit die zweite aus. Beide Theorien konnten gewisse Seiten der Erfahrung gut erklären. Newton ging von der Vorstellung von Lichtatomen aus. (Diese Auffassung gab es schon in der Antike.) Huyghens dachte sich das Licht als Schwingung. Jeder Punkt des von einer Lichtwelle erreichten Gebietes wird zum Ausgangspunkt einer Elementarwelle. Die Einhüllende aller Elementarwellen ist die neue Wellenfront. Die Brechung ergibt sich zwanglos, wenn man annimmt, dass die Lichtgeschwindigkeit c/n ist (n = Brechungsindex). Die Wellentheorie erklärte vor allem das Phänomen der Doppelbrechung beim Kalkspat. Demgegenüber machte die Korpuskulartheorie die gradlinige Ausbreitung auf die einfachste Weise verständlich, denn das Licht ist ja nach ihr reine Trägheitsbewegung der Lichtatome. Ebenso folgt das Reflexionsgesetz aus der Mechanik. Die Lichtbrechung erklärt Newton dadurch, dass in der Grenzfläche zweier Medien eine Kraft auf das Lichtkorpuskel wirke, die es in das dichtere

Medium hineinzuziehen sucht. Am Rande findet also ein Potentialsprung statt. Nach seiner Theorie müsste demnach die Lichtgeschwindigkeit im dichteren Medium größer sein als im dünneren.

Die kausale Beschreibung dieser Art kann durch eine *finale* ergänzt werden. Historisch hat hier das Fermatsche Prinzip des kürzesten Lichtwegs eine große Rolle gespielt. Es wurde damals in teleologischem Sinne gedeutet. Über das Verhältnis von Kausalität und Finalität haben wir schon in der speziellen Mechanik ausführlichere Betrachtungen angestellt. Wir wollen daher das Fermatsche Prinzip nur auf seinen physikalischen Inhalt hin ansehen. Dieses Prinzip besagt: Ein Lichtstrahl wählt stets denjenigen Weg, auf dem er die Strecke von seinem Anfangspunkt zu seinem Endpunkt in der kürzesten Zeit zurücklegt. In der mathematischen Formulierung drückt sich dies darin aus, dass $\int_{P_1}^{P_2} n\, ds = Extr.$ wird für den wirklich zurückgelegten Weg. Aus diesem Prinzip lassen sich die drei Grundgesetze der geometrischen Optik herleiten: die Gesetze der gradlinigen Ausbreitung, der Spiegelung und Brechung.

Wir verdeutlichen uns den Inhalt des Prinzips, indem wir aus ihm seine einfachste Konsequenz, die gradlinige Ausbreitung des Lichts, herleiten. Es seien zwei Punkte im Raum gegeben. Der Brechungsindex sei ortsunabhängig. Auf welchem Weg wird das Licht von einem Punkt zum anderen gelangen? Nach dem Prinzip wird es den Weg wählen, auf dem es in der kürzesten Zeit ankommt. Die kürzeste Verbindung zwischen zwei Punkten ist die Gerade. Also wird das Licht geradlinig laufen, oder mathematisch gesprochen wird $n\int_{P_1}^{P_2} ds = Extr.$ für eine Gerade. Dieser Schluss bedarf einer Erläuterung. Wir haben vorausgesetzt, dass das Licht auf allen möglichen Wegen gleich schnell läuft; nur dann wird der geometrisch kürzeste Weg auch in der kürzesten Zeit zurückgelegt. Diese Voraussetzung ist im

Vakuum berechtigt. Hingegen folgt das Phänomen der Lichtbrechung gerade daraus, dass in verschiedenen Substanzen die Lichtgeschwindigkeit verschieden ist. Fällt ein Lichtstrahl z. B. schräg auf eine Wasseroberfläche, so wird er bekanntlich so „gebrochen", dass er im Wasser steiler abwärts läuft als vorher in der Luft. Dieser Weg genügt jedoch nur dem Fermatschen Prinzip, wenn die Lichtgeschwindigkeit c/n beträgt, denn nur dann gewinnt das Licht Zeit, wenn es eine etwas längere Strecke in der Luft, also schneller, läuft, und dafür den steileren und daher kürzeren Weg durch das nur langsam zu durchquerende Wasser zurücklegt. Die gerade Linie, welche die Lichtquelle in der Luft mit dem Endpunkt des Strahles auf dem Boden des Wassergefäßes verbindet, ist zwar der geometrisch kürzeste Weg, aber nicht mehr derjenige, der in der kürzesten Zeit zurückgelegt werden kann.

In welchem Sinne wird nun der für das Prinzip charakteristische Begriff „möglich" zu präzisieren sein? Als möglich gelten alle geometrisch denkbaren Verbindungslinien der Lichtquelle mit dem Ziel. Diese Wege sind physikalisch eigentlich nicht möglich, denn das Naturgesetz wählt ja nur einen von ihnen als den wirklichen aus. Möglich sind sie also nur für eine Betrachtungsweise, die vom Fermatschen Prinzip noch absieht. Andererseits darf diese Betrachtungsweise nicht von allen Naturgesetzen absehen. Z. B. muss der Lichtgeschwindigkeit an jedem Punkt des Raumes der ihr dort nach den Naturgesetzen wirklich zukommende Wert zugeschrieben werden, ein anderer wäre nicht im Sinne des Prinzips „möglich".

Es sei noch bemerkt, dass das Prinzip die mathematische Bedingung der Erweiterung der nur mit dem Begriff des Strahles arbeitenden geometrischen Optik zu einer Wellenoptik ausdrückt und umgekehrt aus der Differentialgleichung, der die Lichtwellen genügen, hergeleitet werden kann.

Einen möglichen Weg des Übergangs von der geometrischen Optik zur Wellenoptik bietet der Satz von Malus. Er besagt: Strahlenbündel mit Orthogonalflächen behalten diese Eigenschaft beim Durchgang durch ein Medium mit ortsabhängigem Brechungskoeffizienten bei. In der Wellentheorie des Lichts stellen sich die Orthogonalflächen als Wellenflächen dar. Die geometrische Optik erweist sich als der Grenzfall der Wellenoptik bei verschwindender Wellenlänge.

b. Wellenoptik

In den ersten Jahren des 19. Jahrhunderts stellte Thomas Young Experimente an, deren Deutung nur eine Wellentheorie ermöglicht. Es sind die bekannten von Fresnel weiter untersuchten Erscheinungen der *Beugung* und *Interferenz*. Youngs Experiment bestand darin, dass er von einer quasipunktförmigen Lichtquelle her einen Schirm beleuchtete, in dem sich zwei Spalte befanden. Hinter diesem Schirm stellte er einen zweiten Schirm auf. Er beobachtete dann auf dem Auffangschirm helle und dunkle Streifen in bestimmter Gruppierung um die Spaltbilder. Es war also auch an die Stellen Licht gelangt, an denen nach der geometrischen Ordnung Dunkelheit herrschen sollte. Schließt man einen der beiden Spalte, so erhält man, jeweils von dem einen Spalt herrührend, bestimmte Verteilungen von Beugungsstreifen um das Spaltbild. Schon dieses Phänomen ist in einer Korpuskulartheorie nicht zu verstehen. Selbst wenn man zugibt, dass die Lichtkorpuskeln an den Spalträndern gestreut werden können, so bleibt das periodische Phänomen der hellen und dunklen Streifen damit doch noch unerklärt. Eine einfache Erklärung liefert hingegen eine Wellentheorie des Lichtes. Wellen mit entgegengesetzter Phase löschen sich aus und so ergibt in der Tat Licht+Licht Dunkelheit, eben genau das, was Young beobachtete. Wir wollen nun eine Größe a derart definieren, dass $a^2 = J$ die Intensität des Lichts bedeuten soll. Dann soll $J_1 = a_1^2$ die Intensitätsverteilung des Lichts auf dem Auffangschirm bei Öffnung des Spalts 1 sein, wenn Spalt 2 geschlossen ist, $J_2 = a_2^2$ die Intensität bei Öffnung des Spalts 2, wenn Spalt 1 geschlossen ist. Öffnet man beide Spalte, so gibt es theoretisch zwei Möglichkeiten der Addition der Einzelintensitäten. Im Falle der Korpuskulartheorie werden die Intensitäten arithmetisch addiert.

$$J_{12} = a_1^2 + a_2^2$$

Im Falle der Wellentheorie müssen sie geometrisch addiert werden.

$$J_{12} = (a_1 + a_2)^2$$

Die Größe a ist in der Wellentheorie als Amplitude der Wellenschwingung zu bezeichnen. Die einzelnen Schwingungen können sich überlagern, ohne sich zu stören. Das Experiment zeigt nun, dass die Intensitätsverteilung realisiert ist, die der Wellentheorie entspricht. In dieser Verteilung drückt das Glied $a_1 a_2$ die Interferenz der beiden Einzelverteilungen aus. Die Intensität des Lichts an irgendeinem Punkt des Raumes hängt also vom Verhalten des Wellenfeldes an *beiden* Spalten ab.

Eine nahe liegende Möglichkeit zu fragen ist, *was* eigentlich schwinge. Die Meinung der Physiker in der Mitte des 19. Jahrhunderts war, dass Schwingungen nur als Schwingungen eines mechanischen „Etwas" gedacht werden können. Als ein solches Medium konstruierte man den *Äther*, der die Eigenschaften eines elastischen Kontinuums haben sollte. Licht wäre dann mechanische Schwingung des Äthers. Man versuchte also eine gegenständliche Erklärung des Phänomens und übertrug dabei dem Zuge zu rationaler Einheitlichkeit folgend die mechanische Erklärung naiv auf einen neu erschlossenen Bereich. Der Versuch war sinnvoll. Immerhin haftete allen diesen Äthertheorien von vornherein etwas Künstliches an. Der Äther muss z. B. allgegenwärtig und starr sein, denn das Licht ist eine Transversalschwingung, wie die Polarisationsphänomene zeigen, und dennoch entzieht er sich der Beobachtung. Rein formal-mathematisch ist es möglich Lichttheorie zu treiben, ohne eine modellmäßige Vorstellung vom Zustandekommen der Schwingung zu haben. Der Lichtvektor φ gehorcht der Differentialgleichung: $\Delta \varphi - \frac{1}{c^2} \ddot{\varphi} = 0$. Die Lösungen dieser Gleichung sind Wellen.

Die vorhin gestellte Frage fand nun aber um die Mitte des 19. Jahrhunderts eine neue unerwartete Antwort durch die Entdeckung des elektromagnetischen Feldes und die Formulierung der für dieses Feld gültigen Gesetze durch Maxwell. Es zeigte sich nämlich, dass dasjenige, was wir normalerweise als Licht bezeichnen, nur ein quantitativ kleiner Ausschnitt aus dem Gesamtgebiet des Elektromagnetismus ist.

c. Maxwellsche Gleichungen

Die Tatsache, dass Licht elektromagnetische Schwingung ist, weist uns abermals darauf hin, dass hinter den Phänomenen Gegenstände völlig anderer Natur als die Phänomene selbst stehen können. Es gibt wohl in jeder Naturwissenschaft, je nach ihrem Allgemeinheitsgrad mehr oder weniger deutlich, zwei Stufen: Die erste begnügt sich mit der Einführung von Begriffen, die sich möglichst eng an die Phänomene halten und nur den Anspruch erheben, die gegenseitige Abhängigkeit der Phänomene richtig zu beschreiben, freilich schon mit dem Grade von Abstraktheit, der nun einmal das Kennzeichen des naturwissenschaftlichen Denkens überhaupt ist. Die zweite Stufe ist die erklärende, in der die Gegenstandsbereiche, die den Phänomenen zugrunde liegen, in einer möglichst geschlossenen Theorie dargestellt werden. Die zweite Stufe ist nicht möglich ohne die erste, die Gegenstände aber bedingen die Phänomene.

Das elektromagnetische Feld ist uns sinnlich nicht allgemein als Elektromagnetismus bekannt, sondern nur speziell als Licht. Seine Grundgrößen, die *Feldstärken*, müssen daher durch die Kraft definiert werden, welche das Feld auf gewisse Probekörper ausübt.

Innerhalb der Theorie des Elektromagnetismus gibt es wiederum drei Stufen. Die erste könnte man als *phänomenologische* Elektrodynamik bezeichnen. Sie behandelt das, was wir auch tatsächlich nur beobachten: das elektromagnetische Feld unter Einwirkung von Materie. Die zweite Stufe ist die Elektrodynamik des *Vakuums*. Sie ist einfacher und allgemeiner als die phänomenologische. Als dritte Stufe schließlich kann man die *Elektronentheorie* nennen, welche die Erzeugung des Feldes durch Materie *atomar* erforscht.

In der phänomenologischen Elektrodynamik gelten für die Erzeugung eines Magnetfeldes H und eines elektrischen Feldes E die Gleichungen:

$$rot\ H = \frac{4\pi}{c} J + \frac{1}{c} \dot{D}, \qquad div\ D = 4\pi \varrho$$
$$rot\ E = -\frac{1}{c} \dot{B}, \qquad div\ B = 0$$

J bezeichnet den elektrischen Strom, D die elektrische Verschiebung, B die magnetische Induktion, ϱ die Ladungsdichte. Als Materialgleichungen für J, D, B gelten:

$$J = \sigma(E + Ee), \quad D = \varepsilon E, \quad B = \mu H$$

in denen σ, ε, μ materialabhängige Konstanten sind. Die Quelle des elektrischen Feldes ist die elektrische *Ladung*. Magnetfelder entstehen bei der Bewegung von elektrischen Ladungen. Eine der elektrischen Ladung entsprechende magnetische ist bisher nicht gefunden worden. Warum sie nicht existiert, ist unbekannt. Die Einführung der dielektrischen Verschiebung und entsprechend der magnetischen Induktion ist notwendig, weil in wirklichen Körpern immer Polarisation auftritt, d.h. eine Ladung erzeugt je nach dem dielektrischen Material verschiedene Feldstärken. Die elektrische Feldstärke ist ein Maß für die Kraft, die dielektrische Verschiebung ein Maß der Ladung.

Wird $D = E$, so hat man, wie sich zeigt, den Fall des materiefreien Raumes. Ob das Vakuum ein spezielles Dielektrikum oder die reine Form des Feldes ist, kann a priori nicht entschieden werden. Die Atomphysik zeigt aber, dass das Vakuumfeld das ursprünglichere ist und dass die Kompliziertheit des dielektrischen Verhaltens auf der Feld-Materiewechselwirkung beruht. Ein Kriterium aller Grundgesetze ist ihre *Einfachheit* und *Symmetrie*. Dies trifft in hohem Maße gerade auf die Grundgleichungen des elektromagnetischen Feldes im Vakuum zu. In der phänomenologischen Elektrodynamik geht die Symmetrie verloren. Sind e, h die Grundvektoren, so lauten die Maxwellschen Gleichungen für das Vakuum:

$$rot\ h = \tfrac{1}{c}\dot{e}, \qquad div\ h = 0.$$
$$rot\ e = -\tfrac{1}{c}\dot{h} \qquad div\ e = 0.$$

Die Unsymmetrie hinsichtlich des Vorzeichens ist scheinbar. Naturgesetz ist nur, dass *eine* der beiden Gleichungen ein negatives Zeichen enthält. Welche dies ist, hängt von der konventionellen Definition des Vorzeichens des Magnetfeldes (nach festgelegtem Vorzeichen des elektrischen) ab.

Auf der Grundlage der Vakuumselektrodynamik versucht die Elektronentheorie eine erklärende Basis für die phänomenologische Elektrodynamik zu schaffen. Als Voraussetzung nimmt sie den Aufbau jeglicher Materie aus irgendwie miteinander verknüpften positiven und negativen Ladungen und dem von diesen im Vakuum erzeugten elektromagnetischen Feld an. Für die Kraft, die auf eine sich im elektrischen und magnetischen Feld mit der Geschwindigkeit v bewegende Ladung ϱ wirkt, soll die Gleichung gelten:

$$f = \varrho \left(e + \frac{1}{c}[vh]\right)$$

Man behandelt also die sich bewegende Punktladung wie einen elektrischen Strom. Die Grundgleichungen lauten nun:

$$rot\ h = \frac{1}{c}\dot{e} + \frac{4\pi}{c}\varrho \cdot v \qquad div\ h = 0.$$
$$rot\ e = -\frac{1}{c}\dot{h} \qquad div\ e = 4\pi\varrho,$$
$$\dot{\varrho} = -div\ (\varrho \cdot v).$$

Die letzte Gleichung drückt den Erhaltungssatz der Ladung aus.

Es zeigt sich auch, dass die Feldstärken E und H derselben Differentialgleichung gehorchen, die wir schon früher als den formalen Ausdruck der Lichtwellentheorie gefunden haben. Nämlich:

$$\Delta E = \frac{\varepsilon\mu}{c^2}\ddot{E},\quad \Delta H = \frac{\varepsilon\mu}{c^2}\ddot{H}$$

Es gibt also elektromagnetische Schwingungen.

Was die Maxwellschen Gleichungen „eigentlich" bedeuten, lässt sich schwer sagen. Ihre mathematische Gestalt ist der Ausdruck einer bestimmten Struktur. Die Abstraktheit der Mathematik erlaubt uns Naturzusammenhänge aufzuweisen, die wir in ihrer Notwendigkeit vom Ganzen her meist nicht sofort einsehen können. Warum es Ladungen, Felder usw. gibt, wissen wir heute noch nicht. Wir können nur hoffen, dass eine künftige Theorie der Elementarteilchen uns hierüber einiges lehren wird. In einer Beziehung ist die Bedeutung der Maxwellschen Gleichungen etwas aufgehellt. Sie sind invariant gegenüber den Transformationen der Lorentzgruppe der speziellen Relativitätstheorie. Die nähere Untersuchung ergibt, dass die Auswahl möglicher relativistischer Wellentheorien ziemlich begrenzt ist, sodass die Maxwell'schen Gleichungen eines aus einer kleinen Anzahl möglicher einfacher Systeme von Grundgleichungen sind.

B. Nachbarwissenschaften vom Anorganischen

1. CHEMIE

a. Stoff

Von den Nachbarwissenschaften der Physik sollen hier nur die kurz behandelt werden, die einen bedeutenden Beitrag zum Begriffssystem der Physik geliefert haben. Zu diesen Wissenschaften gehört in erster Linie die *Chemie*. Ihr Beitrag zur physikalischen Begriffswelt kann durch drei Worte gekennzeichnet werden: *Stoff, Element, Atom*. Inhaltlich meinen diese Namen jeweils ein „Etwas" mit dinglichem Invarianzcharakter.

Unter Stoff versteht die Chemie nicht ganz allgemein die Materie, sondern die einzelne „chemische Substanz". Stoffe in diesem Sinn sind uns als sinnliche Phänomene gegeben. Form, Farbe, Geruch, Geschmack zusammen definieren den Stoff. Soweit unsere sinnliche Wahrnehmung als eindeutig bezeichnet werden kann, ist auch die Wiedererkennbarkeit des Stoffes auf Grund der Wahrnehmung eindeutig. Der Stoff besitzt also bereits in der Wahrnehmung Dingcharakter. Darüber hinaus zeigt sich jedoch, dass der Invarianzcharakter einer sich identisch bleibenden chemischen „Substanz" auch für *Phasenumwandlungen* gilt. Der Stoff bleibt in seinen verschiedenen Aggregatzuständen derselbe. Die Invarianz erweist sich darin, dass es jederzeit möglich ist, Phasen ineinander umzuwandeln, wenn die nötigen Bedingungen dazu hergestellt sind. So kann man von einer Phase ausgehen (z. B. dem Wasserdampf) die anderen Phasen durchlaufen (Kondensation, Gefrieren) und zur Ausgangsphase zurückkehren (Schmelzen, Verdampfen). Die Invarianz dieser Art hat zur Bedingung die Geltung allgemeiner Gesetze, denen die Phasenumwandlungen genügen. Will man eine strengere Definition von Stoff geben als die Sinne uns gestatten, so muss man von solchen allgemeinen Gesetzmäßigkeiten ausgehen.

b. Elemente

Nachdem eine gewisse begriffliche Unterscheidung der einzelnen Stoffe gelungen ist, ergibt sich die Frage, ob es gewisse *Grundstoffe* gebe, aus denen alle anderen sich zusammensetzen, und in die sie auch gegebenenfalls zerlegt werden können. Die Grundstoffe, als Elemente noch heute bezeichnet, sollen *nicht* ineinander umwandelbar sein. Die Vorgeschichte des Elementbegriffs reicht bis in die ionische Naturphilosophie zurück. In der aristotelischen Physik sind Erde, Wasser, Luft und Feuer die Elemente. Wir würden sie nicht eigentlich als Elemente im heutigen Sinn ansehen, sondern eher als Vergegenständlichungen der phänomenal evidenten Aggregatzustände: fest, flüssig, gasförmig und „reagierend". Die Dinge kommen durch Mischung zu Stande, was auf dieser Stufe der Unterscheidung phänomenologisch mannigfach aufgewiesen werden kann. Fremdartig für unser Denken sind diese Vorstellungen insofern, als in ihnen Objektives und Subjektives noch nicht so radikal getrennt wird, wie die neuzeitliche Naturwissenschaft in der eigentümlichen Beschränkung ihrer Aussagen auf das bloße Objekt es allgemein getan hat. Man fasste die Elemente und das Geschehen an ihnen gleichzeitig als Symbol seelischer Vorgänge auf. In Jungs Untersuchungen über die seelische Bedeutung der alchimistischen Symbolik und Handlungen wird erwähnt, dass z. B. ein chemischer Läuterungsprozess mit der notwendigen Reinigung der Seele symbolisch identifiziert wurde.

Heute bezeichnet man als Element, was sich mit chemischen Mitteln nicht weiter zerlegen lässt. Als Begründer dieses Elementbegriffs kann man wohl Lavoisier (gest. 1794) ansehen. Im 19. Jahrhundert stellten Mendelejeff und Lothar Meyer das periodische System der Elemente auf. Sie ordneten die Elemente ihren chemischen Eigenschaften nach und fassten ähnliche in Gruppen zusammen. Es ergab sich ein bestimmtes Schema, dessen Lücken noch unentdeckte Elemente anzeigten. Die erfolgreiche Voraussage dieser Elemente bewies die tiefliegende Bedeutung des Systems.

c. Atom

In der Erarbeitung des neuzeitlichen Atombegriffs spielt die Chemie eine fundamentale Rolle. Sie war die erste Naturwissenschaft, die zur Erklärung ihrer Erfahrungen die Atomhypothese mit wirklichem Erfolg einführte. Die Ansicht, dass die Dinge aus kleinsten, unzerstörbaren *Elementardingen* aufgebaut seien, ist schon in der griechischen Philosophie (Demokrit) zu finden. Die Chemie aber machte aus dem spekulativen Begriff eine wissenschaftliche Arbeitshypothese, die sich als erklärende Grundlage der Erfahrung zu bewähren hat. Die Erfahrungen der Chemie, welche die Einführung des Atombegriffs involvierten, sind die Gesetze der *konstanten* und *multiplen Proportionen*. Ihr Inhalt ist der, dass bei Verbindungen von Elementen untereinander immer feste, quantitative Beziehungen zwischen den Elementen herrschen. Genau dieses Ergebnis liefert nun die Atomhypothese. Umgekehrt ergibt sich aber aus den Proportionalitäten nicht mit Eindeutigkeit die Existenz von Atomen. Sie wurde daher gegen Ende des 19. Jahrhunderts von phänomenalistisch eingestellten Forschern (Mach, Ostwald) geleugnet. Die atomistische Deutung der Verbindungsverhältnisse führt ferner zum Begriff des *Moleküls*. Im Molekül denkt man sich mehrere Atome vereinigt.

Es gibt nun Phänomene, die nur zu verstehen sind, wenn man im Molekül eine bestimmte *Lage* und *Orientierung* der Atome zueinander annimmt. Die Aufklärung dieser sterischen Verhältnisse betreibt die als Stereochemie benannte Forschungsrichtung. Die Deutbarkeit solcher Phänomene, die bei der Aufstellung der Atomhypothese gänzlich unbekannt waren, mit Hilfe der Atomvorstellung, war ein bedeutsames Kriterium für den Wahrheitsgehalt dieser Vorstellung.

Bis dahin wurden die Atome mehr und mehr verdinglicht. Die Chemiker betrachteten sie als Bausteine der Materie, die in ihrem Dingcharakter analog zu den uns phänomenal bekannten Dingen sind, ohne sich viel Gedanken darüber zu machen, dass so etwas philosophisch kaum zu erwarten ist. Die moderne Atomphysik hat dann auch einen Teil dieser Dinglichkeit wieder auflösen müssen.

Der konkrete Inhalt der Atomhypothese ist in kurzen Worten etwa folgender: Es gibt so viel verschiedene Atome wie es Elemente gibt. Die Atome eines Elements sind charakterisiert durch: *Identität, Spezifität* und *Stabilität*. Sie sollen also untereinander streng gleich sein, ferner spezifische Eigenschaften für das betreffende Element haben, die das makroskopische Verhalten dieses Elements bestimmen, und außerdem stabil sein in dem Sinne, dass sie unabhängig von ihrer Vorgeschichte unter gleichen Bedingungen immer das gleiche Verhalten zeigen sollen. Wenn sie überhaupt Veränderungen erleiden können, müssen sie also die Fähigkeit besitzen, nach jeder Störung wieder in den Normalzustand übergehen zu können. Ohne diese Eigenschaften würden die Atome nicht leisten, was von ihnen gefordert wird. Der Ding- und Allgemeinheitscharakter der Atome wird in den genannten Forderungen klar ausgedrückt.

Die Stabilität der Atome hat erst die quantenmechanische Atomphysik erklärt. Die kontinuierliche Veränderlichkeit makroskopischer Körper darf offensichtlich nicht auf die Atome übertragen werden. Eine gewisse Problematik scheint das Gleichheitspostulat zu erhalten. Gleich kann, so sollte man zunächst meinen, nur heißen: ununterscheidbar nach Maßgabe unseres Unterscheidungsvermögens. Die Theorie präzisiert die Gleichheit mit der begrifflichen Schärfe der Mathematik. Zwei Wasserstoffatome sind so *exakt* gleich, wie nur etwas gleich sein kann. Die Erfahrung rechtfertigt, ja verlangt diese Annahme. Denn wie könnte z. B. ein leuchtendes Gas scharfe Linienspektren aussenden, wenn nicht jedes einzelne Atom im Stande wäre, das gleiche Spektrum zu erzeugen. Die Gleichheit der Spektren ist aber ein sehr empfindliches Kriterium für die Gleichheit des Atombaus. Noch viel weiter geht heute das Gleichheitskriterium der statistischen Ununterscheidbarkeit (Pauliprinzip).

Nicht durchweg gleich sind die Atome eines Elements in Bezug auf ihre Masse. Für jedes Element gibt es eine bestimmte endliche Anzahl von Sorten verschieden schwerer Atome, die man als Isotope des betreffenden Elements bezeichnet. Die Isotope stehen in konstantem Mischungsverhältnis und können nur durch physikalische Methoden getrennt werden, da sie sich chemisch gleich verhalten.

Eine bedeutende Rolle spielt in der Chemie schließlich der Begriff der *Valenz*. Er gibt an, wie viel Atome des Elements A von einem Atom des Elements B gebunden werden können. Die Aufgabe ist nun zu verstehen, wie sich stabile Atome zu neuen Gebilden vereinigen können, die ihrerseits wieder eine gewisse Stabilität und außerdem neue chemische Eigenschaften haben, in denen die spezifischen Eigenschaften der Atome als solche nicht mehr erscheinen. Dieser ganze Fragenkomplex, den die Chemie aufgeworfen hat, ist erst durch die Atomphysik im Allgemeinen zufriedenstellend gelöst worden. Die Chemie lieferte den größten Teil des Erfahrungsmaterials, die Physik versuchte, dieses Material durch allgemeine Gesetze zu erhellen und erklären. So sind Chemie und Physik Wissenschaften über dieselben Gegenstände, aber mit verschiedenen Methoden arbeitend.

2. DER RAUMZEITLICHE RAHMEN UNSERER EXISTENZ

Raum und Zeit sind der allgemeine *Rahmen*, in dem uns die Dinge *erscheinen*. Die Begriffe von Raum und Zeit, wie die Physik sie verwendet, sind mathematisch präzisiert und in dieser Form dann geeignet, als *begrifflicher* Rahmen für alle von der Physik behandelten Probleme zu dienen. Die fundamentale Bedeutung der Begriffe von Raum und Zeit in der Physik rührt daher, dass die Physik als mit Dingen experimentierende Wissenschaft auf die Phänomenalität der Dinge angewiesen ist, ohne die wir letztlich von den Dingen nichts wissen können.

Nun wird uns aber nur ein räumlich und zeitlich beschränkter Teil unserer Umgebung unmittelbar zum Phänomen. Die Physik dagegen hat mit dem ihr eigentümlichen Grad der Verallgemeinerung für die von ihr aufgestellten Gesetze postuliert, dass sie immer und überall gelten sollen. Die zeitliche Invarianz betrachtet sie geradezu als eine die Gesetzlichkeit definierende Eigenschaft. Im Räumlichen soll die Welt isotrop sein.

Es ist der Satz geprägt worden vom „Menschen als dem Wesen der Mitte". Für unsere Fragestellung bedeutet er, dass es zwei Richtungen gibt, in denen man sich von den uns im täglichen Leben zugänglichen Größenordnungen entfernen kann. Die Richtung aufs Kleine hin führt zur Atomphysik, die Richtung ins Große zur Astronomie. Die Geologie untersucht das zeitlich Ferne. Es hat sich dabei gezeigt, dass die Gesetze unserer Umwelt viel weiter im Fernen gelten, als man a priori erwarten könnte. Im Kleinen musste freilich das aus dem phänomenalen Bereich entwickelte Begriffssystem der klassischen Physik wesentlich verändert werden. Weitere einschneidende Veränderungen sind hier noch zu erwarten. Im Großen jedoch haben die klassischen Gesetze bisher noch keine wirklich eindeutige Begrenzung erfahren, die auch von der Empirie her unumgänglich wäre, wenn man von einigen quantitativ noch nicht ganz gesicherten Grenzeffekten, die die allgemeine Relativitätstheorie fordert, absieht.

Die Arbeitsmethoden der Astronomie und Geologie sind dadurch gekennzeichnet, dass man am Vergangenen und räumlich uns Entzogenen nicht experimentieren kann. Der Astronom muss also, um den Bereich des Erfahrbaren zu vergrößern, immer neue Mittel der *Wahrnehmung* finden. An den Gegenständen kann er nichts ändern. Um über Vergangenes und räumlich Fernes überhaupt Aussagen machen zu können, muss man die Gültigkeit allgemeiner Gesetze annehmen, wie z.B. als vielleicht Allgemeinstes den Ablauf der Zeit, der seinerseits wieder die Voraussetzung für die Definierbarkeit der als überall geltend betrachteten Gesetze der Mechanik gibt.

Der Übergang von den uns geläufigen Größenordnungen zur äußersten heute erreichbaren Grenze mag in einer stufenweisen Erweiterung des Blickfeldes vollzogen werden: von der Erde ausgehend, zum Planetensystem, zur Galaxis und zu dem, was wir heute als „Universum" ansehen.

Dass die Erde *Kugelgestalt* habe, wurde wohl zuerst von den Pythagoräern behauptet. Erathostenes machte den ersten und gleich recht erfolgreichen Versuch, den Erdumfang zu messen. Erst fast zwei Jahrtausende später erbrachte Magellan den direkten Beweis für die Kugelgestalt durch seine Weltumseglung. Den zeitlichen Werdegang der Erde versucht die Geologie zu bestimmen. Von den zahlreichen Methoden zur Altersabschätzung einer Formation ist die sicherste, besonders für die sehr ferne Vergangenheit, die *radioaktive* Methode. Sie besteht darin, dass man aus dem Verhältnis der mit bestimmter mittlerer Geschwindigkeit zerfallenden radioaktiven Muttersubstanz zu ihren Zerfallsprodukten auf die bisherige Dauer des Zerfalls schließt. Diesem Verfahren liegen, wie jedem anderen auch, eine Reihe allgemeiner Annahmen zu Grunde, so z. B., dass die Zusammensetzung der Minerale hinsichtlich der verschiedenen Bleiisotope ursprünglich gleichförmig ist, sodass abnorme Zusammensetzungen auf radioaktiv entstandenes Blei schließen lassen.

Eine allgemeine Voraussetzung derartiger Schlüsse ist die Annahme, dass die Naturgesetze selbst sich im Laufe der vergangenen Zeit nicht geändert haben. In etwas speziellerem Sinne, nämlich so, dass nicht die allgemeinen Naturgesetze, sondern die heute auf der Erdoberfläche wirksamen Vorgänge der Gegenstand der Erörterung sind, ist diese Frage in der Geologie als die Frage des *Aktualismus* bekannt. Der Aktualismus nimmt an, dass die in der Vergangenheit wirksam gewesenen Kräfte und Vorgänge dieselben sind wie die heute (aktual) wirksamen. Die Annahme der zeitlichen Konstanz der Naturgesetze wäre dann als ein *Aktualismus im weiteren Sinne* zu bezeichnen. Diese Annahme ist nicht selbstverständlich. Die Allgemeinheit des Gesetzes ist zwar intendiert als eine Gültigkeit immer und überall, aber erstens ist es möglich, dass sich das spezielle Gesetz, das wir heute empirisch feststellen, als spezieller Fall eines allgemeineren Gesetzes erweist und dass in früheren Zeiten Bedingungen geherrscht haben, unter denen dieses allgemeinere Gesetz in Form anderer Spezialfälle wirksam wurde. Zweitens folgt aus der Intention auf Allgemeinheit nicht notwendigerweise die Erfüllbarkeit dieser Intention: Wir wissen nicht a priori, dass die Natur auch in fernsten Zeiten überhaupt in dem uns vertrauten Sinn gesetzmäßig war. Unsere Überzeugung davon, dass der Aktualismus im weiteren Sinne jedenfalls für die letzten zwei Milliarden Jahre im Wesentlichen richtig ist, beruht auf Phänomenen der *Konvergenz* der Ergebnisse verschiedener Forschungsmethoden. Wenn verschiedene Weisen der Altersbestimmung eines Objekts, die auf verschiedenen Naturgesetzen beruhen, uns dasselbe Alter liefern, so wird damit nicht nur die Richtigkeit dieses Alters, sondern auch die Gültigkeit der betreffenden Naturgesetze in dem seither verflossenen Zeitraum sehr wahrscheinlich gemacht.

Der nächste Schritt ins räumlich Große umfasst die Gestalt des *Planetensystems*. Es ist eines der kompliziertesten Gebilde, welche die Astronomie kennt. Das System besitzt eine deutliche Hauptebene, in der die Planeten umlaufen. Sein äußerster Durchmesser hat die Größenordnung von Lichtstunden. Über die Entstehung des Sonnensystems glaube ich einiges zu wissen; die Theorie ist aber noch nicht so im Detail gesichert, dass ich sie hier skizzieren möchte. Für die Entstehung der Mechanik hat das Studium der Planetenbewegung bekanntlich eine entscheidende Rolle gespielt.

Der nun folgende Schritt zur Erweiterung unseres räumlichen Blickfeldes führt zum *galaktischen System*. Es stellt eine Ansammlung vieler Milliarden Sterne dar, zu denen auch die Sonne gehört. Seine wahre Gestalt können wir nur indirekt erschließen, da wir mitten drin stecken. Vermutlich gehört es zur Klasse der Gebilde, die man als „Spiralnebel" bezeichnet und von denen zahlreiche Exemplare bekannt sind. Die Größe dieser Gebilde geht in die Zehntausende von Lichtjahren. Ihre Gestalt gleicht am ehesten einem Diskus, in dessen Hauptebene die Sternverteilung spiralige Struktur aufweist. Die allgemeinen physikalischen Gesetze, die wir in unserer näheren Umgebung aufgefunden haben, gelten auch in diesen fernen Raumgebieten. Das Gravitationsgesetz wurde an der Bewegung von Doppelsternen bestätigt. Vor kurzem gelang es sogar, aus Störungen von Doppelsternbahnen auf störende dritte Massen von der Größenordnung der Massen großer Planeten zu schließen, sodass man vielleicht annehmen darf, dass die Ausbildung von Planetensystemen ein im Kosmos häufiger Vorgang ist. Das Gravitationsgesetz gilt auch für das gesamte Milchstraßensystem, das unter dem Einfluss der integralen Gravitation rotiert. Über die physikalischen Zustände der Fixsterne erfahren wir nur etwas durch die von ihnen emittierte Strahlung. Die *Spektroskopie* ist daher das wichtigste Hilfsmittel der Astrophysik. Es hat sich nun immer wieder bestätigt und ist heute längst zur allgemeinen Voraussetzung geworden, dass in den Fixsternspektren dieselben Linien vorkommen, sie auch die irdischen Elemente aussenden. Die kosmische Materie muss aus den Elementen aufgebaut sein, die wir auf der Erde auch finden. Unsere heutige Kenntnis der Physik der Atomkerne macht es recht wahrscheinlich, dass sämtliche stabilen Elemente uns bekannt sind. Die Transurane haben wohl eine zu kurze Lebensdauer, als dass von ihnen noch merkliche Reste da sein können. Die Anregungsbedingungen sind an manchen Stellen im Kosmos allerdings so extrem, dass es z. B. Mühe machte, zahlreiche Linien im Spektrum der leuchtenden Gasnebel auf ein bekanntes Element zurückzuführen. Sie erwiesen sich schließlich als „verbotene" Übergänge von metastabilen Zuständen, meist des Sauerstoffs.

Die letzte Stufe der räumlichen Ausweitung unseres Blickfeldes erschloss die Erforschung des *Systems* der *Spiralnebel*, innerhalb dessen die Grenze des uns bis jetzt überhaupt erschlossenen Raumes liegt. Man neigt heute dazu, das System der Spiralnebel als das „Universum" anzusehen und hat wohl auch einige Gründe dafür. Wir wollen aber nicht ganz vergessen, dass jede der vorhergehenden Stufen einmal die gleiche Rolle im Bewusstsein des Menschen gespielt hat. Aus den Spektren der Spiralnebel sieht man, dass sie von den uns schon bekannten Elementen erzeugt werden. Die innere Rotation einzelner Nebel sowie das Zusammenhalten von Nebelhaufen mit statistisch verteilten Geschwindigkeiten der Individuen verlangt, auf die Gültigkeit des Gravitationsgesetzes in jenen Bereichen zu schließen. Je umfassender jedoch der sich uns erschließende Bereich der Welt ist, desto mehr müssen wir mit Abweichungen von den aus unserer Umwelt heraus aufgestellten Gesetzen rechnen. Wenn wir den Kosmos als Ganzes ins Auge fassen wollen, müssen wir uns sogar auf eine *Revision* bzw. *Begrenzung* unserer Begriffe von Raum und Zeit gefasst machen.

Bezüglich des Zeitbegriffes scheint mir die Grenze seiner Anwendbarkeit im uns geläufigen Sinne bereits bis zu einem gewissen Grade absteckbar. Die empirischen Ergebnisse der Physik und Astronomie lassen die Frage nach dem *Alter* der Welt als wohlberechtigt, ja notwendig erscheinen. Als Hauptkriterien zur Beurteilung des Alters der Welt gelten folgende:

a) Altersabschätzungen radioaktiver, also spontan zerfallender Elemente. Wir kennen heute die Häufigkeitsverteilung der Elemente ziemlich gut und wissen, dass die schweren Elemente ungefähr alle gleiche Häufigkeit besitzen. Es wäre nun unverständlich, dass es heute noch Uran im Verhältnis zu Blei in merklicher Menge gibt, wenn das Uran nicht vor endlicher Zeit entstanden wäre. Würde es stets nachgebildet, so müsste sich im Laufe der Äonen durch radioaktiven Zerfall beliebig viel Blei gebildet haben. Das Alter des Urans in der Welt scheint in der Größenordnung von $4 \cdot 10^9$ Jahren zu liegen. Irdische Minerale sind durchweg jünger, Meteoriten teils etwa ebenso alt.

b) Das System der Spiralnebel zeigt eine systematische linear mit der Entfernung anwachsende Rotverschiebung der Spektren. Denkt man sie als Geschwindigkeitseffekt im Sinne einer homogenen Expansion des gesamten Systems, so kann man umgekehrt die Bewegung rückwärts rechnen und kommt dann zum Ergebnis, dass vor etwa $2 \cdot 10^9$ Jahren sämtliche Nebel auf kleinem Raum vereinigt waren. Über den damaligen Zustand des Kosmos gibt es nur Spekulationen; auf sie will ich nicht eingehen.

c) Die Hauptenergiequelle der Sonne ist die Synthese von Helium aus Wasserstoff. Aus dem Verhältnis von $He:H$ in der Sonne kann man berechnen, dass der Energie erzeugende Prozess in heutiger Intensität nicht länger als maximal $100 \cdot 10^9$ Jahre gedauert haben kann, wenn sämtliches Helium aus Wasserstoff entstanden ist. Da aber vermutlich Helium im interstellaren Gas, aus dem die Sterne wahrscheinlich entstehen, enthalten ist, wird das wahre Alter der Sonne wesentlich kleiner sein, vielleicht nicht viel größer als das der Erde, welches aus Isotopenhäufigkeiten radioaktiver Elemente zu etwa $3 \cdot 10^9$ Jahren abgeschätzt wird.

Diese Zahlen stimmen der Größenordnung nach auffallend überein. Die Verschiedenheit im Einzelnen ist bisher nicht völlig erklärbar.

Alle die genannten Vorgänge sind im Sinne der statistischen Deutung des zweiten Hauptsatzes irreversibel. Die Spiralnebel diffundieren in ein immer größeres Volumen hinein, die anfangs im Stern vereinigte Energie erfüllt schließlich als elektromagnetisches Feld den ganzen Raum, die vom zerfallenden Atomkern emittierte Energie kehrt nie wieder in ihn zurück usw. Wir benutzen als Alterskriterien also immer nur Vorgänge, die im Sinne des zweiten Hauptsatzes ablaufen. Nun hat jeder endliche Teil des Raumes nach dem zweiten Hauptsatz auch nur einen endlichen Vorrat möglicher Ereignisse. Laufen diese mit endlicher Geschwindigkeit ab, so hat das Intervall, in dem überhaupt etwas geschieht, notwendig einen Anfang wie ein Ende, wenn auch vielleicht in asymptotischer Form.

Die Frage nach der Struktur des kosmischen *Raumes* ist noch weniger geklärt als die Frage nach dem zeitlichen Anfang, für die sich wenigstens einige Hinweise finden lassen. Unser tatsächliches Wissen vom Kosmos lässt noch viele kosmologische Möglichkeiten offen. In Verträglichkeit mit den tatsächlichen Messungen kann man den Rotverschiebungseffekt als eine explosive Ausdehnung in den unendlichen euklidischen Raum auffassen. Ein unendlicher Raum ist unausschöpfbar. Postuliert man aber einen endlichen euklidischen Raum, so muss man ihn begrenzen und man kann sofort wieder fragen, was dahinter liege. Der euklidische Raum hat eine Struktur, die diese Frage prinzipiell immer gestattet. Nun gibt es Raumtypen, für die dies nicht zutrifft. In ihnen gilt das Parallelenaxiom nicht. Ein zweidimensionales Beispiel ist die Oberfläche einer Kugel. Die Geraden werden in der nichteuklidischen Geometrie allgemein durch geodätische Linien ersetzt. In der Kugeloberfläche sind die Großkreise geodätische Linien. Sie laufen in sich selbst zurück. Die Kugeloberfläche ist in sich geschlossen. Sie hat einen endlichen Inhalt ohne begrenzt zu sein. Analog dazu könnte auch der dreidimensionale Weltraum zwar unbegrenzt und ohne Rand aber doch von endlichem Inhalt sein. In einem solchen Raum gibt es eine größte mögliche Entfernung zwischen zwei Punkten. Das Licht würde, nachdem es die Welt umlaufen hat, wieder zum Ausgangspunkt gelangen. Man könnte seine eigene Rückseite sehen. Jedoch wäre das mit unseren augenblicklichen Hilfsmitteln sicher nicht zu erreichen.

Das experimentum crucis zur Entscheidung, ob der euklidische oder ein anderer Raumtyp verwirklicht ist, stellt die *Nebelstatistik* dar. Im euklidischen Raum muss im Falle der isotropen

Verteilung die Zahl der in einem bestimmten Raumwinkel enthaltenen Nebel eines bestimmten Abstandes von uns bei vorgegebener Schichtdicke mit dem Quadrat dieses Abstands zunehmen. Im sphärischen Raum muss die Zunahme der Nebelanzahl mit der Entfernung kleiner sein als im euklidischen und bei Annäherung an den Weltradius schließlich verschwinden. Einen entsprechenden Effekt glaubte Hubble auch festgestellt zu haben. Doch sind dagegen Einwände erhoben worden, die eine sichere Entscheidung vorerst unmöglich machen.

C. Verhältnis zur Biologie

1. PHYSISCHE PHÄNOMENOLOGIE DES LEBENDIGEN

a. Gestalt

Im Folgenden will ich die Betrachtung der *Phänomene* des *Lebendigen* zunächst einengen auf den physischen Aspekt. Dies ist im Grunde eigentlich schon unphänomenologisch, denn das *Seelische* gehört zum Lebendigen dazu, ja bildet im Vergleich zum Materiellen die wohl wesentlichere Seite. Ich wähle aber vorerst diese Beschränkung, weil sie den Anschluss an die Physik erleichtert.

Der physikalische Ausgangspunkt zur Erfassung des Lebendigen ist seine physische Gestalt. Die Aufgabe besteht nun darin, an den lebenden Gestalten Merkmale zu finden, die sie in charakteristischer Weise von den nicht lebenden unterscheiden.

Physische Gestalten existieren in Raum und Zeit. Ich will zuerst die lebenden Gestalten in Bezug auf ihre Räumlichkeit betrachten. Ein hervorstechendes Merkmal ist ihre *Individualität*. Darunter verstehe ich zunächst die Tatsache, dass die Lebewesen getrennte, räumlich unterscheidbare und in sich geschlossene Gebilde sind. Diese Seite der Individualität haben sie gemeinsam mit nicht lebenden Gestalten, z. B. mit Sternen und Kristallen. Ein bezeichnendes Merkmal des Lebendigen ist die der eigentlichen Wortbedeutung von Individualität entsprechende Eigenschaft der *Unteilbarkeit*. Ein Lebewesen kann zwar physisch geteilt werden, aber es erträgt das Zerlegtwerden nicht, ohne dass charakteristische Eigenschaften, meist das „Leben" selbst, verloren gehen. Es ist ein Ganzes, dessen Teile aufeinander abgestimmt sind. Individualität in diesem Sinn gibt es nur bei den höheren Organismen. Die niederen Organismen sind *hochregenerationsfähig*, d. h. sie können aus Teilen eines Organismus ein funktionsfähiges Ganzes wieder herstellen. Je tiefer man in der Reihe der lebenden Gestalten zu den primitiven Formen hinabsteigt, desto problematischer wird die Individualität der einzelnen Gebilde. In Tierstaaten und Tierkolonien findet weitgehend Arbeitsteilung statt. Das einzelne Tier wird zum Träger einer speziellen Funktion unter Verlust anderer Funktionsfähigkeiten. Es wird unselbstständig. Volle Individualität hat eigentlich nur die Gemeinschaft als solche.

Ein weiteres Merkmal lebender Gestalten ist ihre *Durchdifferenziertheit*. Wir hatten die Gestalt definiert als ein räumlich begrenztes, wiedererkennbares Gebilde, an dem Teile zu unterscheiden sind. Die Teile können ihrerseits wiederum Gestalten sein. Eine Gestalt soll als desto differenzierter bezeichnet werden, je mehr Untergestalten sie enthält. Die Lebewesen sind nun die differenziertesten Gestalten, die wir kennen. Die Teile des Organismus sind nicht amorphe Masse, sondern *durchstrukturiert* bis ins ganz Kleine. Der gesamte Körper konstituiert sich aus einer Fülle von Organen, diese wiederum enthalten Unterorgane, die sich ihrerseits aus Geweben aufbauen, und so könnte man die Reihe über Zellen, Chromosome, Gene, Eiweißkörper, Moleküle bis ins Atomare fortsetzen. Die lebendige Substanz ist durchstrukturiert in allen Größenordnungen vom Atom bis zum fertigen Tier und zwar in *artspezifischer* und im Feinbau der Chromosome höherer Lebewesen sogar *individualspezifischer* Weise. Die völlige Durchstrukturierung ist eine das Lebendige *auszeichnende* Eigenschaft, die wenigstens in diesem Grade in der anorganischen Natur nicht vorkommt. So ist z. B. die Struktur eines Kristalls unabhängig von seiner Größe. Dieses Haus enthält eine Menge Untergestalten; von der Größenordnung der Bausteine ab besitzt es keine Gestalten mehr, die für ein Haus charakteristisch sind.

Die lebenden Gestalten haben innerhalb bestimmter Grenzen die Fähigkeit zur zeitlichen *Stabilisierung*. Ihre Konstanz besteht trotz ständigen *Materieaustausches* mit der Umgebung. Durch den gesamten Körper fließt ein Strom von Materie, der langsam die gesamte Körpersubstanz auswechselt. Identisch bleibt die Struktur, ihre elementaren Bausteine werden ständig ausgetauscht.

Gestalten existieren zeitlich. Ein Individuum durchläuft eine für die jeweilige Art charakteristische *Abfolge* von *Formen*. Geburt, Wachstum, Fortpflanzung, Tod bezeichnen die allgemeinen Phasen dieses Ablaufs. Er kehrt für jedes Individuum einer bestimmten Art in stets gleicher Weise wieder. Auch hierfür gibt es gewisse Analogien im Anorganischen; so durchlaufen auch Kristalle und Sterne bei ihrer Entstehung eine bestimmte Folge von Phasen. Für die Einzeller gilt die eben genannte Folge nur in beschränktem Maße. Sie sind „potentiell unsterblich", denn Geburt und Tod sind ein Akt, da die Fortpflanzung durch direkte Teilung erfolgt. Stets besteht die Fortpflanzung darin, dass das ausgewachsene Individuum ein ihm *ähnliches selbst erzeugt*. Das Individuum hat nur eine beschränkte zeitliche Dauer, hinterlässt aber, bevor es stirbt, eine ihm gleichende Gestalt. Auf diese Weise wird die Konstanz der Art gewahrt.

b. Zweckmäßigkeit

Die *Zweckmäßigkeit* der organischen Gestalten ist eine tägliche Erfahrung. Sie würden nicht bestehen können, wenn sie nicht den Anforderungen ihrer Umwelt gewachsen wären. Wie sind sie dazu im Stande, warum bestehen sie weiter?

Die Lebewesen wehren sich gegen die Zerstörung seitens der Umwelt durch *Organe*. Organ heißt Werkzeug. Ein Werkzeug hat eine bestimmte Funktion. So gibt es Organe der Nahrungsaufnahme und -verarbeitung, Organe der Fortpflanzung, der Bewegung und des Reagierens auf Reize (Sinnesorgane). Die Funktion der Organe kann erschlossen werden durch die Beobachtung ihres Gebrauchs. Wie können wir Organe überhaupt gebrauchen? Um diese Frage zu beantworten, muss ich einen Übergriff ins Psychische machen. Viele Organe funktionieren von selbst, bei anderen kommt der Wille ins Spiel, vor allem beim Menschen. Der Mensch gebraucht viele seiner Organe bewusst. Er erlernt ihren Gebrauch. Dies ist bei den Tieren anders. Ihnen ist die Fähigkeit des richtigen Gebrauchs ihrer Organe in viel weiterem Umfang *angeboren*, denn sie erstreckt sich auch auf Handlungs- und Verhaltensweisen, die der Mensch niemals ohne Einsicht vollzieht. Den ganzen Komplex des angeborenen Reagierens bezeichnet man mit dem Wort *Instinkthandlung*. Instinkthandlungen sind in der Funktionsweise wohl kaum streng zu trennen von dem Selbstfunktionieren der für den Ablauf des individuellen Lebens unbedingt wichtigen Organgruppen der Verdauung, Atmung, des Kreislaufs, usw. Hingegen sind Instinkthandlungen abzusetzen vom *erworbenen* Können, das durch Versuch und Irrtum andressiert wird; dieses wiederum ist vom *einsichtigen* Können zu unterscheiden, das des Probierens nicht bedarf, sondern die Möglichkeiten geistig vorwegnimmt. Die komplizierte Instinkthandlung stellt das zeitliche Analogon zur räumlichen Struktur dar. Die Fähigkeit, die

Organe zu gebrauchen, ist sicher genauso wunderbar wie die Organe selbst. Alle die eben genannten Stufen sind teleologisch verstanden worden, obwohl es erst auf der letzten ein Zwecke setzendes Bewusstsein gibt. Die Zwecke beziehen sich auch nicht nur auf das Individuum. Außer den Instinkthandlungen, die unmittelbar dem Individuum nützen, gibt es auch solche, die der Erhaltung der Art dienen. Hierzu gehören vor allem die sozialen Reaktionen wie Fortpflanzung, Brutpflege, Verhalten gegenüber dem Artgenossen. Ich halte es sogar für legitim, vom Zweck der *Veränderung* der *Art* zu reden. Die Anwendbarkeit des Begriffs der Zweckmäßigkeit ist also keineswegs auf Individuen, die sich vielleicht Zwecke setzen könnten, beschränkt. Mit welchem Recht dürfen wir dann überhaupt von Zwecken reden?

Sicher ist wohl zunächst, dass der teleologischen Auffassung gewichtige Argumente entgegenstehen. Die Natur schafft den Reichtum ihrer Gestalten, ohne dass wir in ihr ein Zwecke setzendes Bewusstsein erkennen können. Die Tiere führen Instinkthandlungen auch am untauglichen Objekt aus, oder es fehlt das letzte Glied der Handlung, das ihr erst den Sinn gibt. Leerlaufreaktionen zeigen, dass Ablauf und Zweck der Instinkthandlung getrennt sein können. Auch Instinkte sind *irrtumsfähig*. Ferner dürfen wir fragen, wo das Wesen sei, welches sich vorgenommen hätte, ein bestimmtes Organ wachsen zu lassen. Gegen diese Frage hat man theologische Spekulationen ins Feld geführt. Die Zweckmäßigkeit der Lebewesen wäre nicht das Werk ihrer selbst, sondern das Werk eines denkenden Schöpfers. In einer solchen Auffassung wird es zum Problem, dass auch *unzweckmäßige* Bildungen an Organismen vorkommen. Welchen Zweck hat der hypertrophierte „Stoßzahn" des Mammut oder der Wurmfortsatz des Blinddarms beim Menschen? Außerdem zeigt schon die ständige Vernichtung von Lebendigem, dass die Gesamtheit des Lebens sich nicht in der Harmonie einer gesicherten Vollkommenheit befindet, sondern dass vielmehr ganze Tierstämme, wie z.B. der der Saurier, im Kampf mit der Umwelt an ihrer Unzweckmäßigkeit untergehen können.

Andererseits ist im Allgemeinen, wie schon anfangs gesagt, die Zweckmäßigkeit des Organischen eine von uns meist gar nicht diskutierte Voraussetzung. Erst durch die Reflexion wird es zum Thema, wie vortrefflich die Hand zum Greifen, das Auge zum Sehen geeignet ist. Gegenüber der Stufe einer rein deskriptiven Morphologie bedeutet die Frage nach der Funktion des Organs einen Fortschritt für die Erkenntnis des Gegenstandes. Wie aber ist das Organ entstanden, das eine bestimmte Funktion erfüllen kann? Die Frage nach dem Zweck enthebt uns nicht der Frage nach der *Ursache*. Finalität und Kausalität schließen sich nicht aus, sondern fordern einander. Der Zweck fordert die Mittel, durch die er erreicht werden kann. Die Konstatierung des Zweckmäßigen verlangt die Frage, wieso es dieses Zweckmäßige geben kann. Dies führt jedoch aus der Phänomenologie heraus, bei der ich noch verweilen möchte.

c. Kontinuität

Seit Linné hat man die Fülle der lebendigen Gestalten zu *ordnen* gesucht. Von Strukturvergleichen ausgehend kam man zu einem System von Familien, Gattungen, Arten usw. Zunächst war man der Meinung, alle diese Klassen ständen nebeneinander. Heute glaubt man wohl allgemein, dass alles Leben der Abstammung nach *kontinuierlich zusammenhängt*. Die einzelnen Arten sind die Verzweigungen des „Stammbaums", sie fußen auf der kontinuierlichen Reihe der Vorformen. *Vererbung* und individuelles *Wachstum* sind selbst kontinuierliche Vorgänge. Bei genauerer Beobachtung gibt es bei der Vererbung auch diskontinuierliche Züge. Es treten endliche Schritte zu neuen Merkmalen auf. Man bezeichnet sie als *Mutationen*. Sie haben wahrscheinlich mit atomaren Änderungen der Gene zu tun. Aber auch diese Schritte sind relativ klein und lassen den Bauplan der Gestalt ungefähr bestehen. Ob die großen Unterschiede zwischen den Tierstämmen auch durch Mutationen mit größeren Schritten hervorgerufen wurden, ist noch nicht entschieden. Mit einer gewissen Einschränkung darf man wohl sagen, dass das Lebendige ein kontinuierliches System bildet.

2. DIE PHYSIK IN DER BIOLOGIE

a. Das vitalistische Gefühl

Angesichts der genannten Phänomene des Lebendigen drängt sich uns die Frage auf, ob alle diese Züge von der *Physik* her verständlich sind, ob es also eine physikalische Theorie des Lebens gibt und die Biologie als ein Teil der Physik betrachtet werden darf. Das vitalistische Gefühl der meisten Menschen wehrt sich schon allein gegen eine solche Fragestellung. Es ist aber zunächst lediglich ein Gefühl. Diese Frage kann nur entschieden werden, wenn die Physik sich selbst treu bleibt und auf die Einwände sachlich eingeht.

b. Die Unausweichlichkeit der Naturgesetze

Der Glaube der Physiker ist, die Naturgesetze seien *allgemein*. Wir wissen zwar vieles nicht, sondern müssen uns durch Vermutungen an die Wahrheit herantasten. Die Vorstellung der Unabhängigkeit eines Vorgangs von den Naturgesetzen widerstrebt jedoch dem *Begriff* des Naturgesetzes. Die Gesetze der klassischen Physik würden den Ablauf der Zustände eines Organismus völlig determinieren, ohne dass Raum für konkurrierende Faktoren übrig bliebe. Für „lenkende Faktoren" ist kein Platz mehr. Wer sie dennoch postuliert, schließt damit die volle Gültigkeit der Gesetze aus. Driesch hat z.B. behauptet, eine „Entelechie" lenke das Geschehen so, dass der Energiesatz dabei erfüllt werde. Der Energiesatz ist aber nicht das einzige Gesetz. Die *Gesamtheit* der Gesetze lässt keine Freiheit für Entelechien. In der Quantenmechanik gilt der Determinismus nicht mehr. An seine Stelle treten Wahrscheinlichkeitsaussagen. Die Vitalisten könnten die These einer „von höheren Faktoren gesteuerten Wahrscheinlichkeit" aufstellen. Aber auch in diesem Falle gilt: Wer die Gesetze der Wahrscheinlichkeit ändert, und sonst ist „steuern" ein leeres Wort, leugnet die Gültigkeit der Atomphysik. Wie wollen wir uns nun entscheiden, ist das Leben rein physikalisch verständlich oder nicht?

c. Bohrs Lösungsversuch

Bohr, der über das behandelte Thema viel nachgedacht hat, schlug folgende Lösung vor: In der Atomphysik bewährt sich die klassische Physik so weit man ihre Gültigkeit phänomenal wirklich *feststellen* kann. Es wird aber der Schärfe der Feststellung Grenzen gesetzt, und jenseits dieser Grenzen gelten die statistischen Erwartungen der klassischen Physik *nicht*. So könnte es auch beim Leben sein. Wo ich sie nachprüfen kann, werde ich Energie – Entropie – und alle anderen Sätze geltend finden. Den Anfangszustand kann ich aber vielleicht prinzipiell nicht vollständig physikalisch kennen, weil seine Feststellung einen *tödlichen Eingriff* in den Organismus bedeuten würde, und wo ich auf seine Kenntnis verzichte, gelten am Organismus die statistischen Erwartungen der Physik nicht.

d. Einschränkung auf Geschichte und Seele

Eine mögliche Interpretation der Bohr'schen Gedanken ist diese: Die Biologie hat eigene Gesetzmäßigkeiten, z.B. die oben genannten Gesetze der Phänomenalität des Lebendigen, die sich von der Physik unterscheiden wie etwa die Quantenmechanik von der klassischen Physik, sodass das Leben prinzipiell durch physikalische Gesetze nicht völlig zu bestimmen wäre. Die Physiker werden diese Deutung zu pessimistisch finden. Gerade die naive Anwendung der bekannten Naturgesetze pflegt uns die großen Fortschritte zu bringen. Gegen den Einwand, man müsste ja dann wohl auch Lebendiges experimentell erzeugen können, könnte man erwidern: Das Leben ist kein Experiment von uns (Bohr). Wir finden es vor, es ist geschichtlich. Damit Lebewesen entstehen konnten wie wir selbst, waren außer einer Erdoberfläche vielleicht zwei Milliarden Jahre Zeit nötig.

Außerdem aber ist das lebende Wesen mit der bisherigen Betrachtung längst nicht vollständig erfasst, denn es ist *Seele* und vielleicht das vor allem. Hier aber gilt nicht die Beziehung „Ich – Es", sondern die Beziehung „Du – Ich". Die Objektivierung des „Du" zum „Es", das methodisch entscheidende Verfahren der Physik, setzt vielleicht die Tötung des „Du" voraus, dies aber *sollen* wir nicht tun. Am „Du" experimentiert man nicht.

3. GESCHICHTLICHKEIT DES LEBENS

a. Gestaltwandel und Geschichtlichkeit der Zeit

Die Struktur der Gesetze der klassischen Physik ist konditional; *wenn* eine bestimmte Bedingung erfüllt ist, *so* folgt daraus ... Diese Struktur lässt noch viel Raum für die Erforschung der tatsächlichen Gestalten. Die physischen Phänomene des Lebens zwingen uns wohl nicht zur Annahme neuer Naturgesetze, wenn man die Entstehung der lebenden Gestalten in der Zeit voraussetzt. Im Abschnitt über den zweiten Hauptsatz zeigte ich ja, wie die Geschichtlichkeit mit der Entstehung differenzierter Gestalten zusammenhängt. Wie im Einzelnen differenzierte Gestalten entstehen können, sagt freilich der allgemeine Satz nicht. Zum Verständnis des Lebens gibt es zwei gleichberechtigte und einander bedingende Wege: Von der Unmittelbarkeit der Phänomene her verstehen wir das Leben final. Man kann aber auch nach der kausalen Bedingung der Realisierung des Finalen fragen. Dies tat Darwin. Er stellte ein einfaches Modell auf, das den Befund erklären soll.

b. Darwins Modell

Darwins Theorie kann man in zwei begrifflich voneinander getrennten Thesen aussprechen. Die erste lautet in Kürze etwa: *Nur das Lebenstüchtige überlebt.* Dies ist eigentlich nur eine Definition von Lebenstüchtigkeit. Das Zweckmäßige bleibt bestehen. Die Zweckmäßigkeit ist eine objektive Eigenschaft. Die heute lebenden Gestalten müssen zweckmäßig sein, sonst wären sie längst zugrunde gegangen. Finale und kausale Betrachtungsweise sind so in der Tat vereinbar. Mehr Widerspruch hat die zweite These erregt, die von der Frage ausgeht, wie Zweckmäßiges entstehe. Die Antwort lautet: *durch Zufall.* Richtungslose Mutationen erzeugen immer neue Varianten, von denen nur die lebenstüchtigen übrig bleiben. Der Widerspruch setzt meist an der Ungeklärtheit des Begriffs Zufall an. Zufall ist das nicht Voraussehbare, das, was wir nicht kennen. Er bleibt ein Mögliches so lange, bis er faktisch wird. In dieser Umschreibung des Begriffs Zufall steckt die Geschichtlichkeit der Zeit. Die Einwände gegen die zweite These kommen oft aus der gefühlsmäßigen Einstellung, Darwin wolle das Wunder der Gestalten auf ein blindes, sinnloses Geschehen zurückführen; das aber sei nicht möglich. Dies lässt sich auf zwei Weisen deuten. Man meint damit entweder, der Zufall schaffe nur Unordnung und wäre darum mit der Gestaltentwicklung unvereinbar. In der Betrachtung über die statistische Fassung des zweiten Hauptsatzes habe ich zu zeigen versucht, dass diese Argumentation falsch ist, sondern dass vielmehr der zweite Hauptsatz und die Gestaltentwicklung aus derselben Struktur der Zeit folgen, nämlich ihrer Geschichtlichkeit.

Die andere Deutung besteht in einer mehr gefühlsmäßigen Ablehnung des Begriffs Zufall, die sich etwa so präzisieren ließe: Zufall ist das Sinnlose, und wir weigern uns, in ihm den Grund für etwas Sinnvolles zu sehen. Hiergegen wäre zu erwidern, dass der Zufall in dem Sinne, in dem er im Darwinismus gebraucht wird, nur dasjenige ist, was vom beobachtenden Menschen nicht vorausgesehen werden kann. Richtig verstanden wäre die Verwendung des Wortes Zufall mehr ein Ausdruck unserer Bescheidenheit. Wir verstehen zwar in gewissen Grenzen den Sinn im Bereich der lebenden Gestalten, insofern wir z. B. ein Organ final deuten können oder die Geordnetheit und Differenziertheit eines Lebewesens intellektuell auffassen und ästhetisch bewundern. Wir geben aber zu, dass wir nicht einsehen, welchen speziellen Weg die Natur wählt, die unter der Fülle möglicher Gestalten gerade diese besondere als die verwirklichte aussucht, und wir sind der Meinung, dass die Gesetzmäßigkeiten, welche Gegenstand der Naturwissenschaft sind, diesen Weg nicht festlegen. Konkret bedeutet das, dass wir mit der Möglichkeit rechnen, dass auf einem anderen Stern mit völlig gleichen astronomischen und biologischen Voraussetzungen wie auf der Erde trotzdem „durch Zufall" wesentlich andere Lebewesen sich hätten entwickeln können. Das Wunder der Gestalt wird damit nicht wegdiskutiert; das Wunder von Gesetzen, in deren Rahmen ein solcher Reichtum von Gestalten möglich ist, ist nicht geringer.

c. Zweckmäßigkeit für Weiterentwicklung
Im Kampf ums Dasein werden diejenigen Arten bevorzugt sein, die sich am ehesten einer neuen Umwelt anpassen können. Ich halte es für zulässig, von der Zweckmäßigkeit gewisser Eigen-

schaften bezüglich der *Bildung* neuer Formen zu reden. Als allgemeine Einrichtungen zur Förderung der Anpassungsfähigkeit kann man wohl die *Diploidie* der Chromosome und, soweit ich sehe, auch die *Sterblichkeit* der Individuen ansehen. Auf der Diploidie der Chromosome beruht der Unterschied zwischen dominantem und rezessivem Erbgang. Der rezessive Erbgang gestattet Merkmale, die für sich allein der Art nicht förderlich wären, zu „speichern", bis sie durch Zufall mit anderen Merkmalen gekoppelt auftreten und in dieser Koppelung eine neuartige, der Art förderliche Wirkung entfalten. Dadurch werden Entwicklungswege eröffnet, die im dominanten Erbgang nicht zugänglich werden. (Auf diese Bedeutung der Diploidie hat besonders v. Wettstein hingewiesen.) Auch die Sterblichkeit beschleunigt die Entwicklung. Die Zahl der zur Erprobung kommenden Mutationen wird der Anzahl der Individuen, die in einem bestimmten Zeitintervall leben, nahezu proportional sein. Die Zahl der gleichzeitig lebenden Individuen ist aber durch Raum und Nahrungsmenge festgelegt. Kurzlebigkeit der einzelnen Generationen wird also für die Art einen Anpassungsvorteil bedeuten. Andererseits ist zum individuellen Wachstum eine bestimmte Zeit nötig. Das Gegeneinanderwirken beider Faktoren wird die mittlere Lebensdauer der Individuen bestimmen.

4. PSYCHOPHYSIK

Ich habe bisher nur vom materiellen Aspekt des Lebens geredet. Das ist im Grunde unphänomenologisch. Das Lebendige ist uns immer auch zugleich als Seele gegeben. Die Spaltung der lebendigen Einheit in Körper und Seele spiegelt jene andere Spaltung in Subjekt und Objekt wieder, die seit Descartes ins Allgemeinbewusstsein des Abendlandes eingedrungen ist. Auf die Problematik der Subjekt-Objektspaltung werden wir noch im dritten Teil der Vorlesung zu sprechen kommen. Die Zerreißung des Lebendigen in zwei Substanzen – Materie und Seele – ist von den Phänomenen her nicht zu rechtfertigen. Leib ist beseelter Körper; das gerade nehmen wir wahr. Ich zeige auf etwas – das ist ein physischer Akt, aber gleichzeitig wird daran im Leiblichen auch geistiges Verstehen möglich. Das Verstehen des leiblichen Ausdrucks ist spontan. Ein Kind lacht wieder, wenn man es anlacht. Das Verstehen des Anderen und das soziale Zusammenspiel sind nach Lorenz in vielem angeboren. Fremdpsychisches ist uns so *unmittelbar* im *leiblichen Ausdruck* gegeben und nicht dadurch, dass wir vom Physischen aufs Seelische schließen. Die Besinnung auf die Phänomene des Lebens zeigt uns die falsche und in ihren Konsequenzen vielleicht furchtbare Beschränkung auf den bloß physischen Aspekt. Nicht nur die Gegenstände der Biologie darf man nicht so behandeln, sondern wohl auch nicht die Gegenstände der Physik. Nur sind uns diese kaum auf andere Weise zugänglich, wenigstens nicht unmittelbar. Aus der Beschränkung auf den physischen Aspekt, der das Gegenüber objektiviert, resultiert die Macht über das Objektivierte. Eine solche Physik aber droht zur Waffentechnik zu werden, in welcher der Gegenstand zum bloßen Ding degradiert wird, mit dem man tun kann, was beliebt. Ich glaube, dass diese Situation nur durch eine grundsätzlich veränderte Haltung des Menschen überwunden werden kann, deren Fundamente im Religiösen liegen.

III. ELEMENTARE GEGENSTÄNDE

A. Relativitätstheorie

1. SPEZIELLE RELATIVITÄTSTHEORIE

a. Allgemeine Einleitung
Im letzten Abschnitt der Vorlesung soll nunmehr über die *elementaren Gegenstände* gesprochen werden. Was man als elementar bezeichnet, hängt vom jeweiligen Stand der Forschung ab. Ich habe *Relativitätstheorie* und *Atomphysik* zu den Theorien über elementare Gegenstände gerechnet. Hinsichtlich der Einordnung der Relativitätstheorie könnte man verschiedene Gesichtspunkte geltend machen. Die spezielle Relativitätstheorie ist ihrem *Inhalt* nach eigentlich die *Vollendung* der klassischen Physik, insofern sie konsequent das Relativitätspostulat der klassischen Mechanik auch auf die Elektrodynamik überträgt und im Übrigen in den Grundannahmen des klassischen Weltbildes verharrt. Dies Unternehmen verlangt zwar eine Änderung der Kinematik, lässt jedoch sonst die klassischen Gesetze unberührt. Der tiefer greifende Einschnitt im Gebäude der Physik besteht zwischen klassischer Physik und Quantentheorie. Andererseits aber liegt der Relativitätstheorie *methodisch* das gleiche Denken zugrunde wie der Quantenmechanik. Als Schlagwort ausgedrückt könnte man sagen, es ist der Denkstil des *Phänomenalismus* beim Übergang zum Transphänomenalen. Die Physik versucht hinter die Phänomene zu den ihnen zugrunde liegenden Gegenständen zu dringen. Zu den Gegenständen gelangt man nur über die Phänomene. In der klassischen Mechanik hat man von den Wahrnehmungen abgesehen und die Dinge als solche genommen, ohne zu fragen, wie man zu ihnen kommt. Die moderne Physik hat uns die Phänomena-

lität der Welt wieder zu sehen gelehrt. Die Tatsache, dass wir vom Jenseits der Dinge nur durch die Phänomene erfahren, drückt sich in den modernen Disziplinen charakteristisch aus. Hinter die Phänomene gelange ich nur, weil ich andere Phänomene zu Hilfe nehme. Das allgemeine *Verwobensein* aller Ereignisse auf gesetzhafte Weise gibt die Möglichkeit der *indirekten* Wahrnehmung auf Grund der direkten. Die Grenzen zwischen direkter und indirekter Wahrnehmung sind unscharf und fließend, je nachdem wie viel unausdrückliches und ausdrückliches Wissen mir als Voraussetzung gegeben ist. Jede Erkenntnis hat ja schon eine unübersehbare Menge unausdrücklicher Erkenntnis zur Vorbedingung. Die Kenntnis der Gesetze, durch die Ereignisse verknüpft sind, erweitert in gewissem Sinn die Wahrnehmung. Allgemein gilt: Alles was wir wissen, muss direkt oder indirekt Phänomen werden. Bei der Erschließung neuer Gebiete, in denen die indirekte Wahrnehmung naturgemäß eine immer größere Rolle spielen wird, ist nicht von vornherein zu erwarten, dass diese Gebiete durch bloße Extrapolation des Altbekannten zu neuen Gegenständen richtig erfasst werden. Im neuen Bereich gibt es zunächst nur isolierte Phänomene, die sich nicht in der üblichen Weise zu Dingen zusammenschließen. Daher ist die Aufmerksamkeit auf die Weise des Gegebenseins nötig. Die verschiedenen Aspekte lassen sich in ihrem Zusammenhang zwar gesetzmäßig darstellen, die Gesetze haben aber fremdartigen Charakter. Immerhin bleibt darin noch etwas von der Dinglichkeit übrig. Denn das Allgemeine hat wie das Ding Invarianzcharakter, es ist geradezu dadurch definiert, und bisher ist es in allen Bereichen möglich gewesen, Begriffe zu bilden und Gesetze zu finden. Von diesen Gesetzen verlangt man, dass sie im Grenzfall in die bekannten klassischen Gesetze übergehen. Man fordert also kontinuierliche Übergänge zwischen allen Bereichen. Die Gesetzesinvarianz in den neuen Bereichen muss im Grenzfall die phänomenale Dinginvarianz ergeben.

In allen modernen Theorien spielen die *Transformationseigenschaften* einer Größe die Rolle des invarianten Dings. Die Dinge erscheinen uns in bestimmten von uns abhängigen Aspekten. Das eigentliche Ziel ist nun, das Gesetz anzugeben, nach welchem man von einem Aspekt zu irgendeinem anderen gelangen kann. Dieses Transformationsgesetz ist das eigentlich Invariante.

b. Vorgeschichte der speziellen Relativitätstheorie

Die spezielle Relativitätstheorie ist in der Auseinandersetzung mit dem *Ätherproblem* entstanden. Die Physiker des 19. Jahrhunderts, auch Maxwell selbst, suchten nach einer tieferen Erklärung der Gleichungen des elektromagnetischen Feldes aus dem Wesen der Elektrizität. Sie übernahmen deshalb von der Fresnelschen Lichttheorie die Vorstellung eines elastischen Mediums, dessen Schwingungen eben die elektromagnetischen Wellen sein sollten. Diesem elektromagnetischen oder Lichtäther musste man aber höchst sonderbare Eigenschaften zusprechen. Er müsste fast starr sein, denn die Fortpflanzungsgeschwindigkeit des Lichts ist sehr groß, andererseits aber müssen die Körper sich reibungslos durch ihn hindurch bewegen können, die Beobachtung der Planeten zeigt dies offensichtlich. Ein feines alles durchdringendes Gas darf er nicht sein, da das Licht transversal schwingt und nicht longitudinal. Alle diese Forderungen haben es unmöglich gemacht, auch nur eine einzige wirklich überzeugende Äthertheorie zu schaffen. Dennoch schien die Elektrodynamik Argumente indirekter Art für seine Existenz zu besitzen. In die Theorie geht nämlich eine Konstante ein, welche die *Fortpflanzungsgeschwindigkeit* einer elektromagnetischen Erregung darstellt. Man sah nun diese

Konstante als eine innere Eigenschaft des Äthers an. Dann durfte die Bewegung der Lichtquelle *keinen* Einfluss auf die Fortpflanzungsgeschwindigkeit des Lichts haben (wenigstens in großem Abstand von der Lichtquelle nicht). Die Beobachtungen an Doppelsternen bestätigen dies. Diese Erfahrungen legten den Schluss nahe, dass es ein vor allen anderen *ausgezeichnetes* Bezugssystem gebe, nämlich das im Äther ruhende. Der gegen den Äther bewegte Beobachter müsste seine Bewegung an der Änderung der Lichtgeschwindigkeit feststellen können. Damit tauchte die Möglichkeit einer experimentellen Prüfung der Theorie auf. Die Bewegung der Erde um die Sonne müsste als Bewegung relativ zum Äther gemessen werden können. Der Effekt müsste eine gut nachprüfbare Größenordnung haben. Das entsprechende Experiment von Michelson und Morley verlief jedoch innerhalb der Messgenauigkeit völlig *negativ*. Das war ein ganz unerwartetes Ergebnis. Offensichtlich ist also auch in der Elektrodynamik kein gleichförmig gradlinig bewegtes Bezugssystem vor einem anderen ausgezeichnet, d. h. es gilt das Newtonsche Relativitätsprinzip der Mechanik, nach welchem Absolutbewegung nicht feststellbar ist, auch für die Elektrodynamik. Die Elektrodynamik zeichnet aber eine bestimmte Geschwindigkeit aus, das Michelsonsche Experiment zeigte ja gerade die *Konstanz* der Lichtgeschwindigkeit in verschiedenen Bezugssystemen. In der klassischen Mechanik hingegen gilt der Satz vom *Parallelogramm* der Geschwindigkeiten. Die Koordinatentransformation zweier gegeneinander in x-Richtung mit der Geschwindigkeit v bewegter Systeme lautet:

$$x' = x \pm vt, \quad y' = y, \quad z' = z, \quad t' = t$$

Nun sind die Gesetze der Elektrodynamik gegen diese so genannte Galilei-Transformation nicht invariant. Die klassische Kinematik plus klassisches Relativitätsprinzip verträgt sich also nicht mit Konstanz der Lichtgeschwindigkeit plus klassisches Relativitätsprinzip. Als Ausweg aus diesem Dilemma erfanden Fitzgerald und Lorentz die später nach Lorentz benannte *Kontraktionshypothese*. Ein Maßstab, der sich relativ zu einem als „ruhend" betrachteten System mit der Geschwindigkeit v bewegt, soll in Bewegungsrichtung eine Verkürzung seiner im ruhenden System gemessenen Länge im Verhältnis $\sqrt{1-v^2/c^2}$ erfahren. Diese Annahme ergibt in der Tat das negative Resultat des Michelsonversuchs. Sie bleibt aber auf dem Boden der Äthertheorie und erklärt nur, warum der Äther, den man zuerst postuliert, niemals in Erscheinung treten kann. Es ist unbefriedigend, mit Größen zu operieren, die niemals weder direkt oder indirekt Phänomen werden können.

c. Einsteins Kritik der Gleichzeitigkeit

Physikalisch verständlich wurden die vorhin genannten Phänomene erst durch die Theorie Einsteins. Die eigentliche Aufgabe war, das Relativitätsprinzip der Mechanik mit der Konstanz der Lichtgeschwindigkeit zu vereinbaren. Einstein erkannte, dass dies möglich sei durch eine *Abänderung* der klassischen *Kinematik*. An die Spitze der Theorie stellte er zwei Postulate: das Prinzip der *Konstanz* der *Lichtgeschwindigkeit* und das Prinzip der *Gleichberechtigung* aller gleichförmig gradlinig bewegten Bezugssysteme. Einstein hatte nun den Verdacht, dass beide Forderungen nur deswegen als nicht miteinander verträglich erscheinen, weil in der Physik verschiedene Begriffe unkritisch gebraucht werden. Als solche Begriffe sah er die Definition der *Länge* und der *Gleichzeitigkeit* an. Der Gleichzeitigkeitsbegriff war in der vorrelativistischen Physik als ein a priori gegebener betrachtet worden. Nach Newtons Begriff der absoluten Zeit steht es für zwei nicht am selben Ort stattfindende Ereignisse stets fest, welches von ihnen früher stattfindet oder ob sie beide gleichzeitig sind. Einstein untersucht die Möglichkeit, eine derartige Behauptung experimentell zu beweisen. Dass zwei voneinander entfernte Ereignisse gleichzeitig sind, hat nur dann einen experimentell greifbaren Sinn, wenn man zwei voneinander entfernte Uhren auf eine eindeutige Weise synchronisieren kann. Er erkennt, dass man dies nicht unabhängig vom Bewegungszustand der Uhren vollziehen kann. Man könnte zwar zwei Uhren am selben Ort ganz gleich bauen und auf die gleiche Zeit einstellen und dann die eine von der andern räumlich entfernen. Die Ergebnisse des Michelsonversuchs legen aber den Verdacht nahe, dass der Gang einer Uhr von ihrem Bewegungszustand abhängt und dass deshalb die beiden Uhren, wenn sie relativ eine Geschwindigkeit zueinander besitzen, trotz gleichen Baus nicht gleich gehen. Einstein definiert daher zunächst die Gleichzeitigkeit für zwei relativ zueinander ruhende Uhren. Er wählt als Mittel der Synchronisierung die Signalübermittlung durch das Licht. Das Licht ist als Übermittler von Signalen dadurch ausgezeichnet, dass seine Ausbreitungsgeschwindigkeit nach dem einen der beiden Grundpostulate der Relativitätstheorie eine allgemeine Naturkonstante ist. Durch dieses Postulat wird die Lichtgeschwindigkeit aus dem Rang einer speziellen Eigenschaft eines Einzelphänomens in den Rang einer für die allgemeine Fassung der Naturgesetze fundamentalen Größe erhoben. Die Synchronisierungs-Vorschrift für zwei relativ zueinander ruhende Uhren lautet dann: Zuerst werden die Uhren an die Bestimmungsorte transportiert. Dabei sollen sie hinsichtlich ihrer Eigenschaften keine Veränderungen erleiden. Dann wird von A zur Zeit t_0 ein Signal nach B geschickt, das dort reflektiert wird und zur Zeit $t_0 + \tau$ wieder in A anlangt. Die in B befindliche Uhr muss so gestellt werden, dass die Ankunftszeit des Signals in B $t = t_0 + \frac{\tau}{2}$ war. Der Begriff der raumzeitlichen Koinzidenz wird dabei undiskutiert hingenommen. Eine Kritik dieses Begriffs wird erst vielleicht in der Theorie der Elementarteilchen im Zusammenhang mit einer Kritik des Begriffs des raumzeitlichen Kontinuums notwendig werden.

Die Messung einer *ruhenden Länge* definiert Einstein als wiederholte *Abtragung* eines Einheitsmaßstabes. Vorausgesetzt wird wieder, dass der Maßstab sich durch den Transport nicht ändert.

Wie sind nun Zeiten und Längen in gegeneinander *bewegten* Koordinatensystemen zu messen? Zunächst ist es notwendig, die Maßstäbe und Uhren beider Systeme miteinander zu vergleichen. Die Übertragung des im System K ruhenden Maßstabs auf das System K' geschieht durch Markierung der Endpunkte des Maßstabs auf einem mit K' bewegten Stab während des Vorübergleitens (die Bewegung finde nur in x-Richtung statt). Die Ganggeschwindigkeit sämtlicher Uhren in K und K' muss gemäß dem Postulat der Konstanz der Lichtgeschwindigkeit einreguliert werden. Zuerst werden die Uhren von K synchronisiert, dann wird eine Uhr von K' beim Passieren einer bestimmten Uhr von K mit dieser gleichgerichtet und daraufhin werden alle Uhren von K' mit der verglichenen synchronisiert. Die Länge eines in K' ruhenden Maßstabs $A'B' = l'$ kann dann in folgender Weise von K aus gemessen werden: Es werden in K zwei Punkte A und B so bestimmt, dass die Koinzidenzen AA' und BB' von K aus gleichzeitig stattfinden. AB ist dann die Länge $A'B'$ von K aus gemessen. Analog werden die Ganggeschwindigkeiten der Uhren beider Systeme durch Vergleich der Zeigerstellungen bei räumlichen Koinzidenzen einer Uhr von K' mit zwei Uhren von K verglichen. Das Ergebnis dieser Messungen lautet: $l' = l\sqrt{1-\frac{v^2}{c^2}}$ oder entsprechend $l = l'\sqrt{1-\frac{v^2}{c^2}}$ sowie

$$t'_2 - t'_1 = (t_2 - t_1)\sqrt{1-\tfrac{v^2}{c^2}} \text{ bzw. } t_2 - t_1 = (t'_2 - t'_1)\sqrt{1-\tfrac{v^2}{c^2}}.$$

Es ergibt sich also die Lorentz-Kontraktion als eine Folge der Vorschriften über die Raum-Zeitmessung. Eine bewegte Länge erscheint stets verkürzt. Ferner zeigt sich, dass Uhren in bewegten Systemen langsamer gehen als im Ruhesystem (Eigenzeit). Beide Relationen sind reziprok in Bezug auf die betrachteten Systeme. Längen und Zeiten sind also *relativ* und hängen vom Bewegungszustand des Beobachters ab. Der Beobachter geht insofern in das Beobachtungsergebnis ein, als sein raumzeitlicher Aspekt von der Wahl seines Bezugssystems bestimmt wird. Die verschiedenen Aspekte transformieren sich aber gesetzmäßig. Die Transformationsformeln der Koordinaten zweier in x-Richtung mit der Geschwindigkeit v bewegten Systeme lauten:

$$x' = \frac{x-vt}{\sqrt{1-v^2/c^2}} \qquad x = \frac{x'+vt}{\sqrt{1-v^2/c^2}}$$

$$y' = y, \; z' = z \qquad y = y', \; z = z'$$

$$t' = \frac{t - \frac{vx}{c^2}}{\sqrt{1-v^2/c^2}} \qquad t = \frac{t' + \frac{vx}{c^2}}{\sqrt{1-v^2/c^2}}$$

Die Lorentz-Transformation geht, wenn $v \ll c$, in die Galilei-Transformation über. Man kann die Galilei-Transformation daher formal als den Grenzfall für $c \to \infty$ auffassen. Das Additionstheorem der Geschwindigkeiten ist in der relativistischen Kinematik durch die Konstanz der Lichtgeschwindigkeit bedingt. Es lautet:

$$u' = \frac{u+v}{1+\frac{uv}{c^2}} \qquad \text{Für } \frac{uv}{c^2} \ll 1$$

geht es in den Satz vom Parallelogramm der Geschwindigkeiten über, für $u = c$ wird $u' = c$, die Lichtgeschwindigkeit kann nie überschritten werden.

Zum Verständnis der relativistischen Kinematik hat die geometrische Deutung, die ihr Minkowski gab, außerordentlich beigetragen. Der räumliche und zeitliche Abstand zweier Ereignisse ist gegenüber der Lorentz-Transformation nicht invariant. Minkowski betrachtet nun als „Ereignis" eine raum-zeitliche Koinzidenz. Das 4-dimensionale Intervall zwischen solchen Ereignissen ist lorentz-invariant.

$$x^2 + y^2 + z^2 - c^2 t^2 = x'^2 + y'^2 + z'^2 - c^2 t'^2$$

Die 4-dimensionale Mannigfaltigkeit nennt Minkowski „Welt", das einzelne Ereignis einen „Weltpunkt", die Folge von Weltpunkten, die ein Gebilde einnimmt, konstituiert eine „Weltlinie". In der Raum-Zeit-Union wird die Zeitkoordinate formal genauso wie die Raumkoordinaten behandelt. Die Struktur dieser Mannigfaltigkeit ist jedoch wegen des negativen Vorzeichens des Zeitgliedes pseudoeuklidisch.

$$s^2 = x^2 + y^2 + z^2 - c^2 t^2 = 0$$

stellt die Gleichung der Lichtkugel dar. In der Lorentz-Invarianz dieses Ausdrucks steckt das Konstanzprinzip der Lichtgeschwindigkeit.

Dass auch in der 4-dimensionalen Welt der Unterschied zwischen Raum und Zeit trotz ihrer Verknüpfung miteinander nicht aufgehoben ist, zeigt anschaulich das folgende Diagramm einer 2-dimensionalen „Welt" mit einer Raum- und der Zeitdimension. Wählt man die Lichtgeschwindigkeit als Einheit, so ist die Weltlinie eines Lichtstrahls um 45° gegen die x-Achse geneigt. Zwei Punkte auf der x-Achse haben rein räumlichen Abstand, zwei Punkte auf der t-Achse rein zeitlichen. Die Lorentz-Transformation lässt sich geometrisch als Übergang zu einem schiefwinkligen Koordinatensystem mit entsprechender Änderung der Maßeinheiten interpretieren. Im System K' ist der Abstand OP_1 rein räumlich, der Abstand OP_2 rein zeitlich. Durch Transformation kann man für zwei Ereignisse im Gebiet

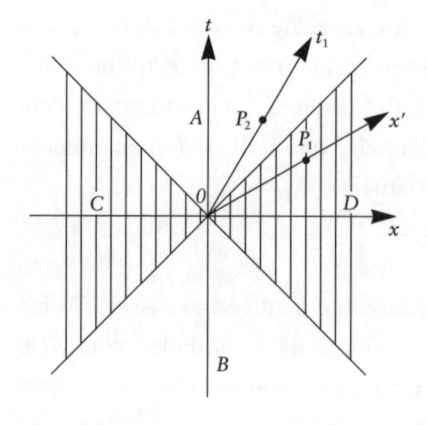

C und D immer ein System finden, in welchem der Abstand $s^2 = x^2$, also rein räumlich, und für zwei Ereignisse im Gebiet A und B immer eines, in dem $s^2 = -c^2t^2$, d.h. rein zeitlich wird. A und B, in denen $s^2 < 0$, nennt man zeitartige Gebiete, C und D, wo $s^2 > 0$ raumartige Gebiete. Beide trennt der Lichtkegel, für den $s^2 = 0$ ist. Das Gebiet B enthält alle Weltpunkte, von denen aus Wirkungen nach dem Weltpunkt 0 gelangen können, es repräsentiert die Vergangenheit. Das Gebiet A enthält alle Weltpunkte, auf die 0 wirken kann; es repräsentiert die Zukunft. Punktereignisse in C oder D können wegen der Unüberschreitbarkeit der Lichtgeschwindigkeit bei der Übertragung von Wirkungen mit dem in O stattfindenden Punktereignis in keinem kausalen Zusammenhang stehen.

d. Transformationstheorie der Lorentz-Gruppe

Ein Punkt P einer Ebene habe in einem bestimmten Koordinatensystem die Koordinaten x, y; durch Drehung um den Ursprung kann man ein anderes System festlegen, in dem der Punkt durch die Koordinate x' und y' gekennzeichnet wird. Die einzelnen Bezugssysteme sind offensichtlich willkürlich und etwas erst von uns an die Dinge Herangetragenes. Zwischen den einzelnen Systemen bestehen aber gesetzmäßige Transformationsbeziehungen. Sie lauten:

$$x' = \alpha x + \beta y, y' = \gamma x + \delta y$$

Diese Transformationsgleichungen haben Gruppeneigenschaften, da z. B. zwei hintereinander ausgeführte Drehungen zusammen ebenfalls eine Drehung ergeben. In der zweiten Hälfte des 19. Jahrhunderts bemühten sich die Mathematiker, die Willkür der Koordinatensysteme auszuschalten, indem sie nach den Invarianz-Eigenschaften der betrachteten Gegenstände fragten. In unserem Beispiel der Drehgruppe bezeichnet die Länge des Vektors OP etwas Wirkliches, das vom jeweiligen Bezugssystem unabhängig bleibt, denn es ist

$$x^2 + y^2 = x'^2 + y'^2$$

Auch seine Richtung ist etwas Wirkliches. Sie drückt sich aber nicht in einer invarianten Zahl aus, denn sie kann ja nur in Bezug auf eine vorhergewählte Richtung, also auf ein Koordinatensystem mathematisch definiert werden. Ihre „Wirklichkeit" drückt sich daher im Bestehen bestimmter Transformationsgesetze aus, welche die Komponenten oder die Richtungskosinusse des Vektors in einem neuen Koordinatensystem zu berechnen gestatten, wenn diejenigen im alten bekannt sind.

Entsprechendes gilt für die Lorentz-Transformation. Auch sie hat Gruppencharakter. Größen, die sich als lorentz-kovariante Vierervektoren schreiben lassen, bezeichnen etwas Wirkliches. In der tensoriellen Schreibweise wird die Einfachheit und Symmetrie der relativistisch formulierten Grundgesetze der Physik besonders deutlich. Einfachheit und Symmetrie der Gesetze bilden für den Physiker eines der nicht weiter begründeten Wahrheitskriterien. Die Symmetrisierung der Vorzeichen wird durch die imaginäre Schreibweise des Zeitgliedes erreicht; man setzt als vierte Koordinate $x_4 = ict$. In der Multiplikation mit der imaginären Einheit steckt der Unterschied von Raum und Zeit. Als Beispiel eines Vierervektors will ich den Energie-Impuls-Vektor eines Teilchens nennen. Er lautet in Komponenten geschrieben:

$$J_1 = p_x = \frac{m_0 v_x}{\sqrt{1-\frac{v^2}{c^2}}}, \quad J_2 = p_y = \frac{m_0 v_y}{\sqrt{1-\frac{v^2}{c^2}}}$$

$$J_3 = p_z = \frac{m_0 v_x}{\sqrt{1-\frac{v^2}{c^2}}}, \quad J_4 = \frac{i}{c}E = \frac{i m_0 c}{\sqrt{1-\frac{v^2}{c^2}}}$$

Energie und Impuls haben also mehr miteinander zu tun als die klassische Mechanik zunächst zeigt. Für $v \ll c$ gehen die ersten drei Komponenten in die klassischen Impulse über, die vierte Komponente ergibt in eine Reihe entwickelt

$$J_4 \approx \frac{i}{c}(m_0 c^2 + \frac{m_0 v^2}{2} + \ldots)$$

$m_0 c^2$ bezeichnet man als „Ruheenergie", m_0 als „Ruhemasse", beide beziehen sich also auf ein relativ zum Körper ruhendes System. Die Ruheenergie ist die additive Konstante zu jeglicher Energie, die in der vorrelativistischen Mechanik unbestimmt geblieben war. Allgemein folgt aus J_4 die Gleichung $E = mc^2$ (mit $m = m_0 \sqrt{1-\frac{v^2}{c^2}}$, welche die *Äquivalenz* von *Masse* und *Energie* angibt. Die „relativistische Masse" m ist stets größer als die Ruhemasse, für $v \to c$ wird sie und damit der Trägheitswiderstand beliebig groß, d.h. ein System mit endlicher Ruhemasse kann die Lichtgeschwindigkeit nie erreichen.

Die elektrodynamischen Grundgleichungen sind lorentzinvariant, weil die Feldgrößen sich wie ein *Tensor* transformieren. Die Feldkomponenten E_x, E_y, E_z, H_x, H_y, H_z bilden einen antisymmetrischen Tensor zweiter Stufe. Die Aufspaltung in elektrische und magnetische Felder hängt wie die Aufspaltung der 4-dimensionalen Welt in Raum und Zeit vom Bezugssystem des Beobachters ab. Das elektrostatische Potential φ und die

Komponenten des Vektorpotentials bilden zusammen einen Vierervektor $\varphi_i = \{a_x, a_y, a_z, -\varphi\}$, welcher der verallgemeinerten Poisson'schen Gleichung $\Box\varphi_i = -s_i$ genügt, in der s_i den Viererstrom $\sqrt{4\pi}\,\frac{\varrho}{c}\,\{u_x, u_y, u_z, c\}$ bedeutet.

2. ALLGEMEINE RELATIVITÄTSTHEORIE

a. Allgemeine Kovarianz der Naturgesetze

Ausgangspunkt und Grundpostulat der allgemeinen Relativitätstheorie bildet die rein formale Forderung der *Kovarianz* der Naturgesetze gegenüber *beliebigen* reellen Punkttransformationen. Die allgemeinen Naturgesetze sollen in jedem Gauss'schen Koordinatensystem gleich lauten. Ein Gausssches Koordinatensystem ist jedes System, welches den Weltpunkten eindeutig und stetig bestimmte Zahlenquadrupel, die Koordinaten, zuordnet.

In dieser Forderung Einsteins spiegelt sich die Geisteshaltung besonders rein wider, die allen modernen Theorien zugrunde liegt. Der Kern dieser Theorien besteht in der Angabe der Transformationsgesetze gewisser Größen. Man kann auf verschiedene Weise von Ereignissen (z. B. Bewegungen) Kenntnis nehmen. Die Beobachtung eines Ereignisses setzt aber ein Bezugssystem voraus, das mit dem Beobachter verknüpft ist. Die Wahl eines solchen Systems ist immer ein Akt der Willkür. Die Koordinatensysteme sind gerade dasjenige, das *wir* in die Erfahrung hereintragen. Als Wirkliches darf man erst das ansehen, was sich in gesetzmäßiger Weise in *jedem* Koordinatensystem ausdrückt. Die allgemeinen Gesetze sollen nun in jedem System die gleiche mathematische Gestalt haben. Dies ist ein heuristisches Prinzip, dessen konkrete inhaltliche Konsequenzen erst durch das Folgende aufgezeigt werden.

Das Kovarianzprinzip kann man in drei Stufen gliedern, deren Allgemeinheitsgrad schrittweise zunimmt.

Auf der ersten Stufe wird nur die Kovarianz der Naturgesetze gegenüber *gleichförmig-gradlinig* bewegten Orthogonalsystemen verlangt. Dies erfüllt die spezielle Relativitätstheorie. Beschleunigungen werden weiterhin gemäß der klassischen Mechanik als absolut betrachtet. Auf der zweiten Stufe werden auch die *beschleunigten* Bewegungen in cartesischen Systemen in die Relativitätsforderung einbezogen. In der Newton'schen Mechanik ist die Kraft vom Bezugssystem abhängig. So wirkt z. B. auf einen fallenden Körper in einem relativ zur Erde ruhenden System eine Kraft, im mitbeschleunigten dagegen keine. Die Kovarianz der zweiten Stufe verlangt die Aufhebung dieses Unterschiedes. Schließlich hat Einstein dem Kovarianzpostulat die allgemeinste Form gegeben, indem er es auch auf 4-dimensionale Koordinatensysteme in *gekrümmten* Mannigfaltigkeiten ausdehnte. Diese Verallgemeinerung wurde notwendig, da Einstein sich gezwungen sah, von der euklidischen Geometrie abzugehen.

b. Äquivalenzprinzip

Als *Äquivalenzprinzip* bezeichnet Einstein die Behauptung, *Beschleunigung* und *Gravitation* seien einander äquivalent. Dieses Prinzip fußt auf dem empirischen Faktum der Gleichheit von träger und schwerer Masse. Die Konstante m, die im Trägheitsgesetz als Masse bezeichnet wird, ist streng proportional der Konstanten m, welche im Gravitationsgesetz auftritt. Das äußert sich darin, dass im Vakuum alle Körper gleich schnell fallen, die Schwerkraft also der trägen Masse proportional ist. Diese Beziehung gehört zu den empirisch am besten gesicherten. Einstein behauptete nun, die Proportionalität von träger und schwerer Masse sei nicht zufällig, sondern naturnotwendig; Trägheit und Schwere seien dasselbe, obwohl die eine durch ein Beschleunigungsfeld, die andere durch ein Gravitationsfeld definiert ist, was in die Beziehung zwischen beiden einen von den Einheiten abhängigen Proportionalitätsfaktor hineinbringt.

Der physikalische Gehalt des Äquivalenzprinzips wird von Einstein durch folgendes Gedankenexperiment erläutert: Ein Physiker sitze im Inneren eines fensterlosen Kastens, von wo aus er also keine Relativbewegung zur Umgebung feststellen kann. Gefragt ist nun, ob er eine Beschleunigung konstatieren kann. Er kann es, denn im Falle der Beschleunigung wirken Kräfte (vgl. Newtons Eimerversuch). Zwischen Beschleunigung und Gravitation aber kann er *nicht* unterscheiden, da beide gleich wirken. Ein Probekörper wird in jedem Fall einer der Wände des Kastens mit wachsender Geschwindigkeit zustreben. Das Äquivalenzprinzip besagt nun, dass es nicht nur durch rein mechanische, sondern überhaupt durch jegliche Art von Experimenten unmöglich sein soll, zwischen Schwerefeld und Trägheitskräften zu unterscheiden. Lässt man den Kasten frei fallen, so treten im Innern wegen der Proportionalität von träger und schwerer Masse keinerlei Kräfte vom Typus der Schwerkraft auf. Alle Erscheinungen spielen sich ab wie in einem Inertialsystem. Man kann also durch geeignete Wahl des Bezugssystems ein homogenes Gravitationsfeld immer wegtransformieren. Das Programm der allgemeinen Relativitätstheorie bestand darin, eine Theorie aufzustellen, welche die Verknüpfung aller Bezugssysteme untereinander angibt. Es zeigt sich nun, dass in dieser Theorie ein System *ausgezeichnet* wird, nämlich dasjenige, in dem im Innern des Kastens keine Kräfte der Art der Gravitation auftreten. In solchen Systemen soll die spezielle Relativitätstheorie gelten, sie sind die eigentlich ruhenden oder gleichförmig bewegten Koordinatensysteme. Im Allgemeinen wird es nicht möglich sein, das gesamte Gravitationsfeld in seiner raumzeitlichen Ausdehnung wegzutransformieren, wohl aber wird dies lokal stets möglich sein. Die spezielle Relativitätstheorie gilt dann lediglich im Grenzfall sehr kleiner Weltgebiete. Da die Gesetze der Physik Differentialgesetze sind, dürfen wir die Transformationen differentiell schreiben. Ist uns also die Form der Naturgesetze im schwerefreien System bekannt, so gibt das Äquivalenzprinzip die Möglichkeit, die Gesetze in beliebigen Systemen auszudrücken.

c. Riemannsche Geometrie

Im Verlauf der näheren Untersuchung des in der Relativitätstheorie behandelten Fragenkomplexes ergab sich, dass die Verknüpfung von spezieller Relativitätstheorie, Äquivalenzprinzip und Kovarianzforderung nur möglich ist, wenn die euklidische Geometrie als Struktur des wirklichen Raumes *aufgegeben* wird. Zur begrifflichen Erfassung der hier zu Tage tretenden Verhältnisse hatte die Mathematik bereits seit der Mitte des 19. Jahrhunderts die Hilfsmittel zur Verfügung bereit. Gauß war der erste, der eine „nichteuklidische Geometrie" ins Auge fasste. Der Ansatzpunkt dazu war der Zweifel an der Denknotwendigkeit des *Parallelenpostulats*. Dieses Postulat erschien schon seit langem nicht so evident wie die anderen (die wir heute auch nicht für absolut gesichert halten). Der Zweifel drückt sich schon darin aus, dass man lange Zeit versuchte, es zu beweisen. Alle Versuche blieben erfolglos, denn das Parallelenpostulat ist ein tatsächlich unabhängiges Axiom der euklidischen Geometrie. Man kann es fortlassen und stattdessen definieren: Gegeben eine Ebene und in der Ebene eine Gerade und einen Punkt außerhalb der Geraden. Dann gibt es keine bzw. mehrere Geraden, die durch den Punkt gehen und die gegebene Gerade nicht schneiden. Im ersten Fall erhält man die elliptische, im zweiten Fall die hyperbolische (Bolyai-Lobatschefskysche) Geometrie. Die Verallgemeinerung der „Nichteuklidizität" für von

Ort zu Ort variable geometrische Struktur verdanken wir Riemann. Riemann ging von der Gaußschen Flächengeometrie aus. Ein Beobachter in einer zweidimensionalen Fläche versucht diese auszumessen. Vor allem will er ihr Krümmungsmaß bestimmen. Dies ist bereits möglich aus der Konstatierung der inneren Eigenschaften der Fläche, ohne dass ihre Einbettung in den euklidischen 3-dimensionalen Raum beachtet werden müsste. Als Beispiel betrachte man die Oberfläche einer Kugel. Der Beobachter auf ihr wird den Großkreisen die Rolle der euklidischen Geraden zusprechen. Denn die sinnvolle geometrische Verallgemeinerung der Geraden ist die geodätische Linie. Sie hat wie die Gerade die Minimumeigenschaft, die kürzeste Verbindung zweier Punkte zu sein. Auf der Kugel stellt nun bekanntlich der Bogen des Großkreises durch zwei Punkte die kürzeste Verbindung zwischen ihnen dar. Der Beobachter versuche nun, das Verhältnis des Umfangs eines Breitenkreises zu seinem Radius durch Messung zu bestimmen. Die euklidische Relation $U = 2\pi r$ wird nur noch für sehr kleine Kreise gelten. Im Großen wird $U < 2\pi r$ sein. Diese Abweichung vom euklidischen Verhalten ist mit dem Gaußschen Krümmungsmaß $K = \frac{1}{R_1} \cdot \frac{1}{R_2}$ gesetzmäßig verbunden. Die hier angedeuteten Überlegungen übertrug Riemann auf mehrdimensionale Mannigfaltigkeiten. Riemann charakterisiert die Geometrie durch das Linienelement

$$ds^2 = g_{ik}\, dx^i\, dx^k, \qquad i, k = 1, 2, 3 \ldots$$

Die g_{ik} bestimmen die Geometrie des Raumes, sie sind im Allgemeinen selbst Funktionen der Koordinaten, d.h. die Geometrie variiert mit den Koordinaten. Man wird nun die Frage stellen dürfen, warum gerade die Riemannsche Geometrie die richtige Geometrie für die Physik ist. Die Frage ist nur sinnvoll, wenn man an die *Wirklichkeit* des Raumes glaubt. Dann könnten die g_{ik} durch physikalische Sachverhalte bestimmt sein, die raumzeitlich variieren. Die Raumstruktur selbst wird zum physikalischen Objekt und kann daher wie alle Objekte der Physik durch Erfahrung erkannt werden. Hierin liegt eine folgerichtige Weiterführung der Newtonschen Auffassung von der Wirklichkeit des Raumes, nur dass der dort vorgefasste Begriff der Absolutheit kritisiert wird (Mach). Die allgemeine Relativitätstheorie fasst den Raum nicht als abstraktes mathematisches Schema zur begrifflichen Ordnung der wirklichen Dinge auf (wie es in verschiedener Weise Leibniz und Kant getan haben), sondern als ein *Feld*, wie andere physikalische Felder auch. Der Raum erhält den Charakter einer gewissen „Dinglichkeit".

d. Die Annahmen der allgemeinen Relativitätstheorie

Einstein zeigte, dass die Postulate der Relativitätstheorie bei Einbeziehung beschleunigter Bezugssysteme nur dann miteinander vereinbar sind, wenn eine „nichteuklidische" Geometrie gilt. Man denke sich ein rotierendes Rad. Es soll nun wieder die Relation zwischen Radius und Umfang durch Messung bestimmt werden. Solange es ruht, wird man $U = 2\pi r$ finden. Rotiert das Rad hingegen, so wird nach der speziellen Relativitätstheorie ein Maßstab in Richtung des Radius zwar nicht geändert, wohl aber, wenn er tangential an die Peripherie angelegt wird. Er erfährt dann eine Kontraktion. Freilich gilt diese Betrachtung nicht ganz genau, da wir es ja mit beschleunigten Bewegungen und nicht mit einem Inertialsystem im Sinne der speziellen Relativitätstheorie zu tun haben. Immerhin wird der Beobachter finden, dass die euklidische Relation zwischen Umfang und Radius nicht erfüllt ist, dass vielmehr auf der Scheibe eine nichteuklidische Maßbestimmung wie auf einer gekrümmten Fläche herrscht. In einem Beschleunigungsfeld gilt also Riemannsche Geometrie und wegen der Äquivalenz von Beschleunigung und Gravitation gilt sie auch in Schwerefeldern. Jedes

Gravitationsfeld ist also mit einem *metrischen* Feld äquivalent. In einem inhomogenen Schwerefeld wird die Metrik ebenfalls von Ort zu Ort sich verändern. Gravitationsfeld und metrisches Feld sind zwei Aspekte ein und derselben Wirklichkeit.

Einstein suchte nun eine Gleichung zu finden, welche die Verknüpfung der *Materie* mit dem metrischen Feld liefert. Die Materie fasst er als Quelle der Deformation des Raumes auf. Als „Materie" wird alles angesehen was träge und schwere Masse hat, d.h. man setzt physikalisch die Äquivalenzbeziehung $E = mc^2$ voraus. Nun ist schon in der speziellen Relativitätstheorie die Energiedichte kein Skalar mehr, sondern bildet mit der Impulsdichte und dem Impulsstrom zusammen einen zweistufigen Tensor. Formal gleich dazu bildet man nun den Materietensor. Die von Einstein angegebenen Feldgleichungen lauten dann:

$$R_{ik} = -k \, (T_{ik} - \tfrac{1}{2} \, g_{ik} \, T)$$

R_{ik} bedeutet den verjüngten Riemannschen Krümmungstensor, er gibt das Maß für die Abweichung von der Euklidizität an. g_{ik} ist der metrische Fundamentaltensor, der die Metrik definiert. Vom Aspekt der Trägheits- und Gravitationskräfte kann man ihn auch als Tensorpotential dieser Kräfte ansehen. T_{ik} bezeichnet den Energie-Impuls-Tensor der Materie, der aus Energie- und Impulsdichte gebildet wird. T ist durch Verjüngung aus T_{ik} hervorgegangen und bedeutet den Riemannschen Krümmungsskalar, der die Verallgemeinerung des Gaußschen Krümmungsmaßes ist. k ist die in geeigneten Einheiten ausgedrückte Gravitationskonstante; das negative Vorzeichen zeigt an, dass die Gravitation eine anziehende Kraft ist. Die hier auftretenden Größen haben Tensorcharakter gegenüber beliebigen reellen Punkttransformationen der 4-dimensionalen Mannigfaltigkeit. Die Feldgleichung besagt, dass die Raumkrümmung durch die Materieverteilung bestimmt wird.

Die Raumstruktur bestimmt ihrerseits die *Bewegung* der Materie. Die Bewegungsgleichungen können aus der verallgemeinerten Energie-Impuls-Bilanz abgeleitet werden. Für einen Massenpunkt, der sich nur unter dem Einfluss der Gravitation bewegt, erhält man eine geodätische Linie. Da die Gravitation vom Standpunkt des metrischen Feldes keine Kraft ist, bewegt sich der Massenpunkt nur auf der reinen Trägheitsbahn. Sie wird durch die Minimumeigenschaft der geodätischen Linie ausgezeichnet; die Galileische Trägheitsbahn ist der Spezialfall in einem metrischen Kontinuum mit verschwindender Krümmung. Während in der Newtonschen Mechanik das Gravitationsgesetz und die Bewegungsgleichungen völlig unabhängig voneinander sind, wird in der allgemeinen Relativitätstheorie die Energie-Impuls-Bilanz auf die Grundgleichung des metrischen Feldes zurückgeführt. Den Feldgleichungen, welche die Erzeugung der Riemannschen Metrik durch die Materie angeben, entspricht in der Gravitationstheorie Newtons die Poissonsche Gleichung $\Delta U = 4\pi\varrho$ bei Anwesenheit von Materie. Im Gegensatz zur Newtonschen Theorie ist die Einsteinsche jedoch eine *Nahewirkungstheorie*. Die Komponenten des metrischen Feldes gehorchen der 4-dimensionalen Poisson-Gleichung. Gewisse Lösungen dieser Gleichungen sind *Wellen*. Sie werden von schwingenden Massen erzeugt, sind transversal und pflanzen sich wie das Licht auf dem Nullkegel fort. Sie transportieren jedoch im Allgemeinen so wenig Energie, dass vorläufig mit einer experimentellen Nachprüfung kaum zu rechnen ist.

Projiziert man die Ergebnisse der allgemeinen Relativitätstheorie in den euklidischen Raum, so ergibt sich in erster Näherung die Newtonsche Mechanik. Sie stellt eine umso bessere Näherung dar, je schwächer die auftretenden Gravitationsfelder sind, je mehr also der Riemannsche Raum in den pseudoeuklidischen übergeht. Die Schwerefelder im Sonnensystem sind allesamt so schwach, dass die von der Newtonschen Physik abweichenden relativistischen Effekte erst durch subtile Beobachtung aufgefunden werden können.

Ein Problemkreis, zu dem die allgemeine Relativitätstheorie einige neuartige Gesichtspunkte beigetragen hat, ist die Kosmologie. Im Weltbild der Newtonschen Mechanik treten gewisse Schwierigkeiten auf, sobald man nach der Welt als Ganzem fragt. Der unendliche Raum erlaubt die Annahme einer unendlichen Welt. Es zeigt sich jedoch, dass, unter Zugrundelegung des Newtonschen Gravitationsgesetzes, das Gravitationspotential dann in jedem Punkt des Raumes unendlich groß wird. Das rührt daher, dass der Exponent der Entfernung im Newtonschen Gesetz gerade 2 beträgt. Macht man ihn >2, so konvergieren die betreffenden Integrale.

Newton hatte als Ursache der Trägheitskräfte den absoluten Raum betrachtet. Mach kritisierte diese Annahme als „metaphysisch" und verlangte eine physikalische Erklärung. Er vermutete, dass Trägheitskräfte nur relativ zu den fernen Massen auftreten. Wäre die Welt völlig leer bis auf einen Probekörper, so würde dieser keine Trägheitsreaktionen zeigen.

Die enge Verknüpfung von Trägheit und Gravitation in der Theorie Einsteins legt zunächst die Annahme nahe, das Mach'sche Prinzip sei in ihr enthalten. Dies ist jedoch *nicht* der Fall. Vielmehr führt die Frage nach dem Verhalten des metrischen Feldes in großer Entfernung von gravitierenden Massen zu Schwierigkeiten, wenn man sie auf die ganze Welt anwendet. Der Materietensor bestimmt das Feld nur dann eindeutig, wenn die Randbedingungen im Unendlichen gegeben sind. Bei der Bezugnahme auf die Welt als Ganzes sind die Randbedingungen nicht ohne weiteres bekannt. Eine von mehreren Möglichkeiten wäre, dass das Feld im Unendlichen eine pseudoeuklidische Struktur annähme. Diese Randbedingung ist aber nicht mehr invariant gegenüber beliebigen Transformationen. Im Allgemeinen spielen die Randbedingungen in der Relativitätstheorie eine ähnliche Rolle wie der absolute Raum in Newtons Mechanik.

Einstein gelang nun eine Verallgemeinerung seiner Feldgleichungen derart, dass auch ein *endlicher* Raum eine mögliche Lösung darstellt. Er ging dabei von einem Potential aus, das wie e^{-kr}/r abfällt. Die Materiedichte soll überall die gleiche sein. Der Raum erhält dann eine konstante positive Krümmung, die verschwindet, wenn die Materiedichte gegen Null geht. Der sphärische Raum ist in sich geschlossen und hat einen endlichen Inhalt. Genau wie der euklidische Raum zeichnet er keine Richtung aus. Die Schwierigkeit der Randbedingungen im Unendlichen fällt fort. Das von Einstein angegebene Modell ist selbst ein Spezialfall der allgemeineren Lösung. Es ist zwar stationär, aber labil, d.h. eine kleine Abweichung von der Einsteinschen Verteilung würde Kräfte hervorrufen, welche die Welt nicht in den Einsteinschen Zustand zurück, sondern weiter von ihm fort führen würde. De Sitter und Lemaître haben Modelle angegeben, deren Krümmungsradius von der Zeit abhängt, bei denen also der Raum spontan sein Volumen vergrößert. Ob eines von diesen Modellen realisiert ist, hat man bisher empirisch nicht entscheiden können. Es ist auch von der Erfahrung her noch ungesichert, ob die Fluchtbewegung der Spiralnebel mit der relativistischen Raumexpansion identisch ist.

e. Empirische Prüfungen

Unter den Konsequenzen der allgemeinen Relativitätstheorie, die von denen der klassischen Mechanik abweichen, gibt es drei Effekte in heutzutage messbarer Größenordnung. Da sie alle drei jedoch an der Grenze der heutigen Messgenauigkeit stehen, macht ihre quantitative Bestätigung aus messtechnischen Gründen einige Schwierigkeiten.

Die erste prüfbare Konsequenz ist die *Ablenkung* des *Lichts* im Schwerefeld der Sonne. Das Licht breitet sich nach der allgemeinen Relativitätstheorie längs einer geodätischen Linie aus. Euklidisch gesehen wird die Geodätische in einem Schwerefeld eine gekrümmte Linie sein. Die Krümmung der Lichtbahn zeigt also die Riemannsche Geometrie des Raumes an. Da nach der speziellen Relativitätstheorie das Licht träge und schwere Masse besitzt, sollte ein Ablenkungseffekt schon nach der Newtonschen Gravitationstheorie da sein. Die Raumkrümmung verdoppelt ihn. Er beträgt nach der Theorie $1'',75$ am Sonnenrand. Der Effekt ist gefunden worden, aber er ist nach den letzten Messungen wahrscheinlich etwas größer als der theoretische Wert. Das zweite prüfbare Kriterium ist die *Rotverschiebung* des Lichts, das von Atomen in Schwerefeldern emittiert wird. Die Theorie ergibt, dass beschleunigte Uhren langsamer gehen, Uhren im Gravitationsfeld daher auch gegenüber einer Uhr im feldfreien Raum. Da man ein strahlendes Atom auch als „Uhr" bezeichnen kann, wird man erwarten, dass die Potentialdifferenz zwischen Sonne und Erde sich als Rotverschiebung der Spektrallinien bemerkbar macht. Der Effekt wurde qualitativ bestätigt, die quantitative Übereinstimmung mit der Theorie ist schwer festzustellen, da es auf der Sonne anscheinend auch noch andere Ursachen gibt, die Linienverschiebungen hervorbringen. Besser ist der Effekt an „weißen Zwergen", die wegen ihrer großen Dichte ein besonders hohes Gravitationspotential haben, bestätigt. Das dritte Kriterium schließlich ist die *Periheldrehung* des Planeten Merkur. Die Theorie ergibt, dass die Bahn eines Massenpunktes, die nach der Newtonschen Mechanik eine Ellipse ist, in der allgemeinen Relativitätstheorie keine geschlossene Kurve mehr ist, sondern dass die Ellipse einer säkularen Drehung unterliegt. Dieser alle Planetenbahnen betreffende Effekt hat nur bei der sonnennächsten, die zudem die größte Exzentrizität hat, messbare Größe. Er soll theoretisch 43″ im Jahrhundert betragen. Eine Drehung von 7″ verlangt wegen der Abhängigkeit der Masse von der Geschwindigkeit bereits die spezielle Relativitätstheorie. Einen Restbetrag von Periheldrehung beim Merkur, der aus der Newtonschen Mechanik nicht zu verstehen ist, fand Newcomb empirisch schon vor Einsteins Theorie. Doch ist die Trennung des Effekts von dem der Störung durch andere Massen schwierig.

Alle drei Effekte sind demnach qualitativ bestätigt worden, quantitativ sind jedoch sehr wahrscheinlich Abweichungen da. So mag die Theorie in ihren grundsätzlichen Postulaten richtig, in speziellen Formen wohl noch zu revidieren sein. Unbefriedigend bleibt z. B., dass Gravitation und elektromagnetisches Feld als zwei völlig verschiedene voneinander unabhängige Felder eingeführt werden. Die bisherigen formalen Versuche, beide zu verknüpfen, können physikalisch nicht überzeugen.

B. Atomphysik

1. HISTORISCHE ENTWICKLUNG

a. Kants Antinomien und ähnliche Probleme

In der „Kritik der reinen Vernunft" hat Kant im Abschnitt über die transzendentale Dialektik vier *Antinomien* des Denkens genannt. Sie alle haben mit den Schwierigkeiten des Unendlichkeitsbegriffs zu tun und erwachsen aus dem Vermögen unserer Vernunft, Fragen *jenseits* aller möglichen *Erfahrung* stellen zu können, deren jede in sich logisch konsequent ist, deren Antworten aber einander widersprechen. Dieser dialektische Schein wird nach Kant dadurch aufgelöst, dass den genannten Problemen keine empirischen Gegenstände entsprechen, unser Verstand aber auf keine anderen als empirische Gegenstände sinnvoll angewandt werden könne. Die zweite Antinomie betrifft die Problematik des Atombegriffs. Die „Thesis" lautet etwa: Alles Zusammengesetzte besteht aus einfachen Teilen. Die „Antithesis": Es gibt nichts Einfaches. Die Thesis sucht Kant folgendermaßen zu stützen: Man denke sich alle Zusammensetzung aufgehoben. Dann bleibt nur etwas übrig, wenn kleinste an sich seiende Teile da sind (die Atome Demokrits). Die Antithesis beweist Kant so: Ein Atom nimmt als Körper einen bestimmten Raum ein, der gedanklich in kleinere Räume unterteilt werden kann. Also sind Teile des vom Atom ausgefüllten Raumes denkbar. Diese sind von Teilen des Atoms erfüllt. Selbst wenn wir sie nicht voneinander trennen könnten, dürfte man nicht behaupten, das Atom habe keine Teile. Kant zieht aus diesem Widerspruch die Konsequenz, dass Fragen wie diejenigen nach den letzten Teilen die Grenze jeder möglichen Erfahrung überschreiten und dass sich die Unangemessenheit dieser Fragen eben im Auftreten von unauflösbaren Widersprüchen in der Antwort zeige.

In den nachfolgenden Zeiten hat man vielfach versucht, dem Kantschen Schluss zu entgehen und eine der beiden widersprechenden Thesen für richtig zu erklären, indem man in der Argumentation, die zu der anderen führte, Fehler oder nicht überzeugende Gedankengänge fand. Sicherlich lassen sich Einwände dieser Art gegen Kant erheben. Es scheint aber nach der neuesten Entwicklung der Physik, dass Kants Antinomie den wahren Problemen des Atoms sehr viel näher gekommen ist, als die Meinungen seiner Kritiker, welche die Problematik ihrer Position schon dadurch enthüllen, dass sie teils die Thesis, teils die Antithesis für evident hielten.

Die älteren Physiker bevorzugten die Auffassung der Thesis, weil sie den Charakter einer erklärenden Theorie hat. Die philosophischen Empiristen und die phänomenalistisch eingestellten Physiker des ausgehenden 19. Jahrhunderts hielten sich an die Antithesis, die ihnen mehr zusagte, weil sie von unmittelbaren Phänomenen ausgeht. Die moderne Quantentheorie hat eine neue Möglichkeit bezüglich der Kantschen Fragestellung gezeigt. Entweder werden die Dinge in ihrem „An sich" belassen, dann sind sie aber unanschaulich in Raum und Zeit; oder wir zwingen sie, in Raum und Zeit zu erscheinen, jedoch wird dann ihr „An sich" zerstört und stattdessen ein „Kunstprodukt" erzeugt. Kants Antinomie tritt also genau in der Quantentheorie auf.

In diesem Zusammenhang möchte ich nur noch an die schon früher behandelte physikalische Argumentation über die spezifische Wärme erinnern, in der wir anhand der Erfahrung gezwungen waren, den Atomen keine inneren Freiheitsgrade zuzusprechen, was ein deutlicher Hinweis auf die Verschiedenheit der Atome von den uns im Phänomen direkt zugänglichen Dingen ist.

b. Der Weg zu Rutherfords Atommodell

Seit dem Beginn des 20. Jahrhunderts hat sich die Erkenntnis durchgesetzt, dass die „Atome" der Chemie durch Anwendung physikalischer Mittel weiter geteilt werden können. Wichtig für diese Vorstellung war die Entdeckung der *atomistischen* Struktur der *Elektrizität*. Aus den Gesetzmäßigkeiten der Elektrolyse und der Erforschung der Kanal- und Kathodenstrahlen gewann man nach und nach die Einsicht, dass ein elektrisch neutrales Atom in einen elektrisch positiven Anteil, der mit der Masse des Atoms verbunden ist, und in ein negatives Elektrizitätsatom, Elektron genannt, zerlegt werden kann. Die Elektrizität, einerlei welchen Vorzeichens, tritt immer nur in ganzzahligen Vielfachen einer *Elementarladung* auf. Aus Ablenkversuchen in elektrischen und magnetischen Feldern entnahm man, dass die Elektronen gerade *eine* Elementarladung und eine ungefähr 2000-mal kleinere Masse als ein Wasserstoffatom besitzen. Lenards Experimente über den Durchgang schneller Elektronen durch Metallfolien zeigten, dass die Undurchdringlichkeit fester Körper für energiereiche Teilchen aufgehoben ist. Lenard zog daraus den Schluss, die Materie sei äußerst „löcherig", die eigentlichen Kraftzentren, von ihm „Dynamiden" genannt, könnten nur eine relativ zum ganzen Atom kleine Ausdehnung besitzen.

Im Jahre 1911 stellte Rutherford ein *Atommodell* auf, das historisch eine große Bedeutung gewann. Aus der Verteilung der Streuwinkel beim Durchgang von α-Teilchen durch Folien verschiedener Metalle wurde auch Rutherford zu der Vorstellung geführt, dass die ablenkenden Kraftzentren nur eine sehr kleine Ausdehnung besitzen könnten. Als modellmäßige Deutung seiner Versuche gab er folgendes Bild an: Ein Atom besteht aus einem Kern und einer Hülle von Elektronen. Der Kern enthält fast die gesamte Masse des Atoms und ist der Träger einer ganzen Zahl positiver elektrischer Ladungen. Diese „Kernladungszahl" ist spezifisch für ein chemisches Element und zwar gleich der Nummer des Elements im periodischen System. Die Zahl der Elektronen ist gleich der Kernladungszahl, daher sind die Atome nach außen elektrisch neutral. Die Durchmesser der Atomkerne liegen zwischen 10^{-13} cm und 10^{-12} cm, die der Atome etwa bei 10^{-8} cm. Die Kräfte, welche die Atome zusammenhalten, sind nach Rutherford elektrischer Natur.

Rutherfords Vorstellungen werfen jedoch sofort eine Fülle von Problemen auf. Warum z.B. sind die Atome stabil und fallen die Elektronen nicht in die Kerne? Warum sind sie für normale Materie undurchdringlich? Die erste Frage beantwortet Rutherford damit, dass sein Modell dynamisch sein soll: die Elektronen kreisen um den Kern derart, dass elektrische

Anziehung und Zentrifugalkraft sich die Waage halten. Bis hierher ist die Physik dieses Modells noch ganz klassisch. Die Schwierigkeiten, die sich gerade daraus ergeben, hat erst Bohr klar gesehen und mithilfe der Quantentheorie zu überwinden versucht.

c. Plancks Quantenhypothese

Die Quantenhypothese ist (1900) aus der Betrachtung des thermodynamischen Gleichgewichts der Strahlung bei bestimmter Temperatur hervorgegangen. Ein solches Gleichgewicht herrscht im Innern eines Hohlraumes, dessen Strahlung sich in Wechselwirkung mit Materie befindet. Kirchhoff hatte gezeigt, dass es in diesem Fall eine universale Funktion für die spektrale Verteilung der Strahlung geben müsse, die unabhängig von der speziellen Materie bleibt, welche in Wechselwirkung mit der Strahlung steht. Da die Maxwellschen Gleichungen linear sind, also zwei Lösungen superponiert ebenfalls eine Lösung ergeben, ist eine Fourier-Analyse der Gesamtstrahlung so möglich, dass die zeitliche Entwicklung jeder Fourier-Komponente für sich betrachtet wird. Die Fourier-Komponenten sind unabhängige Freiheitsgrade des Feldes. Nach dem Gleichverteilungssatz kommt jeder Fourier-Komponente die gleiche Energie zu. Nun gibt es aber neben der Grundschwingung beliebig viele Oberschwingungen, deren Frequenzen ganzzahlige Vielfache der Grundfrequenz sind. Es muss daher in der Strahlung des Hohlraums unendlich viel Energie enthalten sein. Diese als „Ultraviolettkatastrophe" bezeichnete Divergenz ist eine unausweichliche Konsequenz der klassischen Elektrodynamik und der klassischen Statistik.

Planck stellte nun zunächst eine halb empirische Formel auf, welche die gemessene spektrale Verteilung richtig darstellt. Um diese Formel physikalisch deuten zu können, sah sich Planck jedoch zu schwerwiegenden Abänderungen der klassischen Physik gezwungen. Ein Oszillator soll nämlich nicht *beliebige* Energiemengen enthalten dürfen, sondern nur *diskrete* ganzzahlige Vielfache einer bestimmten Grundenergie $h \cdot v$, die also mit der Frequenz linear anwächst. Hohe Frequenzen sind daher entweder unangeregt oder enthalten gleich die große Energie $h \cdot v$. Die Wahrscheinlichkeit der Anregung ist nach Boltzmann proportional $e^{-E/kT}$. Für große Energien wird dieser Faktor klein, d. h. der Gleichverteilungssatz ist nicht mehr gewahrt.

Durch die diskontinuierlichen Züge der Quantenhypothese sind einige der Divergenzen, die aus der konsequenten Durchführung der Kontinuumsvorstellung erwachsen, beseitigt worden. Vor allem war die richtige Darstellung der spezifischen Wärme fester Körper ein Triumph der neuen Theorie. Heute weichen wir von der Planckschen Hypothese nur darin ab, dass wir als Energiestufen eines harmonischen Oszillators nicht $n \cdot v$, sondern $(n+\frac{1}{2}) \cdot hv$ ansehen, sodass eine „Nullpunktsenergie" von $\frac{1}{2} hv$ vorhanden ist.

d. Einsteins Lichtquantenhypothese

Planck, der unter den Forschertypen den Konservativen zuzurechnen ist, versuchte lange Zeit, sein Ergebnis mit der klassischen Theorie zu versöhnen. Zu den radikalsten Neuerern unter den Physikern gehörte damals Einstein. Er versuchte, den Gedanken der Diskontinuität physikalisch konsequent weiterzuführen. Wenn die Oszillatoren nur bestimmte Energiestufen einnehmen können, argumentierte Einstein, so werden sie auch nur diskrete Energiequanten hv emittieren und absorbieren können. Diese Quanten sollen nun auch im Strahlungsfeld als „Energiepakete" erhalten bleiben. Die „*Lichtquanten*" der Energie $E = hv$ stellen also in gewissem Sinne Lichtkorpuskel dar. Mit seiner Korpuskulartheorie konnte Einstein (1906) den photoelektrischen Effekt überraschend einfach erklären. Dennoch wurden mit ihrer Einführung sofort prinzipielle Schwierigkeiten aufgeworfen. Es gab ja doch seit langem die *Wellentheorie* des Lichts. Alle Phänomene der Beugung und Interferenz waren nur mit ihrer Hilfe zu verstehen. Die Vorstellungen von Wellenfeld und Korpuskel schließen aber einander aus. Trotzdem schienen beide Aspekte dem Licht in gewissem Maße eigen zu sein. Außerdem ist die Einsteinsche Theorie auch mit der Wellenvorstellung gekoppelt, denn in ihrer Fundamentalgleichung $E = h\nu$ kommt die Frequenz vor, die nur durch Messung der Wellenlänge mithilfe von Beugungserscheinungen bestimmt werden kann. Man muss also die Welle voraussetzen, um zum Lichtquant zu gelangen. Das Lichtquant ist in sich paradox.

e. Bohrs Atommodell

Der Däne Niels Bohr, der bei Rutherford studierte, wandte (1912) die Kenntnis der englischen Empirie und der deutschen Theorie zugleich an, indem er versuchte, die Vorstellungen der Quantentheorie in das Rutherfordsche Atommodell einzubauen. Dieses Modell stak voller Widersprüche. Bohrs erste Leistung war es, diese Widersprüche ernst zu nehmen. Die Elektronen sollten auf Kreisbahnen laufen. Ein kreisendes Elektron wird aber konstant beschleunigt und strahlt daher nach der klassischen Elektrodynamik mit der Umlaufsfrequenz, verliert also ständig Energie und fällt schließlich in den Kern. Rutherfords Atome sind strahlend und instabil. Ihre Eigenfrequenz muss von der Zeit abhängen und das gesammelte Licht vieler Atome ein kontinuierliches Spektrum zeigen. Stattdessen beobachtet man, dass die Atome normalerweise überhaupt nicht strahlen, und, wenn sie zur Strahlung angeregt werden, scharfe Linienspektren aussenden. Auch die Gleichheit und Stabilität der chemischen Atome durch alle Geschehnisse hindurch und ihre Fähigkeit, den Normalzustand bei gegebenen Bedingungen von selber wieder herzustellen, kann klassisch nicht erklärt werden. Die kleinste Störung müsste ja wegen der kontinuierlichen Veränderlichkeit des Zustands der Atome eine dauernde Veränderung hinterlassen. Am deutlichsten werden Gleichheit und Stabilität der Atome durch die Linienspektren illustriert. Sie wurden für Bohr zum Schlüssel des Verständnisses der Atomstruktur. Die Atome können offenbar nur *bestimmte* Frequenzen aussenden. Alle Atome eines Elements müssen also die gleichen Frequenzen besitzen, denn nur so können die scharfen Linienspektren leuchtender Gase verstanden werden. Bohr führte *Quantenbedingungen* ein, die aus dem Kontinuum klassisch denkbarer Bahnen wenige „erlaubte" aussondern. Nur auf diesen sollen sich die Elektronen bewegen. Seine Postulate lauten: 1. Die Atome besitzen stationäre diskrete Zustände. 2. Die Energie der emittierten Lichtquanten wird durch die Differenz zweier möglicher Energiewerte des Atoms bestimmt; ihre Frequenz ergibt sich aus Einsteins Beziehung $E = h\nu$. Emission und Absorption von Licht entspricht einem Übergang zwischen zwei Zuständen. Auf die anschauliche Beschreibung des Übergangs verzichtet Bohr. Aufgrund dieser Postulate gelangte Bohr zu einem Atommodell, das ihm für den einfachen Fall des Wasserstoffatoms das richtige Spektrum zu berechnen gestattete. Bei komplizierteren Atomen verhindern die Schwierigkeiten des Mehrkörperproblems eine quantitative Auswertung. Die überraschenden Anfangserfolge der Bohrschen Theorie konnten aber auf die Dauer nicht über die paradoxen Züge des zugrunde liegenden Modells hinwegtäuschen. Niemand hat dies klarer gesehen als Bohr selbst. Einerseits wird nämlich der raum-zeitliche Bahnbegriff der klassischen Mechanik weiter verwandt. Dann aber werden aus dem Kontinuum der räumlich möglichen Bahnen bestimmte ausgezeichnet und alle übrigen für unmöglich erklärt, weil ihre Zulassung zu falschen Konsequenzen führt. Die Quantenpostulate sind in diesem Modell Fremdkörper, was Bohr als Zeichen dafür angesehen hat, dass noch unzulässige Voraussetzungen in seiner Theorie stecken müssen.

Die Phase der Entwicklung, die durch das Korrespondenzprinzip bestimmt ist, möchte ich hier übergehen.

f. de Broglies Materiewellen

Einstein wollte konsequent eine Korpuskulartheorie des Lichtes durchführen. de Broglie gab der *Materie* umgekehrt einen *Wellenaspekt* und bezog sie damit in den Dualismus von Welle und Korpuskel ein. Er konnte Bohrs stationäre Bahnen durch eine ganze Zahl von Materiewellenlängen charakterisieren, die stationären Zustände also mit stehenden Wellen verknüpfen. Die Richtigkeit der de Broglieschen These wurde durch den experimentellen Nachweis der Beugung von Elektronen an Kristallgittern bald bestätigt.

Die Grundgleichungen der Materiewellen setzte de Broglie analog zu den entsprechenden Gleichungen des Lichts an. Der Austausch von Energie und Impuls zwischen Strahlungsfeld und Materie wird dann richtig dargestellt, wenn für das Licht außer $E = h\nu$ noch die Beziehung $p = \frac{h}{\lambda}$ bzw. $p = h \cdot k$ gilt, wo k die Anzahl von Wellen pro Längeneinheit (die „Wellenzahl") bedeutet. Die Verknüpfung zwischen E, k und ν, p ist relativistisch invariant, da sowohl $(k, i\frac{E}{c})$ als auch $(p, i\frac{\nu}{c})$ die Komponenten eines Vierervektors bilden. Entsprechend gebaut sind die Gleichungen der Materiewellen, nur ist der Zusammenhang zwischen Frequenz und Wellenzahl wegen der endlichen Ruhemasse ein anderer als bei den Lichtquanten. Ferner zeigte de Broglie, dass bei diesen Wellen für die Gruppengeschwindigkeit

$v = \frac{c^2}{u}$ gilt, wo u die Fortpflanzungsgeschwindigkeit einer monochromatischen Phase bedeutet. Mit der Gruppengeschwindigkeit stimmt die klassische Bahngeschwindigkeit des Teilchens überein. Die Wellengruppe pflanzt sich im Fall des Fehlens äußerer Kräfte in erster Näherung wie ein klassisches Korpuskel fort. Da die Teilchengeschwindigkeit niemals die Lichtgeschwindigkeit erreichen kann, wird die Phasengeschwindigkeit der Materiewellen stets größer als die Lichtgeschwindigkeit sein, womit das alte experimentum crucis zwischen Wellen- und Korpuskeltheorie in diesem neuen Problem eine Lösung im Sinne der Vereinbarkeit von beiden findet. Dass stets $u > c$ ist, widerspricht keineswegs dem Relativitätsprinzip. Die spezielle Relativitätstheorie verbietet nur Vorgänge, bei denen kausale Wirkungen mit Überlichtgeschwindigkeit übertragen werden. Der Energietransport findet aber durch die Wellengruppe statt und nicht durch die Phase. Für Überlichtgeschwindigkeiten derart, wie sie die spezielle Relativitätstheorie erlaubt, findet man zahlreiche Beispiele. Man betrachte etwa einen Lichtstrahl, der fast senkrecht auf eine Fläche auffällt, die Wellenfronten bilden dann einen kleinen Winkel mit der Fläche. Der Ort, an dem gerade ein Wellenberg auf die Fläche auftrifft, rollt daher mit Überlichtgeschwindigkeit auf ihr ab. Dies ist aber durch die geometrischen Verhältnisse von vornherein so festgelegt und kann z.B. nicht dazu benutzt werden, längs der Fläche mit Überlichtgeschwindigkeit zu signalisieren.

2. QUANTENMECHANIK

a. Komplementarität
Der Begriff der *Komplementarität* wurde von Bohr in die Physik eingeführt. Er stammt ursprünglich von William James, der ihn benutzte, um die Aspektabhängigkeit unserer Weltbilder

auszudrücken und die dogmatische Metaphysik zu kritisieren. Bohr wandte ihn auf den Dualismus von Teilchen- und Wellenbild an, der zur Beschreibung der Experimente notwendig ist. In diesem Fall schließen sich die beiden Beschreibungsweisen gegenseitig aus oder schränken sich wenigstens ein. Dies ist nicht zufällig so, sondern die Konsequenz davon, dass die beiden Formen Teilchen und Feld nicht aus einer größeren Anzahl gleichwertiger Möglichkeiten herausgegriffen sind, sondern vielmehr für unser Anschauungsvermögen eine *vollständige Disjunktion* bilden. *Teilchen* sind scharf lokalisierbare Gebilde, die sich jeweils immer nur an einem bestimmten Ort befinden können. Ein *Wellenfeld* ist räumlich ausgedehnt. Ein drittes gleichberechtigtes räumliches Bild gibt es, so viel ich sehe, nicht.

Die klassische Physik geht von der Voraussetzung aus, dass räumliche Fixierung und Bestimmung der dynamischen Variablen gleichzeitig mit beliebiger Genauigkeit möglich sind. Diese Verknüpfung wird in der Quantenmechanik gelockert. Ort und Impuls eines Teilchens sind nur noch mit einer bestimmten Unschärfe gleichzeitig bestimmbar. Darin drückt sich die dualistische Struktur der Erscheinungsweisen atomarer Objekte aus. Sonst bleiben jedoch alle Bestimmungsstücke des klassischen Teilchenbegriffs in der Quantenmechanik erhalten. Der Grund dafür ist, wie Bohr stets betont hat, darin zu suchen, dass die atomaren Gebilde auch in Raum und Zeit erscheinen müssen, um zu Objekten der Physik zu werden. Die klassische Physik ist aber die Physik der Erscheinung, da sie in ihrer Begriffsbildung von dem Bereich der unserer Anschauung gegebenen Dinge ausgeht. In allen unseren Messinstrumenten, durch die wir die atomaren Gebilde zum Erscheinen zwingen, gilt die klassische Physik, weil die Messinstrumente notwendigerweise unserer Anschauung gegeben sein müssen. Solange wir also von den Gegenständen in Raum und Zeit Kenntnis nehmen, brauchen wir klassische Begriffe. Die Erscheinungen verlaufen außerdem gesetzmäßig und diese Gesetze sind klassische Gesetze über Vorgänge in Raum und Zeit. Auch in diesem Sinn ist die klassische Physik Voraussetzung der Quantenmechanik.

Den Teilchen steht disjunktiv gegenüber das Feld. Es ist mathematisch charakterisiert durch eine Funktion $f(x, y, z)$, die durch den ganzen Raum ausgedehnt ist, während ein Teilchen immer durch ein Wertetripel räumlicher Koordinaten gekennzeichnet wird. Die Wellenfunktionen des Lichts und der Materie sind *linear* und daher *superponierbar*. Für Teilchen gelten die Gesetze des Massenpunkts, für Wellenfelder die Gesetze, die Interferenzen ergeben. Dasselbe Ding kann nicht gleichzeitig ein lokalisierbares Teilchen und ein räumlich ausgedehntes Wellenfeld sein. Daher sind am klassischen Dingbegriff Einschränkungen nötig, und zwar so, dass Teilchen- und Wellenbild miteinander verträglich werden. Dies hat sich in der Quantenmechanik als möglich erwiesen, wenn *statistische* Zusammenhänge angenommen werden. Zwischen den tatsächlich beobachteten Eigenschaften eines Elementargebildes besteht kein Widerspruch, er tritt nur auf, wenn man annimmt, sie kämen dem Elementargebilde auch dann zu, wenn man verzichtet, sie zu beobachten. Welche Bedingungen hier gelten, gibt die statistische Transformationstheorie an.

b. Unbestimmtheitsrelation

Das vorhin gezeichnete Bild des Verhältnisses der dualistischen Beschreibungsweisen muss nunmehr verschärft in der exakten Sprache der Physik ausgedrückt werden. Als Grundgleichungen der Quantenmechanik haben die Beziehungen zwischen Energie und Frequenz und zwischen Impuls und Wellenlänge zu gelten.

Sie lauten:

$$E = h\nu, \quad p = \frac{h}{\lambda} = h \cdot k$$

Diese Gleichungen enthalten sowohl Bestimmungsstücke des Teilchenbegriffs (E, p) wie solche des Wellenbegriffs (ν, k). Man kann sie als ein Lexikon auffassen, welches angibt, wie die Bestimmungsstücke eines physikalischen Zustands im Teilchenbild aussehen, wenn diejenigen im Wellenbild gegeben sind, oder umgekehrt.

Dieses Lexikon ist aber nicht vollständig. Es übersetzt zwar die dynamischen Größen Energie und Impuls ins Wellenbild, nicht aber die geometrische Größe des Orts. Wie haben wir einen Zustand darzustellen, in dem der Ort eines Teilchens bekannt ist, oder umgekehrt, welche Voraussagen für den Ausfall einer Messung können wir machen, wenn die dem Teilchen entsprechende Welle bekannt ist?

Es hat sich gezeigt, dass die einzige Möglichkeit, die zu keinen Widersprüchen führt, die statistische Deutung der Wellenfunktion ψ ist. $|\psi|^2$ soll die *Wahrscheinlichkeit* für den Ausfall möglicher Messungen bestimmter Größen angeben. Widersprüche treten nur dann auf, wenn man Teilchen- und Welleneigenschaften als Attribute eines „Objekts an sich" auffasst. Die ψ-Funktion ist nach der Auffassung der Quantenmechanik keine Realität in diesem Sinn, sondern sie gibt lediglich den Grad der Kenntnis an, den wir jeweils bezüglich der einzelnen möglichen Bestimmungsstücke eines atomaren Gebildes haben können. Soll beispielsweise der Ort eines Elementarteilchens festgestellt werden, so gibt $|\psi|^2$ die Wahrscheinlichkeit an, das Teilchen an einem bestimmten Ort anzutreffen. Wird nach dem Impuls des Teilchens gefragt, so gibt dementsprechend das Absolutquadrat des Koeffizienten c_k einer Fourier-Entwicklung der Wellenfunktion nach ebenen Wellen die Wahrscheinlichkeit an, das Teilchen mit dem Impuls $h \cdot k$ anzutreffen.

An der Diskussion der Grenzfälle kann man am besten sehen, wie Wellen- und Teilchenbild so eingeschränkt werden, dass keine direkten Widersprüche auftreten können. Zuerst nehmen wir an, das Teilchen hätte einen scharf definierten Impuls, die Wahrscheinlichkeit, gerade diesen Impulswert bei einer Messung an dem Teilchen vorzufinden, sei also gleich eins. Im Wellenbild entspricht dem scharfen Impuls eine monochromatische Welle. Das heißt aber, dass in diesem Fall der Ort völlig unbestimmt bleibt. Misst man hingegen den Ort genau, so weiß man zwar „hier befindet sich das Teilchen", dafür aber ist die genaue Ortskenntnis mit dem Wellenbild nur vereinbar, wenn man ein Wellenpaket aufbaut, dessen Amplitude nur in der allernächsten Umgebung des einen Ortes von Null verschieden ist, während sie im gesamten übrigen Raum verschwindet. Ein solches Wellenpaket kann man nach den Gesetzen der Fourier-Analyse durch Überlagerung von im Allgemeinen unendlich vielen Wellen mit verschiedenen Wellenlängen darstellen. Der Impuls hat dann eine beliebig große Variation der möglichen Werte. Bezeichnet man die Breite eines Wellenpakets mit Δx, die Breite des Frequenzbandes mit Δk bzw. $\Delta \nu$, so gelten nach den Gesetzen der Fourier-Analyse die Ungleichungen:

$\Delta x \cdot \Delta k \geq 1, \; \Delta \nu \cdot \Delta t \geq 1.$

Sie sind ohne weiteres einleuchtend. Eine Wellenzahl ist umso schärfer bestimmbar, je größer die Strecke ist, auf der sie abgezählt werden kann; eine Frequenz ist umso genauer definiert, je länger die zur Verfügung stehende Zeit ist, die Schwingungen zu zählen. Ins Teilchenbild übertragen führt diese Betrachtungsweise zur Heisenbergschen *Unschärferelation*:

$\Delta x \cdot \Delta p \geq h.$

Sie ist in dieser, von Bohr herrührenden Deutung der präzise Ausdruck für die Komplementarität der beiden Formen von Teilchen und Welle. Sie gibt die quantitativen Bedingungen der Einschränkung des Teilchenbildes durch die Forderung an, dass auch das Wellenbild mit den möglichen Kenntnissen der Teilcheneigenschaften verträglich sein müsse. Habe ich z. B. den Ort eines Elektrons genau gemessen und kenne folglich den Impuls nur ungenau, so weiß ich nicht, wohin das Elektron im nächsten Augenblick laufen wird. Im Wellenbild stellt sich dieser Sachverhalt als Auseinanderfließen des Wellenpakets dar, das die möglichen Resultate künftiger Ortsmessungen bestimmt.

Heisenberg diskutiert eine Reihe von Messungen und zeigt dabei, dass die Unbestimmtheitsrelation als eine Bedingung der Kenntnisnahme des elementaren Geschehens stets gilt. Jeder Messakt stellt einen *gewaltsamen Eingriff* in das zu messende Gebilde dar und verändert das bisherige System in gewissem Grade unkontrollierbar. Die Unkontrollierbarkeit des Eingriffs rührt daher, dass auch für das Messmittel die Unschärferelation gilt. Die Unbestimmtheit ist also nicht eine Folge davon, dass überhaupt ein Eingriff gemacht wird, sondern eine Folge davon, dass auch für die Messapparate die Naturgesetze, welche von der Wellenmechanik formuliert sind, gelten, und dass man daher schon am Messapparat Ort und Impuls nicht genauer festlegen kann, als es die Unbestimmtheitsrelation gestattet. Mit derartigen Apparaten lässt sich dann auch für das Messobjekt die Unbestimmtheitsrelation nicht unterschreiten.

Diese Verhältnisse sollen an dem Gedankenexperiment einer Ortsmessung mittels des „γ-Strahlmikroskops" erläutert werden. Zuvor möchte ich einen kleinen Exkurs über *Gedankenexperimente* einschieben. Man hat gegen die Weise, mit Gedankenexperimenten zu argumentieren, eingewandt, es könne damit nichts bewiesen werden, solange nicht gezeigt sei, dass die Experimente wirklich ausführbar sind. Dieser Einwand verkennt den logischen Sinn eines Gedankenexperiments. Man will durch Gedankenexperimente nicht beweisen, dass eine bestimmte Messung möglich ist, sondern man will beweisen, dass selbst bei optimalen, unserer Praxis noch unerreichbaren Messbedingungen eine bestimmte Messung *nicht* möglich ist. So nehmen wir z. B. an, man könne den Ort eines Elektrons im Atom durch ein Gammastrahlmikroskop wirklich bestimmen und zeigen, dass selbst dann die Unbestimmtheitsrelation nicht unterschritten werden kann. Sollte das Gammastrahlmikroskop aus noch unbekannten Gründen naturgesetzlich unmöglich sein, so wäre damit nur gezeigt, dass die Konzession an die Annahme idealer Messmöglichkeiten, die wir gemacht haben, nicht einmal notwendig war. Und die Unbestimmtheitsrelation könnte a fortiori nicht unterschritten werden.

In dem von uns erörterten Experiment soll der Ort eines Elektrons durch Abbeugung von Licht in das Mikroskop und Abbildung des Objektpunktes auf die Bildebene nach den Gesetzen der klassischen Optik bestimmt werden. Es genügt, dass *ein* Lichtquant ins Mikroskop gelangt. Das Lichtquant „stößt" das Elektron und wird abgebeugt. Nach dem Stoß ist der Impuls des Lichtquants unbestimmt, da die Beugungsrichtung nur nach Maßgabe des Linsendurchmessers bekannt ist. Der auf das Elektron übertragene Impuls ist daher ebenfalls unbestimmt. Man könnte die Beugungsrichtung dadurch schärfer bestimmen, dass man ein schmales Lichtbündel ausblendet; dann wird aber nach dem klassischen Abbildungsgesetz der Bildpunkt entsprechend unscharf. Eine Impulsbestimmung des Lichtquants wäre auch möglich durch Messung des Rückstoßes, den das Mikroskop empfängt. Dazu muss das Mikroskop beweglich aufgestellt sein, dann aber hat es selbst eine bestimmte Orts- und Impulsunschärfe, die eine über die Unbestimmtheitsrelation hinausgehende genauere Bestimmung der Messstücke vereitelt. Man kann den Beobachter, ja schließlich die ganze Welt in das durch die ψ-Funktion quantenmechanisch unanschaulich beschriebene System einbeziehen. Dann aber geht die Phänomenalität verloren. Das ist, wie Heisenberg sagt, „keine Physik mehr". Wir sind, weil wir irgendwo etwas konstatieren müssen, gezwungen, an irgendeiner Stelle den *Schnitt* zwischen *Beobachter* und *Objekt* zu ziehen. Wo der Schnitt erfolgt, bleibt innerhalb gewisser Grenzen willkürlich. Aber das bloße Auftreten des Schnittes ist der logische Grund für die Unvermeidbarkeit der Unbestimmtheit, denn an der Stelle des Schnittes müssen wir die an sich geschlossene, aber nicht unmittelbar anschaulich deutbare Mathematik der Schrödinger-Gleichung in Aussagen über mögliche Messresultate umsetzen, und das „Lexikon" dieser Umsetzung enthält eben die statistische Deutung der Wellenfunktion.

c. Schrödinger-Gleichung

Die Abweichungen der Quantenmechanik von der klassischen Mechanik sollen im Folgenden im Wellenbild dargelegt werden, nicht im Teilchenbild der Matrizenmechanik. Als Ausgangspunkt betrachten wir *ebene Wellen*. Andere Wellentypen können stets in ebene Wellen zerlegt werden. Der formale Ausdruck für eine in x-Richtung unendlich ausgedehnte ebene Welle lautet:

$$\psi(x, t) = c_k \, e^{2\pi i(kx - vt)}$$

ψ darf als komplex aufgefasst werden, denn die Amplitude der Materiewellen ist keine Observable, lediglich $|\psi|^2$ ist beobachtbar und gibt die Wahrscheinlichkeit an, das Teilchen am Ort u zur Zeit t anzutreffen. Das k im Exponenten repräsentiert den Impuls $p = h \cdot k$. Zur Quantenmechanik gelangt man nun, indem man die klassischen Ausdrücke für Impuls und Energie durch *Operatoren* ersetzt, die auf die ψ-Funktion wirken:

$$p \to \frac{h}{2\pi i}\frac{\partial}{\partial x}, \quad E \to -\frac{h}{2\pi i}\frac{\partial}{\partial t}.$$

Die vollständigen Ausdrücke für unseren Fall lauten:

$$p\,\psi_k = \frac{h}{2\pi i}\frac{\partial}{\partial x}\,\psi_k, \quad E\psi_k = -\frac{h}{2\pi i}\frac{\partial}{\partial t}\,\psi_k.$$

Die Schrödinger-Gleichung ist nun der Energiesatz. Klassisch schreibt man ihn:

$$\frac{p^2}{2m} + V(x) = E.$$

Man wendet für p und E obiges Lexikon an, multipliziert mit ψ und erhält:

$$-\frac{h^2}{8\pi^2 m}\Delta\psi + V\psi = -\frac{h}{2\pi i}\frac{\partial\psi}{\partial t},$$

die zeitabhängige *Schrödingersche Wellengleichung*. Behauptet wird, dass diese die richtige Gleichung für ψ in der Näherung ist, in welcher der klassische Ausdruck für den Energiesatz gilt. Sie ist z. B. nicht mehr richtig, sobald relativistische Verhältnisse ins Spiel kommen. Als Lösungen der Gleichung erhält man Schwingungen von ψ. Aus den richtigen Randbedingungen muss sich ergeben, wenn die Wellengleichung zu physikalisch sinnvollen Ergebnissen führen soll, dass im Falle eines abgeschlossenen Systems $\int|\psi|^2 d\tau$ einen *endlichen* Wert behält. Es sind dann nur diskrete stationäre Zustände möglich, die Eigenwerte der Differentialgleichung. Schrödinger konnte am Beispiel des Wasserstoffatoms zeigen, dass die von ihm errechneten Energiewerte mit denen der Bohrschen Theorie übereinstimmen.

Die ψ-Wellen sind kontinuierliche Wahrscheinlichkeitsfunktionen. Wie deutet man sie als Modifikation der klassischen Wahrscheinlichkeitsrechnung? Als These möchte ich aufstellen:

Soweit die Quantenmechanik als geschlossenes System vorliegt, bedeutet sie eigentlich nicht eine Änderung der klassischen Mechanik, sondern nur eine Änderung der klassischen Wahrscheinlichkeitsrechnung. Dies ist jedenfalls eine mögliche Auffassung. Die Erläuterung dieser Behauptung führt uns auf die Transformationstheorie im Hilbertraum.

d. Transformationstheorie

Als *Zustand* im engeren Sinn wird derjenige Tatbestand an einem physikalischen Gebilde bezeichnet, der mir dadurch bekannt ist, dass ich an dem Gebilde eine Größe oder Gruppe von Größen *so genau wie möglich* messe. Dirac nennt dies eine *Maximalbeobachtung*. Die Sorgfalt der Definition ist nötig, weil das Gebilde sich ohne meine Kenntnisnahme an sich nicht in einem bestimmten Zustand befindet. Der Zustand ist also per definitionem auf die Messung bezogen. Aus der Fülle der *Möglichkeiten* greift die Messung einen einzigen Zustand als *realisiert* heraus, sie schafft ihn sozusagen erst. Die Funktion $\psi(x)$ drückt den Zustand aus.

Das System, an dem Beobachtungen angestellt werden sollen, befinde sich in einem Kasten mit spiegelnden Wänden. Dann gibt es nur diskrete stationäre Zustände, die man als Fourier-Reihe darstellen kann:

$$\psi(x) = \sum_k c_k \, e^{2\pi i k x}$$

Die c_k sind die Amplitudenfaktoren, die Zeitabhängigkeit ist weggelassen. Was bedeutet diese Schreibweise physikalisch? Ich kann einmal nach den möglichen Resultaten von Ortsmessungen fragen. Sie sind gegeben durch $W(x) = |\psi(x)|^2$. Die Wahrscheinlichkeiten für die Messung von Impulsen sind durch $W(k) = |c_k|^2$ bestimmt. Will ich allgemein die Wahrscheinlichkeit eines bestimmten Wertes einer Variablen wissen, so muss ich ein

Orthogonalsystem finden, dessen Eigenwerte die möglichen Messwerte der betreffenden Variablen sind. Das mathematische Hilfsmittel der statistischen Transformationstheorie ist der *Hilbertraum*, ein abstraktes mathematisches Gebilde von unendlich vielen Dimensionen. Eine bestimmte messbare Größe (Observable) wie z. B. der Ort oder der Impuls legt ein Koordinatensystem im Hilbertraum fest, dessen Koordinatenrichtungen durch die möglichen Messwerte der Observablen definiert sind. Ein durch eine wohldefinierte Messung realisierter „Zustand" des Beobachtungsobjekts wird im Hilbertraum symbolisch als ein Vektor dargestellt. Die Komponenten dieses Vektors in dem gerade betrachteten Koordinatensystem sind die Entwicklungskoeffizienten der Eigenfunktion nach dem durch dieses Koordinatensystem definierten Orthogonalsystem. Sie sind also die Wahrscheinlichkeitsamplituden, deren Quadrate die Wahrscheinlichkeit dafür angeben, dass bei einer Messung der für das gewählte Koordinatensystem charakteristischen Observablen an dem durch den Vektor charakterisierten Zustand derjenige Messwert der Observablen herauskommt, welcher der Koordinatenrichtung entspricht, die durch die gerade betrachtete Komponente des Vektors definiert wird. Nach einer solchen Messung ist der Vektor dann in die Koordinatenrichtung zu legen, die durch den tatsächlich gemessenen Wert der Observablen bestimmt ist. Dieser neue Vektor ist nun im Allgemeinen gegenüber der ursprünglichen Lage gedreht, und das heißt, dass bei einer wiederholten Messung derjenigen Größe, durch welche der ursprüngliche Zustand charakterisiert war, jetzt verschiedene Messwerte möglich sind und derjenige Messwert, der im ursprünglichen Zustand vorlag, wiederum nur mit einer gewissen Wahrscheinlichkeit auftritt. Als Ausgangssystem betrachten wir z. B. das k-Koordinatensystem. Die Komponenten des Systemvektors sind durch die c_k bestimmt. Es gilt dabei, dass

$\sum_k |c_k|^2 = 1$ ist, da sich irgendein Impuls bei der Messung mit Sicherheit ergeben wird. Der Ausdruck $\psi(x) = \sum_k c_k\, e^{2\pi i k x}$ stellt dann eine *Transformationsgleichung* dar, die besagt, welche Komponenten der symbolische Vektor ψ im x-Koordinatensystem hat, wenn die Impulskomponenten bzw. die Wahrscheinlichkeitskoeffizienten c_k bekannt sind. Je nach der experimentellen Fragestellung zeichnet man also ein bestimmtes Koordinatensystem aus. Die verschiedenen Koordinatensysteme bezeichnen also die *möglichen klassischen experimentellen Fragen*. Der Übergang von einem System zu einem anderen bedeutet im Allgemeinen eine Drehung im Hilbertraum. Nur Größen, deren Messung miteinander verträglich ist, haben parallele Hauptachsen ihrer Systeme.

Welche Folgerungen sind nun aus dem Ganzen zu ziehen?

1. Die klassische Physik bleibt gewahrt, insofern ihre *Begriffe* gewahrt werden; nicht voll erhalten bleiben ihre Behauptungen, weil ein Teil von ihnen im Experiment prinzipiell nicht realisierbar ist.

2. Aus dem Formalismus der statistischen Transformationstheorie ist die *Persistenz* der *klassischen Gesetze* zu ersehen. Diese Redeweise meint, dass, wenn eine Größe gemessen wurde, alle die klassischen Konsequenzen, die nur aus dieser Messung folgen, auch quantenmechanisch erhalten bleiben. Als Beispiel nehmen wir ein abgeschlossenes System, dessen Energie gemessen wurde. Erfolgt keine Wechselwirkung mit der Umgebung, bleibt die Energie erhalten. Entsprechendes gilt für den Impuls. Oder es sei ein Ort gemessen worden. Eine kurze Zeit danach wiederholte Ortsmessung wird das Gebilde nur wenig weitergelaufen vorfinden; der Systemvektor hat sich nur wenig gedreht.

Und was wird an der klassischen Physik eigentlich *falsch*? Erstens kann man nicht mehr alle klassischen Aussagen durch

Messung realisieren; zweitens muss man für das, was man nicht gemessen hat, völlig andere *Wahrscheinlichkeitsansätze* machen. Bei einer Ortsmessung konstatiert man: „Das Teilchen ist an diesem Ort bzw. ψ ist nur hier von Null verschieden". Dann gibt es nach den Gesetzen der Fourier-Analyse sehr viele verschiedene c_k, also keinen definierten Impuls. Der Formalismus drückt die Unmöglichkeit einer gleichzeitigen Messung von Ort und Impuls aus.

Der Realismus behauptet nun, es gäbe den Impuls im betrachteten Fall in „Wirklichkeit" doch, wir könnten ihn nur nicht messen. Wer das behauptet, muss Konsequenzen ziehen, die sich in der Wahrscheinlichkeitsrechnung bemerkbar machen und dort zu unannehmbaren Folgerungen hinsichtlich der Experimente führen. Als Beispiel dafür wollen wir uns noch einmal Youngs Zwei-Löcher-Interferenz-Versuch ansehen. Man kann die Intensität des Teilchenstromes so klein machen, dass jeweils immer nur ein Teilchen sich in der Gegend der Löcher befindet. Dennoch kommt das Interferenzphänomen genauso zu Stande wie bei großen Intensitäten. Jedes Teilchen interferiert also nur mit sich *selbst* und nicht mit anderen Teilchen. Hierin liegt die charakteristische Abweichung der Quantenmechanik von der klassischen Theorie. Nähme man nämlich an, das Teilchen ginge entweder durch das eine oder durch das andere Loch ohne jede Wechselwirkung zwischen den beiden Stellen im Raum, so müsste die Intensitätsverteilung hinter dem einen Loch unabhängig davon sein, ob das andere Loch auf oder zu ist. Sind beide Löcher geöffnet, so müssten sich die Einzelwahrscheinlichkeiten nach der klassischen Rechnung wie folgt addieren:

$W = W_1 + W_2$

Nach der Quantenmechanik besitzt nur ein Teilchen mit bestimmter Energie eine definierte Wellenlänge. Wollte man daher einen Ort messen, so würde das Interferenzphänomen nicht zu Stande kommen. Man weiß also nicht, durch welches Loch das Teilchen gegangen ist. Wenn das zweite Loch zu ist, ist die Intensitätsverteilung hinter dem ersten Loch durch $W_1 = |\psi_1|^2$ gegeben, entsprechend gilt für die Intensität hinter dem zweiten Loch $W_2 = |\psi_2|^2$. Sind beide Löcher geöffnet, so addieren sich die Wellenfunktionen nach dem Superpositionsprinzip zu $W = (\psi_1 + \psi_2)^2$.

Dies Ergebnis kann man einmal deuten als *Modifikation* der klassischen *Wahrscheinlichkeit*, die sich als quadratische Funktion des elementaren ψ erweist, zum anderen kann man darin auch die Unangemessenheit der klassischen *Substanzvorstellung* sehen. Auch eine Abänderung der *logischen* Grundlage hat man in Erwägung gezogen. Vielleicht ist eine 3-wertige Logik, die neben den Wahrheitswerten „wahr" und „falsch" noch den dritten Wert „möglich" kennt, das angemessenste Fundament der Quantenmechanik. Hierin würde zum Ausdruck kommen, dass in der Quantenmechanik keine Aussage formuliert werden kann ohne direkte Bezugnahme auf die Kenntnis, die das Subjekt von der Natur besitzt.

e. Anschaulichkeit, Kausalität, Objektivierbarkeit

Bestimmte Erwartungen, mit denen man im Hinblick auf die klassische Physik an eine physikalische Theorie herantritt, werden in der Atomphysik nicht erfüllt. Man hat die Quantenmechanik durch ihre *„Unanschaulichkeit"* und *„Akausalität"* charakterisiert. Diese Worte sind aber vieldeutig, und es hängt von ihrer Deutung ab, ob sie der Quantenmechanik zukommen. Man setzt die „Unanschaulichkeit" der Atomphysik in Gegensatz zur „Anschaulichkeit" der klassischen Physik. Inwieweit ist die klassische Physik denn eigentlich anschaulich? Sie ist es nicht in dem Sinn, den das Wort „Anschauung" ursprünglich ausdrückt, nämlich dass ich Phänomene habe und beschreibe, was ich wirklich sehe. Die klassische Physik besitzt bereits einen hohen Grad von Abstraktheit. Sie versucht die bunte Fülle der Erscheinungen auf eine einheitliche erklärende Grundlage zu stellen, indem sie von all den Qualitäten, die das Angeschaute unmittelbar uns zeigt, nicht redet, sondern die Phänomene gleichsam auf die Ebene kinematisch-geometrischer Begrifflichkeit projiziert. Als Rahmen, in dem das elementare und nicht mehr direkt anschaubare Geschehen sich vollzieht, betrachtet sie den dreidimensionalen euklidischen Raum und die eindimensionale Zeit. Dieser Rahmen ist vielleicht noch die naheliegendste begriffliche Verschärfung dessen, was uns in den Anschauungsformen von Raum und Zeit direkt zugänglich ist. In diesem Sinne konnte die klassische Physik zum Prototyp einer „anschaulichen" Theorie werden.

Im Verhältnis dazu erscheint die Quantenmechanik als „unanschaulich", da ihr Kernstück, die statistische Transformationstheorie, den abstrakten völlig unanschaulichen Rahmen des Hilbertraumes benötigt. Ähnliche hochdimensionale Räume sind jedoch auch zur Darstellung der Hamilton'schen Mechanik von Massenpunktsystemen notwendig. Der Einwand trifft also das mathematische Denken überhaupt, das auch da noch etwas leisten kann, wo die Anschauung längst versagt. Und schließlich wollen wir nicht vergessen, dass die Grenze zwischen „noch Anschaulichem" und „Unanschaulichem" geschichtlich wohl kaum festliegt. Newtons Theorie wurde zu seinen Zeiten als unanschaulich und unverständlich verschrien, heute gilt seine Physik als Repräsentant der Anschauung.

Demgegenüber möchte ich jetzt die Gegenthese aufstellen, dass die Quantenmechanik die *anschaulichste* aller möglichen Atomtheorien ist. Die Atome als solche sind unanschaubar und werden es wohl auch immer bleiben. Wir können jedoch von ihnen nur dann überhaupt etwas wissen, wenn sie uns erscheinen. Die klassische Physik ging davon aus, dass das Transphänomenale genau wie das Phänomenale beschaffen sei. Zu welchen gedanklichen Schwierigkeiten diese Annahme führt, zeigt schon Kants Antinomie deutlich. Außerdem aber erweist sie sich als physikalisch falsch. Die atomaren Gebilde erscheinen uns unter den disjunktiven Aspekten von Teilchen und Feld. „An sich" mögen die Elementargebilde weder Teilchen noch Feld sein, aber wir können sie nur unter diesen Bildern erfassen. Die Quantenmechanik ist nun deswegen besonders anschaulich, weil sie gerade diese Bilder als Grundvorstellungen benutzt und nur Aussagen über *Phänomene* macht. Die „Unanschaulichkeit" liegt nur darin, dass kein durchgängiges anschauliches Modell derjenigen Vorgänge vorhanden ist, die nicht als Phänomen wirklich auftreten, sondern nur in der klassischen Physik als Verbindungsstück zwischen Phänomenen postuliert worden sind. Hiermit hängt es zusammen, dass es von der Art der Fragestellung abhängt, welche Phänomene tatsächlich auftreten.

Ähnlich vieldeutig wie das Wort „Anschaulichkeit" ist das Wort *„Kausalität"*. Im Zuge der Entwicklung der neuzeitlichen Mechanik war Kausalität gleichbedeutend geworden mit *Determiniertheit*. Dieser Vorstellungswelt lag der Glaube an ein objektives „Sein an sich" zu Grunde. In dieser Weise ist die Quantenmechanik nicht determiniert, denn sie lässt keine modellmäßige Deutung im Sinne eines „Objekts an sich" zu. Es ist aber zu unterscheiden zwischen *Kausalketten* und dem *Kausalgewebe* der vollständigen Determination in Bezug auf alle Größen. Für die Quantenmechanik gilt das Prinzip der Persistenz der klassischen Gesetze, d. h. es können Kausalreihen auftreten. Wo dies aber geschieht, hängt von der angestellten Messung ab. Es scheint demnach, als wäre die Kausalität nur ein

Vordergrundsaspekt, der überhaupt erst auftritt, wenn wir die Dinge in bestimmter Weise behandeln. Die Kausalkette kommt eben dann zu Stande, wenn wir das Elementargebilde durch unseren messenden Eingriff in einen bestimmten Zustand zwingen.

In der klassischen Physik ist der Begriff der Kausalität auf einen Satz mit konditionaler Struktur reduziert worden. *Wenn der Zustand eines abgeschlossenen Systems zu irgendeinem Zeitpunkt bekannt ist – so* kann er für jeden beliebigen anderen Zeitpunkt berechnet werden. Dieser Satz wird nun in der Quantenmechanik nicht falsch, sondern *unanwendbar*, da die Prämisse nicht erfüllt werden kann. Zur vollständigen Bestimmung eines Zustands im Sinne der klassischen Physik würde ja die gleichzeitige Kenntnisnahme von komplementären Größen gehören. In Bezug auf miteinander verträgliche Messgrößen aber gilt der Konditionalsatz, und daher treten in der Quantenmechanik Kausalketten auf.

Das klassische Kausalprinzip ist auch insofern eine Voraussetzung der Quantenmechanik, als nur ein Messgerät, das nach dem Kausalgesetz funktioniert, einen sicheren Rückschluss vom beobachteten auf den zu beobachtenden Vorgang zulässt. Die klassische Physik ist also in dem Sinn, dass zwischen Objekt und Beobachter ein eindeutiger Kausalzusammenhang bestehen muss, ein Apriori der Atomphysik.

Man könnte schließlich noch bemerken, dass die Entwicklung eines quantenmechanischen Geschehens durch eine partielle Differentialgleichung völlig bestimmt werde. Der eindeutige funktionelle Zusammenhang bezieht sich aber nur auf die zeitliche Entwicklung der abstrakten ψ-Funktion. Der Schnitt zur Phänomenalität, der in der experimentellen Kenntnisnahme erfolgt, zerstört gerade diesen Zusammenhang. Man sieht hieran, dass der eigentliche Verzicht der Quantenmechanik gar nicht das Kausalgesetz betrifft, sondern das, was ich im Anschluss an Bohr als „*Objektivierbarkeit*" bezeichnen möchte.

Dieses Wort kann entweder von „Objekt" oder von „objektiv" abgeleitet werden. Im ersten Fall besagt es, dass etwas zum *Objekt gemacht* werden kann. In diesem Sinn hat es auch für die Quantenmechanik Bedeutung, denn der Messakt zwingt ja gerade das atomare Gebilde auf dingliche Weise in Raum und Zeit zu erscheinen. Von den Charakteristika des klassischen Dingbegriffs ist aber immer nur jeweils diejenige Hälfte realisiert, die das betreffende Messverfahren zulässt. Die Dinglichkeit der Elementargebilde tritt also stets nur in Bezug auf bestimmte Messakte auf. Erst das experimentierende Subjekt „macht" die Atome zu Dingen. Die zweite Bedeutung, die sich von „objektiv" herleitet, bezieht sich auf *Sachverhalte*. Unter objektiv soll hier gemeint sein, dass bestimmte Eigenschaften einem Objekt zukommen, gleichgültig welche Beziehung es zum Subjekt hat. In diesem Sinn sind die Aussagen der klassischen Physik objektive Sätze. Sie können alle auf die Form gebracht werden: „*A* gilt oder gilt nicht; tertium non datur." Der Formalismus der Quantenmechanik hingegen gestattet überhaupt nicht, solche Sätze auszusprechen. Man verwickelt sich sofort in Widersprüche, sobald man die Eigenschaften, welche die verschiedenen möglichen Messakte an den Elementargebilden zu konstatieren gestatten, als objektive Attribute auffasst. Vielmehr kann die Quantenmechanik gar nicht ihre Ergebnisse formulieren, ohne auf die Kenntnisnahme des jeweiligen Zustandes seitens des Subjekts Bezug zu nehmen. Dem Satz der klassischen Physik „*A* gilt oder gilt nicht" entspricht in der Quantenmechanik die Aussage „Ich weiß, dass *A* gilt bzw. nicht gilt", außerdem aber gibt es in der Quantenmechanik die gleichberechtigte dritte Möglichkeit: „Ich weiß mit dieser bestimmten Wahrscheinlichkeit, dass *A* gilt." Von der *Logik* her gesehen bedeutet dies, dass der Quantenmechanik eine logische Basis angemessen wäre, in der neben den Wahrheitswerten „wahr" und „falsch" auch der Wahrheitswert „möglich" enthalten ist. *Ontologisch* muss man wohl die Situation dahingehend deuten, dass der Begriff des Objekts nicht mehr ohne Bezugnahme auf das Subjekt verwendet werden darf. Die Aussagen über die Natur sind nicht unabhängig vom Weg, auf dem man zu ihnen gelangt. Der Charakter der Phänomenalität haftet ihnen unverlierbar an. Die Annahme einer von der Phänomenalität unabhängigen Welt hat sich als undurchführbar erwiesen. Subjekt und Objekt treffen sich im Phänomen. Die Natur ist zwar nicht von uns gemacht, aber wir können von ihr nichts wissen ohne Phänomene. Die neue Erkenntnis, welche die Quantenmechanik gebracht hat, besteht nun darin, dass die notwendige Bezogenheit unseres Wissens auf die Phänomenalität sich in der *Struktur des Wissens selbst* ausdrückt. Im Begriff der Phänomenalität steckt die Beziehung zum *Subjekt*. Freilich gehen in die Aussagen der Quantenmechanik nur zwei Funktionen des Subjekt-Seins ein: *Wissen* und *Wollen*. Die *Allgemeinheit* der Aussagen bleibt in der Quantenmechanik streng gewahrt, ihre Sätze sind unabhängig vom Schicksal des Einzelnen oder einer Gruppe. Vom Standpunkt des Einzelsubjekts aus betrachtet, haben die Sätze der Quantenmechanik als *trans*subjektive Gültigkeit, d.h. die Objektivierung der Methode bleibt erhalten, ja die methodische Bewusstheit ist sogar gewachsen. Die an sich seiende Gegenständlichkeit erweist sich hingegen als ein Vordergrundaspekt der Natur. Objektiv sind nicht die Gegenstände, sondern die Beziehung der Gegenstände zu uns.

3. ATOMKERNE UND ELEMENTARTEILCHEN

a. Kernphysik

Das bisher betrachtete Gebiet der Atomphysik kann hinsichtlich der mathematischen Formulierung seiner Gesetze als ungefähr abgeschlossen gelten. Das Gleiche kann von dem Bereich, den wir im Folgenden in aller Kürze behandeln wollen, keineswegs behauptet werden. Vielmehr werden hier Probleme gestellt, die unsere heutige Physik noch nicht beherrscht. Obwohl das Erfahrungsmaterial rasch im Wachsen begriffen ist, dürfte noch einige Zeit vergehen, bis es die erwünschte Vollständigkeit besitzt.

Als charakteristische Bestimmungsstücke der Atomkerne können ihre *Masse* und *Ladung* gelten. Die Masse ist jeweils ein ungefähr ganzzahliges Vielfaches der Protonenmasse, die Ladung ein genau ganzzahliges Vielfaches der Protonenladung. Schon 1815 stellte Prout die Hypothese auf, der Wasserstoff sei der Grundbaustein aller anderen Elemente. Auf die Atomkerne angewandt stimmt sie aber nicht, denn die Massenzahl ist bei allen Kernen mindestens doppelt so groß wie die Ladungszahl. Das *Proton* kann also nicht der alleinige Baustein der Atomkerne sein. Wir wissen heute, dass noch ein anderes Elementarteilchen zum Aufbau der Atomkerne beiträgt, das *Neutron*. Als weitere Bestimmungsstücke kann man *Kernspin* und *Kernradius* ansehen. Der Kernspin setzt sich aus den halbzahligen Spins der Bausteine zusammen; die Kernradien liegen in der Größenordnung von 10^{-13} cm bis 10^{-12} cm.

Zum Ausgangspunkt der Kernphysik wurden die Phänomene der *Radioaktivität*. Sie werden im Atommodell Rutherfords als Strahlung gedeutet, die bei der *Umwandlung* von Atomkernen entsteht. Die radioaktive Strahlung besteht aus drei Komponenten: α-Strahlen – sie sind einfach Heliumkerne, β-Strahlen – Elektronen und γ-Strahlen – sehr kurzwelliges Licht. Die Frage, warum diese Komponenten auftreten, wirft nun eine Fülle von weiteren Problemen auf. Zuerst wird man fragen, warum Atomkerne überhaupt zerfallen können. Es hat sich bewährt, als notwendige Bedingung auch hierfür die Wahrung der *Erhaltungssätze* von Energie, Spin und Ladung zu verlangen. Damit der Zerfall jedoch tatsächlich erfolgt, muss bei dem Prozess Energie *gewonnen* werden. Dies wird nur erfüllt sein, wenn der Endzustand energetisch tiefer liegt als der Anfangszustand, d. h. wenn das Zerfallsprodukt stabiler ist als der Ausgangskern. Der α-Zerfall ist eine Folge der elektrostatischen Abstoßung der im Kern versammelten Ladungen und tritt daher nur bei den höchstgeladenen Kernen auf. Wegen der großen Bindungsenergie des Heliumkerns ist es auch energetisch für einen schweren Kern besonders günstig, ein α-Teilchen zu emittieren.

Schwieriger zu erklären ist der β-Zerfall. Die zerfallenden Kerne senden Elektronen aus, aber die Elektronen sind nicht ihre Bausteine. Die erste Theorie des β-Zerfalls stammt von Fermi. Sie geht von der Vorstellung aus, welche Heisenberg der Theorie der Atomkerne zugrunde gelegt hat, dass Proton und Neutron nicht zwei voneinander völlig verschiedene Elementarteilchen, sondern eher zwei verschiedene Zustände desselben Teilchens sind, das man kurz „Nukleon" genannt hat. Die beiden Zustände können sich ineinander umwandeln. Stehen ein Proton und ein Neutron im Raum nahe beisammen, so kann die Ladung vom Proton auf das Neutron übergehen und wieder zurück. Dieser Ladungsaustausch führt zu einer Kraftwirkung zwischen Proton und Neutron, der so genannten Austauschkraft. Es ist aber auch möglich, dass das Neutron ein Elektron oder das Proton ein Positron frei in den Raum hinein abgibt, sofern die Ladungsverhältnisse die dafür notwendige Energie zur Verfügung stellen. Das Neutron kann energetisch im leeren Raum zerfallen, es ist also selbst ein instabiles Teilchen. Das

Proton zerfällt nur im Kernverband, wenn die Bindungskräfte so sind, dass die Umwandlung eines Protons in ein Neutron energetisch günstig ist. Da empirisch die Zerfallselektronen keine scharfe Energie, sondern ein kontinuierliches Spektrum besitzen, und da außerdem auch noch der Kernspin erhalten bleiben soll, postulierte Pauli schon vor der Fermischen Theorie ein weiteres Teilchen, das Energie- und Spinbilanz in Ordnung bringen soll. Da es keine Ladung und keine oder nur eine sehr kleine Ruhemasse besitzt, nennt man es *Neutrino*. Ein sicherer experimenteller Nachweis seiner Existenz ist bisher nicht gelungen. Die Umwandlung geschieht also durch Emission und Absorption eines Elektrons plus eines Neutrinos. Im Wellenaspekt drückt man dieselbe Behauptung so aus: Ein Nukleon erzeugt ein Feld, das auf ein anderes Nukleon eine Kraft ausübt. Analog dazu lautet die Beschreibung der Wechselwirkung zwischen Elektronen. Die dem elektrischen Feld zugeordneten Teilchen sind die „longitudinalen" Lichtquanten. Dem Feld der β-Strahlung entsprechen die Teilchen Elektron und Neutrino. Bezeichnend für die Kernkräfte ist ihr *Absättigungscharakter* und ihre *kurze* Reichweite. Befindet sich nun der Kern in einem instabilen angeregten Zustand, so wird er durch Wechselwirkung mit dem Elektronen- und Neutrinofeld eine Strahlung emittieren, die nach bestimmter Zeit als Teilchen in Erscheinung tritt. Auch hierzu sind die Verhältnisse in der Atomhülle analog. Ein Atom in einem angeregten Zustand hat eine bestimmte Wechselwirkung mit dem Maxwell-Feld. Die Intensität dieser Wechselwirkung bestimmt die Lebensdauer des Zustands. Schließlich tritt die Strahlung als Lichtquant in Erscheinung. Das Lichtquant wird dabei erzeugt. Es ist vorher nur potentiell als Energie des elektrischen Feldes vorhanden.

Die oben erwähnte Theorie der Kernkräfte liefert jedoch viel zu schwache Bindung der Kerne, wenn man die Häufigkeit des

Ladungsaustausches zwischen Proton und Neutron aus den beobachteten Häufigkeiten von β-Zerfällen berechnet. Yukawa postulierte daher ein weiteres Teilchen mit einer Masse von mehreren hundert Elektronenmassen, das er *Meson* nannte. Die Wechselwirkung der Mesonen mit den Kernteilchen kann dann so gewählt werden, dass sie die Träger des Ladungsaustausches zwischen Proton und Neutron werden und gerade die richtige Größenordnung der Kernkräfte ergeben. Die Reichweite der Kernkräfte erweist sich als gekoppelt mit der Masse des Mesons und gestattet eine ungefähre Bestimmung dieser Masse. Wegen seiner großen Masse kann das Meson im normalen Kern nicht in der Weise des β-Zerfalls als freies Teilchen erzeugt werden, weil die Energie dafür fehlt. Die Mesonen werden stets nur für so kurze Zeiten „virtuell" erzeugt, dass nach der Unbestimmtheitsrelation $\Delta E \cdot \Delta t \geq h$, die zu dem gegebenen Zeitraum Δt gehörige Energieunbestimmtheit größer ist als die Ruheenergie des Mesons. Diese „virtuellen" Mesonen können nun ihrerseits nach der Annahme von Yukawa in Elektron und Neutrino zerfallen und sind so die Ursache des β-Zerfalls. Die Theorie von Yukawa schien zunächst sehr kompliziert. Sie hat sich dann aber durchgesetzt, als Mesonen in der Höhenstrahlung wirklich vorgefunden wurden. Die Theorie des Mesons ist aber heute noch nicht abgeschlossen.

Schließlich kann ein angeregter Atomkern auch sehr energiereiches Licht aussenden. Da von den dicht zusammengedrängten Protonen starke elektrische Felder erzeugt werden, ist diese Eigenschaft durchaus verständlich.

Als klassisches *Modell* für die Atomkerne wird das Bild eines Flüssigkeitstropfens verwendet. Eine Stütze für diese Anschauung ist die gleichmäßige Dichte der Kernmaterie, die sich aus dem Vergleich der Radien verschieden schwerer Kerne und aus der ungefähr konstanten Bindeenergie pro Nukleon erschließen lässt. Der Zusammenhalt des Gebildes wird durch die Kernkräfte bewirkt. Die „Oberflächenenergie" und die abstoßenden Coulombkräfte zwischen den Protonen vermindern die Bindeenergie. Bei schweren Kernen sind die auflockernden Coulombkräfte so stark, dass in Schwingung geratene Kerne zerreißen können. Die frei werdende Energie tritt als kinetische Energie der Bruchstücke auf (Uranspaltung).

Im Jahre 1919 gelang Rutherford die erste künstliche Kernumwandlung durch Beschießung von Stickstoff mit α-Teilchen. Seitdem sind zahlreiche solcher Reaktionen bekannt geworden, bei denen man Protonen, Neutronen, Deuteronen, α-Teilchen und γ-Quanten als Geschosse benutzt und dabei entweder künstlich radioaktive Elemente erzeugt oder andere Bausteine aus dem Kern herausschlägt. Einige künstliche Kernprozesse sind heute bereits in den Bereich der technischen Ausnützung gerückt, indem man Kettenreaktionen mit Selbstmultiplikation ablaufen lässt (Uranspaltung). Auf dem Gebiet der radioaktiven Indikatoren liegt ein weites Feld möglicher Anwendungen der künstlich-radioaktiven Elemente.

b. Kernreaktionen im Kosmos

Atomkernreaktionen spielen im Kosmos eine wichtige Rolle. Als Beispiel will ich die Energieerzeugung der Sonne erwähnen. Wir wissen heute, dass dafür hauptsächlich folgender Reaktionszyklus maßgebend ist:

$$C_6^{12} + H_1^1 = N_7^{13} \to C_6^{13} + e^+$$
$$C_6^{13} + H_1^1 = N_7^{14}$$
$$N_7^{14} + H_1^1 = O_8^{15} \to N_7^{15} + e^+$$
$$N_7^{15} + H_1^1 = C_6^{12} + He_2^4$$

Es werden also vier Protonen zu einem Heliumkern zusammengelagert. Wegen der festen Bindung des Heliums wird dadurch eine große Menge Energie frei. Der Kohlenstoff spielt die Rolle des Katalysators, der aus der ganzen Reaktion wieder unverändert hervorgeht. Der Prozess findet bei sehr hohem Druck und einer Temperatur von etwa 20 Millionen Grad statt. Er dürfte daher in irdischen Laboratorien kaum zu realisieren sein.

Ein anderer Problemkreis betrifft die *Entstehung* der Elemente. Hier ist es nahe liegend, einen schrittweisen Aufbau der Kerne aus ihren Bausteinen anzunehmen. Die tatsächliche Häufigkeitsverteilung der Elemente ist jedoch bisher schwer zu erklären, vor allem die relativ große Häufigkeit der schweren Elemente. Ob die zur Elementsynthese notwendigen Bedingungen, was Temperatur und Druck angeht, im heutigen Zustand des Kosmos irgendwo realisiert sind, bleibt ebenfalls noch offen. Ich möchte deshalb keine weiteren Aussagen über dieses Thema machen.

c. Höhenstrahlung

In die Erdatmosphäre fällt allseitig eine sehr harte Strahlung außerirdischer Herkunft ein, die man als Höhenstrahlung oder auch kosmische Ultrastrahlung bezeichnet. Ihre besondere Wichtigkeit für die Physik liegt in der extrem hohen Energie der Primärstrahlung. Während die Energien der Atomhülle, mit denen es die Chemie zu tun hat, in der Größenordnung einiger Elektronenvolt, die der Kernreaktionen zwischen 10^6 und $10^8\, eV$ liegen, besitzen die Teilchen der primären kosmischen Strahlung Energien von $10^9 - 10^{15}\, eV$. Sobald diese Strahlung die Atmosphäre durchsetzt, erzeugt sie zahlreiche neuartige Phänomene. Die Primärkomponente besteht wahrscheinlich aus Protonen. Diese erzeugen bei intensiver Wechselwirkung mit anderen Nukleonen Mesonen, und zwar zahlreiche Teilchen in einem einzigen Akt, wie „durchdringende" Schauer beweisen. Die Mesonen sind instabil und zerfallen in Elektronen und neutrale Teilchen. Die Elektronen bilden Kaskaden aus, indem sie sich durch Paarerzeugung multiplizieren solange genügend Energie vorhanden ist. Auch andere Prozesse, wie Einfang von Mesonen durch Kerne und Kernzertrümmerungen, kommen vor. Was hat die Atomphysik aus diesen Phänomenen nun bisher gelernt?

d. Elementarteilchen

Zunächst fällt auf, dass die Liste der Elementarteilchen sich schnell vergrößert. Je genauer man die Phänomene bei großen Energieumsätzen studiert, desto mehr Elementargebilde werden entdeckt. Vielleicht ist die Reihe der Elementarteilchen sogar unabgeschlossen wie die der angeregten Zustände eines Atoms. Von stabilen Teilchen scheint es dagegen nur einige wenige Sorten zu geben. In Analogie zu den stationären Zuständen der Atome dürfen wir vielleicht sagen, dass die Elementarteilchen mehr oder weniger stabile Zustände eines für unsere Physik noch unbekannten „Etwas" sind, das uns in ihnen erscheint. Das Bestreben der Theorie geht auch hier dahin, die unbegreifliche Vielheit der Phänomene auf eine begreifliche Einheit zurückzuführen. Dieses Unternehmen wird, wie eigentlich die gesamte moderne Physik, nur in gemeinschaftlicher Arbeit durchgeführt werden können.

Zur Charakteristik der Elementarteilchen gehört ihre *Umwandelbarkeit ineinander*. Sie sind also nicht elementar im Sinne der Unzerstörbarkeit, sondern lediglich im Sinne der Nichtzusammengesetztheit. Die Merkmale, durch welche sie sich unterscheiden, sind Masse, Ladung und Spin, ferner die Lebensdauer. Die heute bekannten Elementarteilchen lassen sich etwa in fünf Gruppen klassifizieren:

Elementarteilchen	Stabilität	Masse	Spin	Ladung
Nukleonen: { Proton Neutron	ja nur im Kern	1840	$\dfrac{\hbar}{2}$	$\pm$ 0
Mesonen (mehrere Sorten)	nein	100–300	$0, \hbar$	$\pm, 0$
Elektronen	ja	1	$\dfrac{\hbar}{2}$	$\pm$
Lichtquanten	nur im Vakuum	0	$0, \hbar$	0
Gravitationsquanten	?	0?	$2\hbar$	0

Aus dieser Übersicht kann man folgendes sofort ersehen:

1. Die Asymmetrie der Ladung bei den Nukleonen. Warum gibt es kein Nukleon mit negativer Ladung? Die Asymmetrie zwischen Elektronen und Positronen, was ihre Häufigkeit betrifft, ist lediglich als Folge der ersten Asymmetrie zu betrachten.

2. Die stabilen Teilchen, welche die Materie aufbauen, haben halbzahligen Spin. Die Quantentheorie der Wellenfelder liefert das Ergebnis, dass alle Teilchen mit halbzahligem Spin den Plus-Vertauschungsrelationen genügen. Ihre Wellenfunktionen sind antimetrisch in den Koordinaten, d. h. diese Teilchen gehorchen dem Pauli-Prinzip bzw. der Fermi-Dirac-Statistik; jeder Zustand darf also nur einfach besetzt sein. Daraus folgt die Raumerfüllung der Materie. Für Teilchen mit ganzzahligem Spin gelten die Minus-Vertauschungsrelationen. Ihre Wellenfunktionen sind symmetrisch in den Koordinaten. Sie gehorchen der Bose-Einstein-Statistik, die von der Boltzmannschen nur darin abweicht, dass gleiche Teilchen als ununterscheidbar behandelt werden.

Die Probleme der Ladungssymmetrie und des Zusammenhangs zwischen Spin und Stabilität sind bisher noch ungeklärt, desgleichen die Frage, warum es keine magnetischen Ladungen gibt.

Als Charakteristikum der Elementarteilchen wird man ferner verlangen, dass ihre richtige Wellengleichung *einfach* ist.

Einfachheit ist hier als Struktureigenschaft gemeint und nicht etwa als leichte Verständlichkeit von der Welt der alltäglichen Phänomene her. Einfach sollen auch nur die Grundgesetze sein, ihre Konsequenzen werden im Allgemeinen zu sehr komplizierten Fällen führen können. Ein Beispiel für eine Theorie, bei deren Entstehung die Forderung der mathematischen Einfachheit eine entscheidende Rolle gespielt hat, ist die Diracsche Theorie des Elektrons. Dirac bemühte sich, für das Elektron eine relativistisch invariante Wellengleichung zu finden durch die formale Forderung der Vereinigung der Postulate der Quantentheorie und der speziellen Relativitätstheorie in einer einfachen linearen Wellengleichung. Er wurde zu einer Gleichung geführt, deren Wellenfunktion nicht ein Skalar, sondern eine vierkomponentige Größe ist (man kann das auch so ausdrücken: deren Wellenfunktion von einem weiteren Freiheitsgrad abhängt, welcher vier diskreter Werte fähig ist), und es zeigte sich, dass diese 4-Komponentigkeit gerade der mathematisch angemessene Ausdruck für den Elektronenspin ist, den Dirac zunächst in seine Theorie gar nicht eingeführt hatte. Die Theorie enthält aber noch eine Schwierigkeit: das Auftreten von Elektronen negativer Masse. Dirac zeigte, dass durch eine Zusatzannahme an die Stelle dieser Elektronen negativer Masse Elektronen positiver Ladung gesetzt werden könnten. Diese Voraussage wurde gemacht, drei Jahre bevor das Positron experimentell entdeckt wurde. Dirac selbst wagte zunächst nicht, an die Elektronen positiver Ladung zu glauben, sondern versuchte irrtümlicherweise, sie mit den Protonen zu identifizieren. Es zeigte sich nachträglich, dass in diesem Falle die Gleichungen „klüger" gewesen waren als ihr Schöpfer und dass das Positron wirklich existierte. Dies ist wohl ein besonders schönes Beispiel dafür, dass die Forderung mathematischer Einfachheit uns Einblicke gewährt, auf die wir auf Grund unserer experimentellen Kenntnisse in manchen Fällen noch gar nicht vorbereitet sind.

e. Die ungelösten Fragen der Atomphysik

Zu den noch ganz ungelösten Problemen unserer Physik gehört eine Theorie der Elementarteilchen, die eine *Systematik* der tatsächlich vorkommenden oder möglichen Gebilde liefert. In der Theorie der Wellenfelder sind einige Ansätze gemacht worden. Während die bislang betrachtete Quantentheorie Impulse, Energie usw. gequantelt hat, wird hier nunmehr das Wellenfeld selbst dem Quantelungsprozess unterworfen, indem die Feldgrößen der klassischen Wellentheorie (Maxwell-Feld und Materiewellenfeld) als Operatoren bzw. Matrizen gedeutet werden. Man erhält auf diese Weise tatsächlich diskrete Lichtquanten und Materieteilchen. Welche Teilchen es aber gibt und warum es sie gibt, kann die Theorie der Wellenfelder nicht beantworten. Vielmehr führt sie auf einige prinzipielle Schwierigkeiten, die zeigen, dass noch unvernünftige Voraussetzungen in die Theorie eingehen.

Weitere unbeantwortete Fragen geben die *arithmetischen Invarianten* auf. Man versteht darunter dimensionslose Zahlen, die sich aus den Grundkonstanten der Physik bilden lassen. Nur solche reinen Zahlen sind für theoretische Gesichtspunkte brauchbar. In dimensionsbehafteten Größen steckt die anthropogene Willkür der Maßsysteme. So wissen wir z.B. nicht, warum der mittlere Atomdurchmesser gerade 10^{-8} cm beträgt. Das ist jedoch nicht verwunderlich, denn in diese Zahl geht die willkürliche Festlegung des Längenmaßes ein. Der Atomradius kann aber auf e, m, h zurückgeführt werden, und diese Konstanten lassen sich zu dimensionslosen Zahlen kombinieren. Die wichtigsten von ihnen sind:

$$\frac{\hbar c}{e^2} = 137, \quad \frac{M_{Prot.}}{m_{Elektr.}} = 1840, \quad \frac{Coul.\ Kraft}{Gravit.\ Kraft} \approx 10^{40}$$

In die Feinstrukturkonstante geht die Elementarladung ein. In der Theorie der Materiewellen ist die Gesamtladung der Materie zeitlich konstant. Ihre Eigenwerte sind ganzzahlige Vielfache einer Grundeinheit. Dass es nur *eine* solche Einheit von bestimmter Größe gibt, wird wiederum nicht erklärt. Eine befriedigende Theorie der arithmetischen Varianten existiert bisher nicht.

Die tieferen Widersprüche, auf welche die Quantentheorie der Wellenfelder gestoßen ist, liegen in der Problematik des *Unendlichen*. Rechnet man z.B. nach dem üblichen Formalismus die Wechselwirkung eines Elektrons mit seinem eigenen Feld aus, so divergieren die Terme in den höheren Näherungen, und man erhält eine unendlich große Selbstenergie des Elektrons. Ein derartiges Ergebnis ist physikalisch absurd. Es kommt dadurch zu Stande, dass auch in die Quantentheorie die Vorstellung von punktförmigen Teilchen eingeht. Diese Annahme führte schon in der klassischen Elektrodynamik zu unendlichen Eigenfeldenergien.

Um diese Schwierigkeiten zu bewältigen, scheint es unumgänglich, die Vorstellung des Raumkontinuums zu kritisieren. Man beobachtet in der Physik der Höhenstrahlung, dass bei Wechselwirkungen zwischen Teilchen, bei denen große Impulse, also kleine Wellenlängen, ins Spiel kommen, keine normale Streuung mehr stattfindet, sondern die Erzeugung vieler Teilchen in einem Akt erfolgt. Dieses Phänomen hängt wohl mit den neuartigen Zügen zusammen, welche die Einführung einer universellen Konstanten von der Dimension einer *Länge* in unsere Physik hineintragen würde. Der Zahlenwert dieser Größe liegt vermutlich etwa bei 10^{-13} cm. Schon aus Dimensionsbetrachtungen kann man die Vermutung ableiten, dass es eine naturgesetzlich bestimmte Länge gibt, bei der eine wesentliche Änderung des uns bekannten Gesetzesschemas stattfindet.

Wir haben bisher zwei Theorien, die in dieser Weise eine Änderung der klassischen Gesetze mit der Existenz einer Naturkonstanten verknüpfen: die Quantentheorie und die spezielle Relativitätstheorie. Aus den für diese beiden Theorien charakteristischen Konstanten h und c kann man aber noch keine Länge bilden, und die Vermutung liegt nahe, dass entsprechend den drei für die Mechanik fundamentalen Dimensionen Länge, Zeit und Masse auch drei elementare Naturkonstanten existieren, welche die Begrenzung der klassischen Mechanik angeben. Wie die Plancksche Konstante für die Existenz stationärer Zustände verantwortlich ist, so könnte auch mit der universellen Länge das Bestehen bestimmter Teilchenmassen zusammenhängen. Die Einführung einer solchen Konstanten in unsere Naturbeschreibung bedeutet freilich wohl nicht, dass die Kontinuumsvorstellung einem Punktgitterraum weichen muss. Vielmehr ist eine engere Verbindung zwischen Geometrie und Physik zu erwarten. In die Definition der kleinsten Länge gehen ja die dynamischen Eigenschaften der reagierenden Elementargebilde ein. Man wird geometrische Begriffe nicht mehr bilden dürfen, ohne die Kenntnis der Physik der Elementarteilchen, mit deren Hilfe wir Längenmessungen anstellen, zu verwenden. So ist es vielleicht nicht möglich, eine kleinere ruhende Länge als ungefähr 10^{-13} cm wirklich zu messen, da man dazu Impulse aufwenden müsste, die nicht zur normalen Streuung, sondern zu Explosionsprozessen führen. Was in Bereichen der Größenordnung der kleinsten Menge physikalisch vor sich geht, dürfte dem Anschauungsvermögen noch weniger zugänglich sein als die physikalischen Vorgänge der Atomhülle. Um den richtigen Gesetzen in diesem Gebiet nachzuspüren, wird es daher zweckmäßig sein, zunächst Minimalbedingungen zu formulieren, die auch die künftige Theorie erfüllen muss. Als solche betrachtet Heisenberg die Observablen: Energie stationärer Zustände und

Wirkungsquerschnitte von Wechselwirkungsprozessen. Einstweilen besteht die Aufgabe also darin, Rechenregeln zu finden, welche die experimentellen Daten der genannten Größen richtig verknüpfen. Erst die fertige Theorie dürfte dann zeigen, was darüber hinaus an weiteren Aussagen noch möglich ist.

C. Zur philosophischen Deutung

Ich bin am Ende der Vorlesung. Den behandelten Stoff philosophisch zu interpretieren, wäre eine Aufgabe für eine neue Vorlesung. Ich möchte in dieser letzten Stunde nur *einen* Gedankengang andeuten.

Als erkenntnistheoretische Grundrelation hat sich uns, zumal in der Physik unseres Jahrhunderts, das Verhältnis des erkennenden *Subjekts* zum erkannten *Objekt* erwiesen. Nicht im Sinne einer unproblematischen Voraussetzung, sondern eher als Grundproblem, dessen Schwierigkeit wir erst nach und nach zu sehen beginnen. Was wir hier vom Gegenstand her zu sehen bekommen haben, möchte ich heute zum Thema einer kurzen historischen Betrachtung machen. Ich möchte Sie daran erinnern, dass das Denken in der Subjekt-Objekt-Relation nicht eine wissenschaftliche Selbstverständlichkeit ist, sondern eher das Ergebnis einer metaphysischen Entscheidung, die das abendländische Denken während seiner für uns überschaubaren Geschichte gefällt hat.

a. Frühe Stufen
Primitive Völker und die frühesten uns fassbaren Zeugen hoher Kulturen kennen unsere Art der Trennung von Subjekt und Objekt oder von Leib und Seele nicht. Man hat ihre Art, alles Wirkliche wie ein Subjekt anzusprechen, gelegentlich als Ani-

mismus, Allbeseelung bezeichnet. Doch geht dieser Name noch von der uns geläufigen Trennung aus, so als ob für den Primitiven Seele als vom Körper Unterscheidbares „in" jedem Körper „stecke", während sie in Wahrheit nicht getrennt von ihm gedacht wird und werden kann. Besser ist Levy-Bruhls Ausdruck „participation mystique". Dabei ist das „Mystische" nur für uns „mystisch", es ist das Selbstverständliche für den Primitiven.

Gehen wir für einen Augenblick noch weiter zurück, zum Tier, so finden wir unter den *angeborenen* Instinkten die Fähigkeit, den Warnruf oder das Liebesspiel des Artgenossen zu „verstehen". Dieses Verstehen ist älter als das Denken. In ihm ist Fremdseelisches unmittelbar gegeben, längst ehe die Auflösung der Instinkte Freiheit für das logische Denken geschaffen hat, das dann durch Reflexion den Begriff der eigenen Seele bilden und den im „Animismus" vermuteten Analogieschluss auf das fremde Ich ziehen kann.

Beim primitiven Menschen arbeitet das Denken schon frei, aber noch fern von unserer Stufe der Reflexion, mit dem Material dieses ursprünglichen Verstehens. Wie Grönbech zeigt, kennt der frühe Germane eher eine Sippenseele als eine Individualseele, und versteht als ihr entscheidendes Merkmal nicht ihre Bewusstheit, sondern ihr „Heil". Homer kennt keine Worte für das, was wir „Leib" und „Seele" nennen (vgl. Snell, Die Entdeckung des Geistes); $σῶμα$ ist bei ihm nur der Leichnam und $ψυχή$ ist das, was den Menschen im Tode verlässt, tritt aber im Leben nicht agierend auf. Auf den Tod hat sich die Reflexion auf den Unterschied von Leib und Seele zuerst berufen; der lebendige Mensch stellt ihr wenig Beweismaterial zur Verfügung.

b. Griechische Metaphysik

Man mag sagen, dass in der griechischen Lyrik die individuelle Seele, in der Tragödie die individuelle ethische Entscheidung „entdeckt" sei. Der platonische Sokrates unterscheidet Leib und Seele scharf. Im „Phaidon" verweist er dem Kriton die Frage, wo man ihn begraben solle; nicht ihn, seinen Körper werden sie begraben. Die Seele vermag das Allgemeine zu denken, die Idee zu schauen, die sich im Körperlichen nur schattenhaft ausprägt (Höhlengleichnis).

Hier verknüpft sich die sachliche Scheidung mit einer Wertung. Der Philosoph sehnt sich danach, die Urbilder zu sehen, und nur seiner Pflicht genügend kehrt er in die Körperwelt (die Höhle) zurück. Der Eros strebt nach oben. Was immer diese Wertung bei Platon selbst bedeutet haben mag, in der Spätantike wurde es herrschendes Lebensgefühl, dass die Seele der Befleckung durch die Körperwelt zu entrinnen suche. Das Christentum, das eigentlich einen völlig anderen Sinn hat, hat sich dieser Stimmung historisch nicht entziehen können.

c. Christentum

Nicht Seele und Leib, sondern Gut und Böse heißt der Gegensatz, den das Christentum aus seiner jüdischen Mutterreligion übernimmt. Der natürliche (Paulus: „psychische") Leib ist beseelt, aber der Sünde verfallen. Die Erlösung ist in der *Inkarnation*. Der Gegensatz der natürlichen Seele ist der heilige Geist: Gott, wirksam im Menschen. Deshalb lehrte die Kirche, Christus sei wahrer Gott und wahrer Mensch in einem. Die Agape wendet sich nach unten, der Geist wird ausgegossen.

d. Descartes

Die cartesische Erkenntnislehre bezeichnet den ersten volldurchreflektierten Schritt des neuzeitlichen Denkens. Die Seele wird als das denkende Subjekt (res cogitans), der Körper als das rein räumliche Objekt (res extensa) definitorisch gefasst. Hier sind übernommen: von der griechischen Ontologie die Fragerichtung und das Mittel der Reflexion, vom Christentum die Absolutheit. Es ist fortgelassen: von der Antike alles, was dort noch naturhaftes Verstehen ist; vom Christentum die ethische Entscheidung und die Erlösung. Es bleiben Rationalität und Realität. Die Beziehung von Ich und Es wird rein erkenntnistheoretisch. Die äußerste Steigerung der Ausdrücklichkeit des Denkens (im methodischen Zweifel schematisiert) lässt alles Unausdrückliche in Vergessenheit sinken. Erst seit dieser Ontologie hat das Begriffspaar „bewusst – unbewusst" einen Sinn. Die Spontaneität des natürlichen Gefühls, die Gnade der christlichen Liebe lassen sich in diesem Begriffspaar überhaupt nicht fassen.

e. Neuzeitliche Gegensätze

Die klassischen erkenntnistheoretischen Positionen der Neuzeit, von denen aus man meist die moderne Physik zu interpretieren sucht, haben nur im cartesischen Schema einen Sinn; sie sind die Konsequenzen seiner Behauptungen und ihr Streit ist die Folge seines Ungenügens.

Subjekt und Objekt sind scharf getrennt. Wie hat man ihre Beziehung zu denken? Hier entsteht das *„Leib-Seele-Problem"*. Wie findet das durch einen bloß reflexiven Akt Getrennte wieder zueinander?

Soll man das Objekt grundsätzlich bezogen auf das Subjekt oder „an sich seiend" denken? Die letztere Möglichkeit übertreibt den natürlichen in den *prinzipiellen Realismus*. Ihre Kritik, ausgehend von der Erkenntnis, dass uns das „Objekt an sich" unbekannt ist, führt zu einer spezifisch neuzeitlichen Form des *Skeptizismus*. Konsequent weiter gedacht kommt man zu subjektivistischen Thesen, die gar nicht vom Objekt an sich, sondern nur von dem Subjekt gegebenen Objekt reden. Wenn sie das Subjekt unter den Aspekt der Sinnesempfindung denken, gehen sie in der Richtung des *sensualistischen Positivismus*, wenn sie es unter dem Aspekt des Bewusstseins denken, in der Richtung des *Idealismus*.

f. Gegenwart

So wie manches andere geistige Phänomen unserer Zeit mahnt uns auch die moderne Physik, nicht neuen Wein in alte Schläuche zu füllen, sondern schon die Grundposition, von der alle diese -ismen ausgehen, nicht anzuerkennen. Die cartesische Spaltung ist, in physikalischer Sprache ausgedrückt, eine Näherungsmethode; was mit ihr zu erkennen war, ist heute wohl erkannt. Aber z. B. die Rolle des *Beobachters* in der Quantentheorie kann in ihr überhaupt nicht mehr adäquat gedacht werden.

Man wird oft gefragt, ob das Entscheidende am Eingriff des Beobachters ins atomare Geschehen die *physische Wechselwirkung* von Messinstrument und Messobjekt sei oder der *Bewusstseinsakt* der *Kenntnisnahme*. Die Antwort muss lauten: die *Tateinheit* beider. Ohne physischen Eingriff kann man nicht beobachten. Aber erst die Nötigung, das Beobachtete in der Sprache des wahrnehmenden Menschen auszudrücken, zwingt uns, den Schnitt zwischen Wellengleichung und klassischer Darstellung einzuführen. Nur wenn ein Teil der materiellen Welt vom Schnitt aus gesehen auf der Seite des Beobachters liegt, ist der Vorgang ein Experiment. Das denkende Subjekt ist *wesentlich* zugleich selbst materiell. Materielle Objekte können also zugleich Subjekt sein. Die cartesische Trennung zerreißt hier das, was nicht getrennt werden darf, wenn nicht das Phänomen, um das es geht, zum Verschwinden gebracht werden soll.

Philosophische Aufgabe wird es sein, solche Situationen in durchgeführter Begrifflichkeit denken zu lernen. Ich glaube, dass ihr in der Ebene des menschlichen Daseins die Forderung entspricht, dass der Geist Leib wird.

CARL FRIEDRICH VON WEIZSÄCKER-STIFTUNG

Präambel

In **Carl Friedrich von Weizsäcker** hat der heute mehr denn je notwendige interkulturelle und interdisziplinäre Dialog einen seiner bedeutenden Anreger gefunden. Er ist einer der wenigen großen Denker, die die Perspektiven der Wissenschaft, der Philosophie, der Religion und der Politik mit Blick auf die Herausforderung, aber auch auf die Verantwortung in unserer Zeit zusammenführen.

Zwei Zitate, die Intention und Weise seines Bemühens charakterisieren: *„Ich bin dann bereit, eine Position zu kritisieren, wenn ich sie ebenso gut verteidigen könnte."* – *„Unsere Ethik darf nicht hinter der Entwicklung unserer Technik zurückbleiben, unsere wahrnehmende Vernunft nicht hinter unserem analytischen Verstand, unsere Liebe nicht hinter unserer Macht."*

Was sollen wir tun? Was müssen wir dazu wissen? Was wissen wir bereits? Langfristig wirksame Einsichten gewinnen, die dazu beitragen, im Spannungsfeld von Herausforderung und Verantwortung die notwendigen Wege wahrzunehmen, bahnen und gehen zu können, das strebt die **Carl Friedrich von Weizsäcker-Stiftung** in der Linie der Anliegen von Carl Friedrich von Weizsäcker an.

Möchten Sie Näheres über die Carl Friedrich von Weizsäcker-Gesellschaft „Wissen und Verantwortung e. V." und die Carl Friedrich von Weizsäcker-Stiftung erfahren, so schreiben Sie an: Carl Friedrich von Weizsäcker-Stiftung, Bielefelder Straße 8, D-32130 Enger, FAX: 0 52 24/97 78 98

Stiftungsvorstand
Dr. Bruno Redeker
Bernhard Winzinger

Stiftungsrat
Dr. Walter Kroy
Prof. Dr. Thomas Görnitz
Bischof Dr. Rheinhard Marx

Lang Kurt